C.L.R.

Janine et Jean-Claude Lucas
Jérôme Rosa
Professeurs des écoles

CM

1000 problèmes

Deux niveaux d'exercices pour l'aide personnalisée et l'approfondissement

hachette
ÉDUCATION

Comment utiliser cet ouvrage ?

Les exercices sont répartis en six grands chapitres.

- **I Comprendre et résoudre**
- **II Nombres et calcul**
- **III Grandeurs et mesure**
- **IV Organisation et gestion de données**
- **V Géométrie**
- **VI Synthèse générale**

Résoudre un problème suppose l'utilisation de multiples compétences.

Le premier chapitre se propose de sérier certaines difficultés, afin d'amener l'enfant à une véritable analyse d'une situation de problème (sens des opérations, tri de l'information, etc.). Cette partie pourra se traiter essentiellement à l'oral.

Dans les chapitres suivants, de nombreux problèmes de synthèse partielle donnent à l'enseignant le moyen de contrôler le degré d'acquisition des connaissances.

Pour chaque notion abordée, les problèmes sont classés en deux niveaux de difficulté (ex. : pour la partie Nombres et Calcul, **150** niveau 1 et **163** niveau 2).

À la fin de chaque séquence, une partie « Je travaille seul(e) » propose des problèmes de niveaux différents, corrigés en fin d'ouvrage, afin de favoriser le travail en autonomie.

Les mots qui peuvent présenter une difficulté de compréhension sont suivis d'un astérisque et expliqués en fin d'ouvrage dans un lexique.

Responsable de projets : Valérie Dumur
Création de la couverture et maquette intérieure : Estelle Chandelier
Mise en page : SG Production
Illustrations : Bernard Grandjean et SG Production

ISBN : 978-2-01-117531-1

www.hachette.education.com

Préface

Les programmes 2008 indiquent qu'à la fin du CM2, l'élève est capable de :
- résoudre des problèmes relevant des quatre opérations et engageant une démarche de plus en plus complexe, de la proportionnalité, et faisant intervenir différents objets mathématiques : nombres, mesures, « règle de trois », figures géométriques, schémas ;
- savoir organiser des informations numériques ou géométriques, justifier et apprécier la vraisemblance d'un résultat ;
- lire, interpréter et construire quelques représentations simples : tableaux, graphiques.

Cette nouvelle édition des *1 000 problèmes* entend travailler à l'acquisition de ces compétences à travers différents exercices et problèmes proposés. Nous avons choisi de garder une structure de l'ouvrage articulée autour de six grands chapitres afin de permettre à chaque enseignant de suivre la progression qui lui est propre. Au sein de chaque chapitre, la progression généralement adoptée est la suivante :
- un bandeau « Aide-mémoire » ;
- une partie « Pour commencer » qui propose quelques exercices pour travailler sur les « outils » mathématiques (ex. : maîtrise de la technique de la soustraction décimale) ;
- une partie « Travail oral » qui pourra être menée collectivement ;
- une partie « Problèmes » décomposée en deux niveaux afin de pouvoir proposer aux élèves un travail adapté à leurs compétences.

Bien évidemment, cette nouvelle édition propose toujours une grande quantité de problèmes afin d'offrir à chaque enseignant un choix important adapté à la pédagogie qu'il met en œuvre.
Cet ouvrage favorisera aussi bien un travail avec l'ensemble de la classe qu'une pédagogie différenciée axée à la fois sur le développement de l'autonomie des élèves et le soutien aux enfants en difficulté.

Le livret des corrigés qui accompagne cet ouvrage propose, pour chaque chapitre, des problèmes destinés à l'évaluation.

Les auteurs

Table des matières

III GRANDEURS ET MESURE

IV ORGANISATION ET GESTION DE DONNÉES

V GÉOMÉTRIE

Quelques abréviations

jour	j	mètre	m
heure	h	• multiples	km, hm, dam
minute	min	• sous-multiples	dm, cm, mm
seconde	s	litre	L
mètre par seconde	m/s	• multiples	hL, daL
euro	€	• sous-multiples	dL, cL, mL
pourcentage (pour-cent)	%	gramme	g
degré Celsius	°C	• multiples	kg, hg, dag
longueur	L	• sous-multiples	dg, cg, mg
largeur	ℓ	tonne	t
base	b	quintal	q
hauteur	h	mètre carré	m^2
rayon	r	• multiples	km^2, hm^2, dam^2
diamètre	d	• sous-multiples	dm^2, cm^2, mm^2
périmètre	P	hectare	ha
aire	A	are	a

I
COMPRENDRE ET RÉSOUDRE

Poser l'opération

Pour chacun des problèmes suivants, réponds en posant l'opération en ligne, sans nécessairement effectuer le calcul.

1 La population d'un village comprend 315 femmes et 258 hommes. Quelle est la population totale de ce village ?

2 Les usines d'une marque d'automobiles produisent quotidiennement* 2 235 voitures d'un modèle, 1 600 d'un autre et 1 000 d'un troisième. Quelle est la production journalière totale de ces usines ?

3 Monsieur Galant achète une encyclopédie composée de 22 volumes. Chaque volume est vendu 18 €. Calcule le prix total de cette encyclopédie.

4 Manon possède 23 € dans sa tirelire. Lilia a trois fois plus d'argent qu'elle. De quelle somme Lilia dispose-t-elle ?

5 Dans la journée, une cantine a utilisé le contenu de 25 boîtes de 12 œufs. Combien d'œufs cette cantine a-t-elle consommés ?

6 Au cours d'une kermesse, on a vendu 208 parts de gâteaux à 2 € la part. Combien cette vente a-t-elle rapporté ?

7 Une coopérative viticole* a une production moyenne journalière de 650 bouteilles. Combien de bouteilles produit-elle en 25 jours ?

8 Thomas et Florian, qui pèsent respectivement 21,5 kg et 26 kg, montent ensemble sur la balance. Quelle masse celle-ci va-t-elle indiquer ?

9 Sur les 2 200 îles et îlots qui constituent l'archipel grec des Cyclades, en mer Égée, 2 167 sont inhabités. Sur l'archipel des Cyclades, combien d'îles habitées compte-t-on ?

10 Ibn Battuta (1304-1377), l'un des plus grands explorateurs arabes, parcourut 120 000 km en 28 ans de voyages. En moyenne, combien de kilomètres parcourait-il chaque année ?

11 Un pépiniériste a produit 6 400 pensées vendues 0,60 € l'unité. Quelle somme lui a rapporté la vente des fleurs ?

12 Un imprimeur envoie à un éditeur de bandes dessinées le premier tirage de son dernier album dans 175 cartons contenant chacun 45 albums. Quel est le nombre d'exemplaires imprimés ?

13 Laura commande 90 tirages photos par Internet pour un prix total de 9,90 €. À combien lui revient un tirage ?

14 Pour préparer son pain, madame Fillot ajoute en quantités égales des farines de blé, de seigle et d'avoine de façon à obtenir 900 g de mélange. Quelle quantité de chacune des farines a-t-elle utilisée ?

15 À la station-service, pour remplir le réservoir de sa voiture qui contient 48 L, Thierry ajoute 36 L. Quelle quantité d'essence restait-il dans le réservoir ?

16 Lucas possède 6 mangas et Sarah en a autant que lui. Combien d'albums détiennent-ils à eux deux ?

17 Le cassis contient 60 mg de calcium dans 100 g de fruits. Quelle quantité de calcium contiendront 500 g de fruits ?

18 Sophie, qui a 32 ans, a 3 ans de moins que Christophe. Quel est l'âge de Christophe ?

19 Des coureurs à pied ont parcouru 12 km sur un circuit d'une longueur de 4 km. Combien de tours de circuit ont-ils effectués ?

20 En 1990, en France, on avait produit 146 films long métrage. Cette production est montée à 240 films en 2008. Calcule l'augmentation de la production entre 1990 et 2008.

21 En 2008, en France, il s'est vendu quatre fois plus de voitures de marque Renault que de marque Ford. Pour 800 voitures Renault vendues, combien vendait-on de voitures Ford ?

22 L'an passé, Tudual et Briz, matelots sur un chalutier, ont passé respectivement 104 et 92 jours en mer. Combien de jours de plus que Briz, Tudual a-t-il passés en mer ?

Choisir la question

Pour chacun des énoncés ci-dessous, choisis la question qui te semble correspondre à l'énoncé, afin de compléter la situation problème.

23 Pour la nouvelle édition d'un livre, le nombre de pages est passé de 176 à 192 et le prix a augmenté de 6 €.

1. Quel était le prix de l'ancienne édition de ce livre ?
2. De combien le nombre de pages a-t-il augmenté entre les deux éditions ?
3. Quel est le nombre de pages de la nouvelle édition ?

24 Nathalie achète une machine à pain affichée 75 €. Le vendeur lui consent* une réduction* de 10 %.

1. De combien le prix sera-t-il diminué ?
2. Combien de machines à pain Nathalie pourra-t-elle acheter ?
3. Combien Nathalie paiera-t-elle la machine à pain ?

25 Au cours d'une journée, un livreur de pizzas a transporté 48 pizzas en 16 déplacements.

1. En moyenne, combien de pizzas le livreur a-t-il transportées à chaque voyage ?
2. Combien de pizzas livrera-t-il le lendemain ?
3. Laquelle des 48 pizzas méritait la note de 16 sur 20 ?

26 Nicolas achète un CD comportant 12 chansons. Chacune dure en moyenne 3 minutes.

1. Quel est, environ, le prix du CD ?
2. Quelle est la durée du CD ?
3. Dans combien de temps Nicolas achètera-t-il un autre CD ?

27 Feng possède, pour sa console de jeux, quatre jeux valant respectivement 19 €, 25 €, 49 € et 29 €.

1. Quelle est la valeur totale des jeux ?
2. Quelle est la valeur de la console de jeux ?
3. À quel prix Feng revendra-t-il les quatre jeux ?

28 Un fermier a rentré son foin en faisant 12 voyages avec une remorque chargée de 11 balles de foin.

1. Combien de vaches pourra-t-il nourrir avec ce foin ?
2. Combien de voyages peut-il encore faire avant que sa grange ne soit pleine ?
3. Combien de balles de foin a-t-il engrangées ?

29 Alix, qui a 14 ans, a 3 ans de plus que son frère Théo, mais 2 ans de moins que sa sœur Anaëlle.

1. Quel est l'âge d'Alix ?
2. Pourquoi Alix est-elle plus âgée que Théo ?
3. Quel est l'âge de Théo et quel est celui d'Anaëlle ?

30 Un terrain rectangulaire de 82 m de périmètre doit être entouré d'une clôture coûtant 54,75 € le mètre. On laisse une ouverture de 4 m pour le portail.

1. Quel est le prix du portail ?
2. Quel est le prix du terrain ?
3. Quel est le prix de revient de la clôture ?

31 Sur Internet, un séjour à New York (avion + trois nuits d'hôtel) est proposé à 799 € par personne.

1. Quel sera le prix d'une nuit d'hôtel supplémentaire ?
2. Quel sera le prix d'un séjour pour deux personnes ?
3. Quel sera le prix des repas ?

32 Pauline achète un ordinateur vendu 699 €. Le vendeur lui propose également une imprimante et trois logiciels* pour un prix de 195 €.

1. Quel est le prix de l'imprimante ?
2. Quelle est la valeur moyenne d'un logiciel ?
3. Quel serait le prix total de cet achat ?

33 Un cycliste se rend de Bergerac à Sainte-Foy-la-Grande en passant par Mussidan.

1. Quelle distance sépare Bergerac de Sainte-Foy-la-Grande ?
2. Quelle distance a-t-il parcourue ?
3. De combien de kilomètres la route directe entre Bergerac et Sainte-Foy-la-Grande était-elle plus courte ?

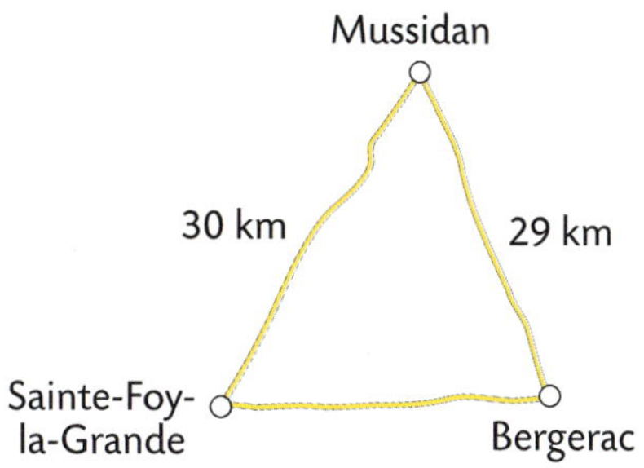

34 Louis achète un croissant valant 1,20 € et une tartelette aux pommes. Il donne deux pièces de 2 € et la boulangère lui rend 0,10 €.

1. Quelle somme reste-t-il à Louis ?
2. Quel est le prix de la tartelette ?
3. Combien la boulangère doit-elle lui rendre ?

Trouver la question

Pour chacun des énoncés ci-dessous, pose la question qui n'est pas formulée.

35 Un dictionnaire totalisait 1 088 pages. La nouvelle édition compte 80 pages de plus.

36 Un cahier valait 1,60 €. Il a augmenté de 0,25 €.

37 Ma grand-mère a préparé 6 pots de confiture de 350 g chacun.

38 La France totalise 3 100 km de côtes (frontières maritimes) et 2 100 km de frontières terrestres.

39 Le mont Everest, le sommet le plus haut du monde situé dans la chaîne de l'Himalaya, culmine à 8 846 m. Le mont Blanc, le plus haut sommet d'Europe, n'atteint que 4 808 m.

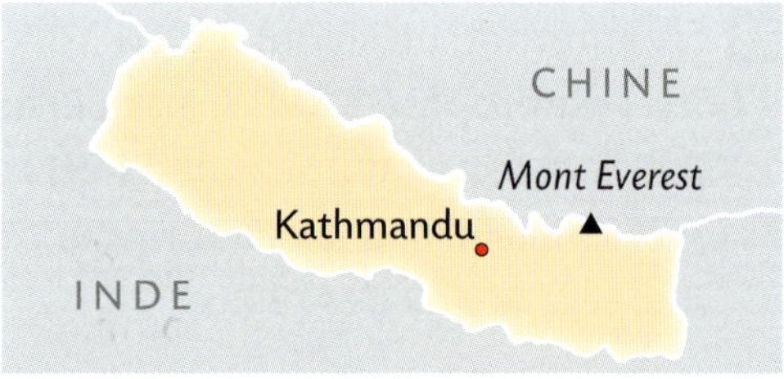

40 Un éleveur possède 350 porcs. Une épidémie* en décime* 45.

41 Un camion forestier a transporté 102 grumes* en 3 voyages.

42 La masse d'un éléphant est environ de 4 tonnes. Le rorqual bleu, le plus gros animal du monde, a pour masse celle de 30 éléphants.

43 En 2006, on a compté 1 541 118 mouvements d'avions dans les aéroports français et 1 552 160 en 2007.

44 Julie possède 37 € et Maxime 7,50 € de moins qu'elle.

45 Théo, qui a 15 jours de vacances, passe les 7 premiers jours chez sa grand-mère, puis rentre chez lui.

46 Au Zimbabwe (Afrique noire), l'espérance de vie est de 37 ans. Au Japon, on peut espérer vivre 45 ans de plus.

47 Dans son verger, Lucien possède neuf pommiers qui produisent chacun une moyenne de 160 kg de pommes.

48 Gauthier habite à 600 m de l'école. Chaque jour, il accomplit 4 fois ce trajet.

49 Durant 9 mois, un ouvrier en bâtiment a perçu, chaque mois, une prime de 205 €.

50 Une école reçoit 7 775 € de crédit de la part de la commune. Le directeur souhaite répartir équitablement* cet argent entre les cinq classes de l'école.

51 En 1985, on récupérait 35,2 % de la production de papier et de carton. En 2007, le taux de récupération est passé à 60,3 %.

52 Une course automobile longue de 972 km se déroule sur un circuit de 18 km.

53 Un paquet contenant 20 sachets d'infusion pèse 32 g.

54 Sur la facture téléphonique de son téléphone portable, monsieur Armani constate que 5,20 € de consommation hors forfait s'ajoutent aux 29,50 € du forfait mensuel.

55 Sur notre planète, pour 100 litres d'eau disponibles, 97,5 litres sont de l'eau salée.

56 La planète Mars est éloignée du Soleil de 227,9 millions de kilomètres. La Terre n'en est éloignée que de 149,6 millions de kilomètres.

57 Il y a vingt ans, le TGV Atlantique atteignait la vitesse de 480 km/h. En 2009, son record est de 574,8 km/h.

58 Avec ses 410 700 habitants, Malte est 145 fois moins peuplée que l'Italie.

59 Sur notre planète, l'eau douce se trouve à 76 % dans les glaciers, 1,46 % en surface, 0,03 % dans l'air et le reste se trouve sous terre.

Supprimer les informations inutiles

Recopie en supprimant les informations qui ne servent à rien pour la résolution de ces problèmes.

60 Dans une classe de CM2 comprenant 28 élèves, âgés de 11 à 12 ans, le maître distribue à chaque enfant cinq livres pesant en moyenne 450 g chacun. Calcule le nombre total de livres distribués.

61 Pour la rentrée scolaire, la maman de Louis achète pour son fils une paire de chaussures, pointure 34, au prix de 43 € ; mais elle doit revenir l'échanger contre une autre paire, pointure 35, au prix de 47 €. De combien la seconde paire est-elle plus chère que la première ?

62 Avec un appareil photo équipé d'un capteur de 10 mégapixels, d'un téléobjectif 70-300 mm et d'un pare-soleil valant 14,50 €, un photographe a réalisé 6 séries de 24 photos pour un reportage sur les oiseaux de Brière. Au total, combien de clichés pourra-t-il présenter ?

63 Quelles informations sur l'emballage vas-tu utiliser pour répondre à cette question : Quelle quantité de soupe va-t-on pouvoir servir en achetant les deux briques ?

64 Lors d'une étape du Tour de France 2009, le peloton, composé de 176 coureurs âgés de 22 à 40 ans, se rend de Marseille à La Grande-Motte en passant par Arles. La distance de Marseille à Arles est de 118 km, celle d'Arles à La Grande-Motte de 80 km. Calcule la longueur de l'étape.

65 Benjamin, élève de 6e, mesure 1,40 m. Édouard, âgé de 14 ans, élève de 4e, mesure 1,65 m. Quelle est la différence de taille entre ces deux garçons ?

66 La famille Robin achète un enregistreur DVD sur lequel on peut programmer 10 enregistrements sur 15 jours. L'appareil, garanti deux ans, vaut 299 € et elle prend une garantie supplémentaire de trois ans qui coûte 50 €. Quelle somme totale les Robin vont-ils devoir verser ?

67 Au recensement de 2006, on comptait 1 243 personnes à Saint-Félicien en Ardèche et 1 400 personnes de plus à Saint-Agrève dans le même département. Calcule le nombre d'habitants de Saint-Agrève en 2006.

68 Chaque matin, sauf le dimanche, vers 8 h 30, Claude, âgé de 63 ans, achète son journal. Le prix du journal étant de 0,90 €, calcule combien Claude dépense par semaine pour son journal.

69 Le viaduc de Millau mesure 2 460 mètres pour une hauteur maximale de 343 mètres. Le tablier en acier pèse 36 000 tonnes et il a fallu utiliser 205 000 tonnes de béton pour le reste de la construction. Quelle est la masse totale du viaduc ?

70 Hugo s'est acheté un casque de vélo valant 27 € et un superbe vélo de cross valant 165 € équipé d'un plateau 44 dents et d'une roue libre 18 dents. La masse du vélo est de 14,5 kg. Hugo a payé son achat en deux fois. Quel a été le montant de chaque versement ?

71 Tatie Danielle fait des confitures de pommes au caramel. Elle utilise 5 kg de fruits auxquels elle ajoute 4 kg de sucre. À la fin de la cuisson, qui a duré 1 h 15, le mélange a perdu 1,650 kg. Elle le verse alors dans des pots d'une contenance de 450 g. Combien de pots complets emplira-t-elle ?

72 Un livreur, qui a chargé 28 colis dans sa camionnette, en dépose sept lors de son premier arrêt, repart pour 12 km, puis en dépose neuf lors du deuxième arrêt et neuf également lors du troisième arrêt. Enfin, à 17 h 15, il dépose le reste de ses colis chez son dernier client. Combien de colis a-t-il déposés au cours de ce quatrième arrêt ?

73 Un film, qui était programmé sur France 3 le jeudi 3 novembre à 20 h 35, a débuté avec quatre minutes de retard. Sachant qu'il devait se terminer à 22 h 10, calcule la durée de ce film.

74 Pour aménager une terrasse, M. et Mme Blanc achètent, le samedi 23 mai, 32 lames de terrasse en bois mesurant chacune 3 mètres de longueur pour une largeur de 14 cm et valant 7,30 € l'unité. Ils acquièrent également 12 traverses en bois valant chacune 3,90 € et un ensemble de visserie coûtant 15,80 €. Quel sera le prix de revient du matériel nécessaire à la réalisation de leur terrasse ?

75 Monsieur Akram aménage une pièce destinée à recevoir des archives. Il installe sur les murs de cette pièce des bibliothèques d'une largeur de 90 cm et d'une profondeur de 35 cm, comportant 5 étagères. Chaque bibliothèque peut supporter un poids de 150 kg. Monsieur Akram installe un total de 17 bibliothèques. De quelle longueur totale de rangement va-t-on disposer dans cette pièce ?

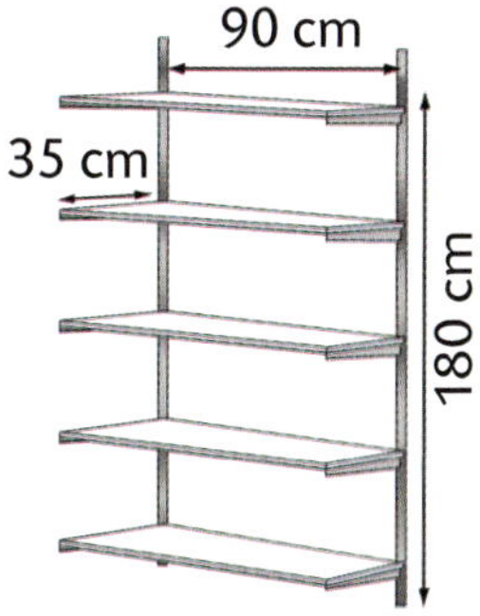

S'aider d'un croquis

Pour tous ces problèmes, fais un croquis qui facilitera ta réponse à la question posée, puis réponds à cette question.

76 Un pâtissier coupe une bûche glacée en 6 coups de couteau. Combien de parts obtient-il ?

77 Une corde de 10 m de long est coupée en 4 coups de ciseaux de façon à obtenir des longueurs égales. Combien mesure une longueur ?

78 On distribue équitablement 18 cartes à trois enfants. Combien chaque enfant en a-t-il ?

79 Un champ rectangulaire a les dimensions suivantes : L = 120 m, l = 70 m. On le partage, dans le sens de la largeur, en deux parcelles égales. Quelles sont les dimensions des parcelles obtenues ?

80 Un automobiliste a rallié Tours à Lille, en passant par Paris et Amiens, parcourant ainsi 500 km. Il s'est arrêté à Amiens pour déjeuner. Les distances sont les suivantes : Tours-Paris, 230 km ; Paris-Amiens, 150 km. Après son déjeuner, combien de kilomètres lui restait-il encore à parcourir avant d'atteindre Lille.

81 Paul veut brûler un grand morceau de bois de 1,60 m dans la cheminée. Pour cela, il le scie en 3 morceaux. Quelle sera la longueur des bûches obtenues (si elles sont égales) ?

82 À 4 h du matin, le thermomètre indiquait 4 °C au-dessous de 0. À 10 h, il indique 3 °C au-dessus de 0. De combien de degrés la température s'est-elle élevée entre 4 h et 10 h ?

83 Un automobiliste part en voyage le 1er mars à 18 h 10 et arrive à destination le 2 mars à 1 h 15 du matin. Calcule la durée du trajet.

84 Un bassin carré a 2,40 m de côté. Calcule son périmètre. On met une clôture tout autour à un mètre du bord. Quelle est la longueur de cette clôture ?

85 Un terrain de sport a la forme d'un triangle rectangle (b : 15 m, h : 8 m). On l'agrandit d'une même parcelle triangulaire de façon à obtenir un terrain rectangulaire. Calcule le périmètre du terrain ainsi obtenu.

86 Pour séparer son jardin, d'une largeur de 18 m, de celui de son voisin, Jean plante un troène tous les 30 cm sans en mettre à chaque bout. Combien de troènes doit-il acheter ?

87 Sur le pourtour d'un jardinet carré de 7 m de côté, on veut planter des rosiers tous les 50 cm. Trouve les questions et donne les réponses.

88 Un menuisier a scié une planche en 5 traits de scie, obtenant des morceaux de 35 cm chacun. Quelle était la longueur de cette planche ?

89 Alexandre achète une guirlande électrique longue de 2,50 m. De chaque côté, le fil ne comporte pas d'ampoules sur une longueur de 35 cm. L'intervalle séparant deux ampoules étant de 12 cm, de combien d'ampoules est composée cette guirlande ?

90 Max le chien est plus vieux que Filou le chat qui est plus jeune que Brio, le cheval, plus vieux que le chien. Quel est l'animal le plus vieux ?

91 Tao et Emma ont quelques cartes de mangas. Tao dit à Emma : « Si tu me donnes 2 cartes, on en a alors le même nombre tous les 2. Par contre si je te donne 2 cartes, tu en auras le double de moi. » Combien ont-ils de cartes chacun ?

92 Madame Garcia veut carreler un balcon de 2 mètres de longueur et 1,20 m de largeur avec des carreaux mesurant 60 cm de long et 40 cm de large. Elle a prévu de n'avoir aucune coupe à effectuer et a acheté le nombre exact de carreaux nécessaires. Quel est ce nombre ?

93 Une citerne pour récupérer l'eau de pluie d'une capacité de 1 000 litres était pleine. On en soutire d'abord 200 litres puis un quart de ce qui restait. Quelle quantité d'eau reste-t-il alors dans la citerne ?

94 Dalil et Raïa pèsent ensemble 62 kg. Dalil pèse 6 kg de plus que Raïa. Quel est le poids de chacun des enfants ?

Impossible : pourquoi ?

Pour tous les énoncés ci-dessous, il est impossible de répondre à la question posée. Donne à chaque fois la raison.

95 À la boulangerie, maman a acheté 2 baguettes de pain à 0,85 € l'une. Combien la boulangère lui a-t-elle rendu ?

96 Le vélo de Clémence a coûté 28,50 € de plus que celui de Cédric. Quel était le prix d'achat du vélo de Clémence ?

97 Chloé a 3 ans de plus que son frère Hugo qui est né 3 ans plus tôt. Quel est l'âge de Chloé ?

98 Une école est constituée de trois classes : un CP de 17 élèves, un CE1-CE2 de 23 élèves, un CM1-CM2 de 22 élèves. Combien y a-t-il de filles ?

99 Un seau pèse 0,5 kg vide. Quelle est sa masse lorsqu'il est rempli d'eau ?

100 La Loire mesure 1 012 km et la Seine 776 km. Calcule la différence de longueur entre la Garonne et la Loire.

101 Aidée par deux accompagnateurs, une institutrice d'école maternelle emmène au cinéma les 28 enfants de sa classe pour voir un dessin animé. L'institutrice achète 31 billets à 6 € l'un. Quelle a été la durée du film ?

102 Monsieur Sobek achète un tapis de 2 m de large sur 3,50 m de long, composé de 80 % de laine et de 20 % de coton. Quel est le prix du tapis ?

103 Lors d'un Grand Prix de Formule 1, les pilotes ont 52 tours de circuit à accomplir. Combien de kilomètres auront-ils parcourus à la fin de la course ?

104 Benjamin va au cinéma à la séance de 20 h. Il a 15 minutes de retard. À quelle heure se termine le film ?

105 Pour animer une soirée, Gaëlle a enregistré entièrement trois CD de 80 minutes chacun et une partie d'un quatrième CD. Calcule, en minutes, puis en heures, la durée totale de l'enregistrement.

106 Pour restaurer un vieux meuble, un antiquaire* a utilisé 2 L de décapant à 7,20 € le litre, 0,75 L d'huile de lin à 2,45 € le litre et la moitié d'une boîte de cire vendue 5,85 €. Calcule le temps nécessaire à la restauration de ce meuble.

107 Au supermarché, Michèle achète un poulet de 3,450 kg. Quel est son prix ?

108 Le réservoir d'une voiture est plein. Quelle quantité d'essence, en litres, contiendra-t-il encore après un trajet de 200 km ?

109 Un marchand forain* comptabilise ses ventes de la matinée :
– 2 couvertures à 43 € l'une ;
– 6 douzaines de torchons à 28 € la douzaine ;
– 3 services de table composés chacun d'une nappe et de 12 serviettes ;
– 18 serviettes de bain vendues 39 € les 6.
Quelle a été la recette* totale de la matinée ?

110 Au Loto, Émilien a coché les cases 1, 6, 7, 28, 35 et 42. Lors du tirage du mercredi soir, les cinq premiers numéros sortis sont : 2, 6, 24, 35, 37. Quel sera le numéro de la sixième boule à sortir ?

111 Un train part de Paris à 20 h et arrive à Dijon à 22 h 30. Quelle est la distance entre Paris et Dijon ?

112 Pour la fête des Mères, Mathieu a acheté un bouquet de fleurs composé de 5 roses et de 4 œillets. Les roses sont plus chères que les œillets, qui valent 1,20 €. Combien Mathieu a-t-il payé son bouquet ?

113 462 supporters d'une équipe de basket-ball se sont inscrits pour accompagner leur équipe en déplacement. Les responsables réservent des autocars. Combien devront-ils en retenir ?

114 En France, en 2006, on dénombrait 14 308 monuments classés, 14 344 en 2007 et 14 367 en 2008. Combien comptera-t-on de monuments classés, en France, en 2020 ?

115 Dimanche dernier, madame Mollet a quitté son domicile à 8 h 45 pour effectuer une longue randonnée à la vitesse moyenne de 4 km/h. À quelle heure est-elle rentrée chez elle ?

Ordre de grandeur d'un résultat

Aide-mémoire

Avant d'effectuer un calcul posé, il est important d'avoir une idée de l'ordre de grandeur du résultat. Cela permet, une fois le calcul effectué, de savoir si le résultat trouvé est plausible.

9,95 + 17,6 + 41,70 = 158,80.

Ce résultat est faux car : 9,95, c'est environ 10 ; 17,6 c'est environ 20 et 41,70 c'est environ 40. Or 10 + 20 + 40 = 70.

158,80 est un résultat beaucoup trop éloigné de 70.

Dans de nombreuses situations de la vie quotidienne, un calcul précis n'est pas nécessaire et savoir calculer un ordre de grandeur est souvent suffisant.

Avec 10 €, aurai-je assez d'argent pour acheter ces deux livres ?

Pour commencer

1 **En arrondissant chaque nombre à la dizaine la plus proche, indique l'ordre de grandeur du résultat de chaque addition.**
Effectue ensuite l'opération à la calculatrice pour vérifier si les deux résultats sont proches.

36 + 47	244 + 138	58,2 + 17,8	112,6 + 9,9
63 + 82	518 + 221	21,7 + 19,4	379,8 + 294,6
88 + 23	453 + 39	72,36 + 67,48	324,1 + 306,3

2 **En arrondissant chaque nombre à la centaine la plus proche, indique l'ordre de grandeur du résultat de chaque addition.**
Effectue ensuite l'opération à la calculatrice pour vérifier si les deux résultats sont proches.

375 + 125	379 + 294	436,2 + 198,4	902,8 + 663,9
618 + 357	2 234 + 756	712,75 + 410,3	1 401,9 + 1 396,8
719 + 342	1 234 + 988	670,1 + 313,8	3 640,5 + 279,2

3 **En arrondissant chaque nombre à la dizaine la plus proche, indique l'ordre de grandeur du résultat de chaque soustraction.**
Effectue ensuite l'opération à la calculatrice pour vérifier si les deux résultats sont proches.

88 – 32	758 – 699	59,2 – 18,4	78,6 – 59,64
122 – 42	158 – 96	92,5 – 27,63	215,38 – 12
621 – 419	448 – 28,16	99,51 – 59,17	309,6 – 212,8

4 **En arrondissant chaque nombre à la centaine la plus proche, indique l'ordre de grandeur du résultat de chaque soustraction.**
Effectue ensuite l'opération à la calculatrice pour vérifier si les deux résultats sont proches.

475 – 338	1 725 – 692	415,2 – 187	1 612 – 279,9
996 – 517	2 512 – 497	863,6 – 698,63	856,12 – 364,6
778 – 525	991 – 572	717,6 – 496	3 254,3 – 1 342,8

5 **En arrondissant chaque nombre à la dizaine la plus proche, indique l'ordre de grandeur du résultat de chaque multiplication.**
Effectue ensuite l'opération à la calculatrice pour vérifier si les deux résultats sont proches.

76 × 38	54 × 19	26,3 × 12,7	61 × 47,53
33 × 26	98 × 23	57,34 × 32,8	93,1 × 28,6

6 **En arrondissant chaque nombre à la dizaine ou à la centaine la plus proche, indique l'ordre de grandeur du résultat de chaque multiplication.**
Effectue ensuite l'opération à la calculatrice pour vérifier si les deux résultats sont proches.

43 × 58	621 × 11	208,2 × 36	192 × 19,6
136 × 18	42 × 231	81,6 × 314,1	379 × 256,3

7 **En calculant l'ordre de grandeur, retrouve le bon résultat de chaque opération.**

98 × 86
a) 7 258
b) 8 428
c) 986

72 × 59,5
a) 4 284
b) 2 647,5
c) 480,5

563 × 427
a) 304 401
b) 24 401
c) 240 401

68,4 × 27
a) 172,8
b) 1 846,8
c) 18 468,8

Problèmes

116 Avant de passer en caisse, Laurence calcule l'ordre de grandeur des achats qu'elle vient d'effectuer pour sa fille. Combien trouve-t-elle ?

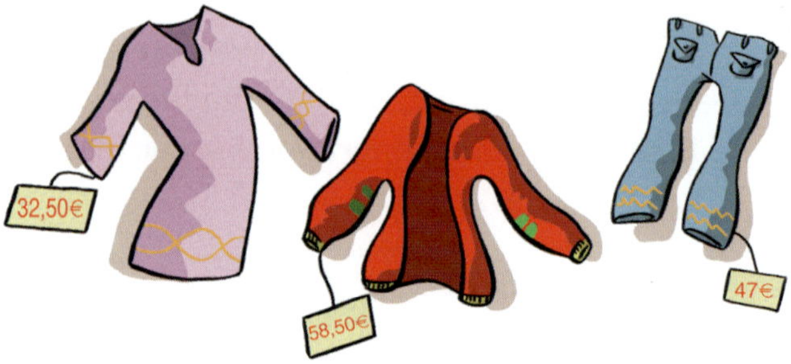

117 Calcule l'ordre de grandeur de l'aire d'un champ rectangulaire mesurant 44,800 m de long sur 36,200 m de large.

118 Pour réaliser une haie, M. et Mme Dujardin utilisent 35 arbustes valant 37 euros pièce. Calcule l'ordre de grandeur du montant de leur achat.

119 Une école doit acheter 28 livres à 9,30 € pièce. Calcule l'ordre de grandeur du prix total.

120 Après avoir fait restaurer le manoir du XVIIIe siècle situé sur leur commune, le maire et ses adjoints désirent faire l'acquisition, dans une salle des ventes, de 16 reproductions de batailles napoléoniennes valant chacune 217 euros. Calcule l'ordre de grandeur du montant de cet achat.

121 Madame Louvey veut enrichir certaines collections de la bibliothèque dont elle s'occupe ; pour cela, elle désire acheter :
– 21 albums à 27 € pièce ;
– 18 romans policiers à 22 € pièce ;
– 12 bandes dessinées à 16 € pièce.
Quel est l'ordre de grandeur du montant de ces achats ?

122 Compare ces deux affiches publicitaires. Quelle offre te semble la plus intéressante pour l'ensemble du mobilier ?

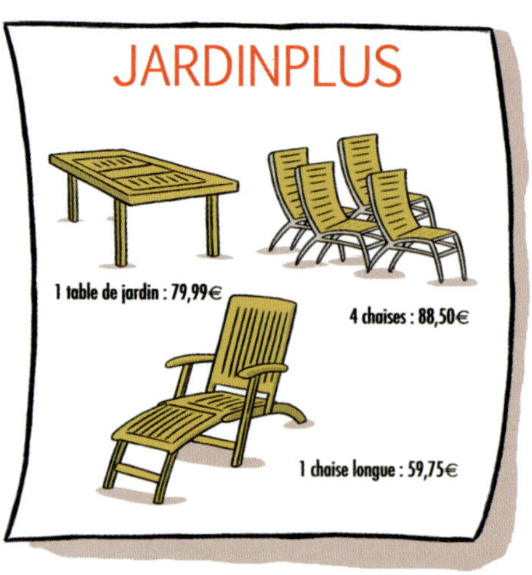

Trouver les questions intermédiaires

Pour chacun des problèmes ci-dessous, seule la question finale est posée. Mais la résolution exige la recherche de résultats partiels. Trouve les questions intermédiaires qui fourniront les informations.

123 Isam remarque qu'il met environ 2 minutes pour lire une page d'un illustré. En continuant ainsi, combien de temps lui faudrait-il pour lire trois illustrés comportant chacun 18 pages ?

124 La famille Chauveau achète un canot pneumatique affiché 515 € mais le vendeur leur fait une remise* de 45 €. La famille paie le canot en 3 fois. Quelle somme paiera-t-elle chaque fois ?

125 Un marchand achète 5 fûts de vin de 120 L chacun qu'il met en bouteilles de 0,75 L. Calcule le nombre de bouteilles obtenues.

126 Un marchand forain* achète des serviettes de table 3 € pièce. Combien paiera-t-il 28 douzaines de ces serviettes ?

127 Pour partir en vacances, Martin achète à chacun de ses jumeaux un sac de couchage à 31 €, un sac à dos à 34 € et une paire de chaussures à 37,80 €. Calcule la dépense totale.

128 Pour se rendre à son travail, Laurent doit parcourir 3 km. Il mange sur place le midi et travaille cinq jours par semaine. Quelle distance totale (aller et retour) parcourt-il en quatre semaines ?

129 Lors d'un déménagement, on charge, dans une camionnette, quatre chaises pesant 6 kg chacune, une table de 10 kg, deux fauteuils pesant 15 kg chacun et un canapé de 123 kg. La camionnette vide pesant 1 125 kg, calcule la masse totale roulante.

Utiliser la calculatrice

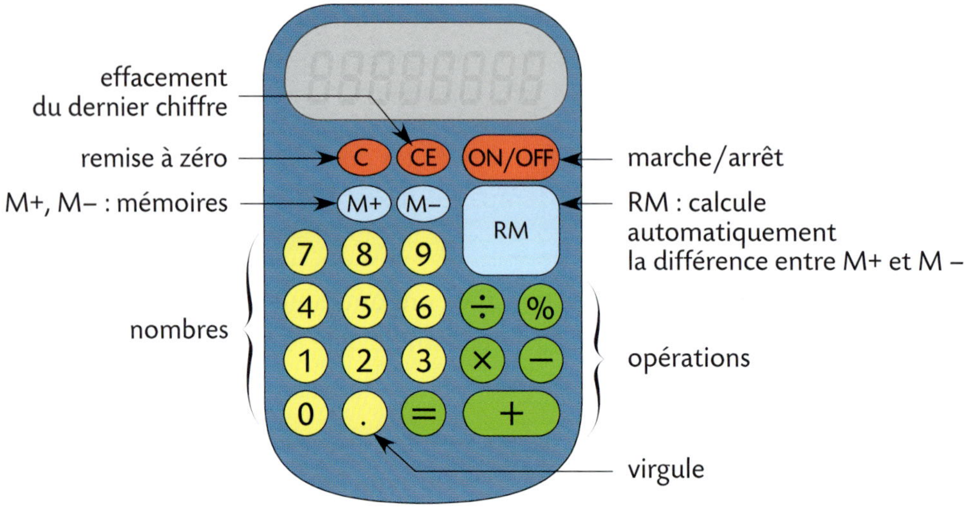

Pour commencer

1 Effectue les opérations.

755 + 23 + 489 + 9 =
1 357 – 186 =
408 × 28 =

783 + 594 + 153 + 7 =
5 355 – 1 686 =
608 ÷ 16 =

2 Effectue les opérations.

724 + 7 282 + 587 + 18 =
687 832 – 4 996 =
15 035 ÷ 155 =

1 342 + 6 325 + 179 + 5 =
846 × 43 =
773 738 ÷ 238 =

3 Effectue les opérations.

327,8 + 855,17 + 25,813 =
587,84 – 78,839 =
69,84 × 25,9 =

586,5 × 81,2 =
135,9 ÷ 12,5 =
176,845 ÷ 5,83 =

Problèmes

130 Lequel de ces trois calculs correspond au nombre 4 685,14 ?

a) 5 000,86 – 325,72 = b) 1 283,6 × 3,65 = c) 2 315,94 + 2 369,37 =

131 Quel calcul est le plus proche de 1 748 ?

a) 124 × 15 = b) 123 × 12 = c) 125 × 14 =

132 Effectue les calculs suivants à l'aide de la calculatrice, de deux manières différentes, en faisant une addition, puis sans faire d'addition.

$45 + 45 + 45 =$

$27 + 27 + 27 =$

$36 + 36 + 36 =$

$38 + 38 + 38 + 38 + 38 =$

$14 + 14 + 14 + 14 =$

$153 + 153 + 153 + 153 =$

133 Quel est le plus grand nombre que l'on peut afficher sur la calculatrice ? Ajoute 1. Qu'observes-tu ?

134 Effectue l'opération suivante : $312\,567 \times 23\,108 =$
Qu'indique la calculatrice ? Pourquoi ?

135 Fais l'opération suivante : $100 \div 3 =$
Multiplie le résultat obtenu par 3. Qu'obtiens-tu ?
Pourquoi n'obtiens-tu pas à nouveau 100 ?

136 Reproduis et complète.

Frappe	ON	3	M+	RM	2	M+	RM	4	M–	RM
Lis										

137 Effectue les calculs, d'abord mentalement, puis avec la calculatrice.

6 | + | 3 | = | M+ | 8 | + | RM | =

6 | + | 4 | = | M+ | 5 | – | 3 | × | RM | =

138 Effectue les calculs en utilisant la mémoire de la calculatrice.

a) $(75 \times 5) + (37 \times 3) =$

b) $(43 \times 24) + (16 \times 7) =$

c) $(12{,}5 \times 5) + (3{,}45 \times 9) =$

d) $(26{,}3 \times 3{,}4) + (55{,}8 \times 2{,}7) =$

139 Effectue les calculs en utilisant la mémoire de la calculatrice.

a) $(18{,}9 \times 8) - (205 - 123{,}5) =$

b) $(6{,}38 \times 7) - (2{,}29 \times 1{,}7) =$

140 Effectue les calculs en utilisant la mémoire de la calculatrice.

a) $(4\,304 - 327{,}5) - (65 \div 5) =$

b) $(789 + 125 + 8\,137) \times (7 \div 14) =$

c) $(26{,}48 \times 3) + (62{,}5 \times 4) + 7\,148 =$

d) $(130{,}8 + 3\,269) + (26{,}2 \div 4) =$

141 Effectue les calculs en utilisant la mémoire de la calculatrice.

a) $(89{,}37 \times 71) - (38 \times 6) =$

b) $(5\,266 + 742\,000 + 36) + (58 \times 27) + (15 \times 6{,}4) =$

Résous les problèmes suivants à l'aide de la calculatrice. (Attention, tu ne dois utiliser ni feuille ni crayon !)

142 Dans une camionnette, monsieur Dubois charge 52 paquets pesant chacun 4 kg et 6 caisses pesant chacune 24 kg. Quelle masse, en kilogrammes, a-t-il chargée dans la camionnette ?

143 Benjamin achète 3 cahiers à 1,81 € l'un et 2 livres valant 13 € l'un. Combien va-t-il payer ?

144 À la librairie, Laura achète un livre à 11,30 € et un stylo à 2 €. Elle paie avec un billet de 20 €. Combien doit-on lui rendre ?

145 a) Quels sont les deux nombres qui se suivent et dont la somme est égale à 3 871 ?
b) Quels sont les trois nombres qui se suivent et dont la somme est égale à 738 ?

146 Pendant une braderie, Pierre a vendu sa console de jeux au prix de 15 € et huit jeux au prix unitaire de 5 €. Il souhaite se racheter une console valant 139 €. Quelle somme lui manque-t-il encore ?

147 Une agence de voyage propose un séjour en Chine à 1 875 € par personne. Monsieur et madame Nicolas ont déjà réglé 562,50 €, puis 1 125 €. Quelle somme leur reste-t-il encore à payer ?

Je travaille seul(e)

corrigé p. 231

148 Lequel de ces calculs correspond au nombre 5 837,55 ?
a) $153{,}502 \times 25{,}1 =$ b) $7\,935{,}7 - 4\,095{,}15 =$ c) $2\,568{,}3 + 3\,269{,}25 =$

149 Sur un catalogue d'achats par correspondance, Rose passe la commande suivante pour fleurir son balcon.

	Prix unitaire	Quantité	Prix total
Géranium lierre rouge	1,40 €	5	
Géranium zonal blanc	2,60 €	3	
Bégonia rouge	0,85 €	8	
Œillet d'Inde	0,75 €	12	
		Frais de port	6 €
		TOTAL	

Calcule le montant total de la commande.

II
NOMBRES ET CALCUL

Les milliers

Aide-mémoire

Classe des mille			Classe des unités simples		
c	d	u	c	d	u
		5	0	6	3
4	0	0	1	7	6

Pour écrire un nombre de milliers, on sépare la classe des mille de celle des unités simples par un espace.

cinq **mille** soixante-trois ➤ 5 063

quatre cent **mille** cent soixante-seize ➤ 400 176

Travail oral

1 Lis les nombres ci-dessous.

45 623	17 029	75 000	148 631	76 008
890 000	804 056	90 070	102 303	95 027

2 Indique, dans chaque nombre, ce que représente le chiffre 1 (exemples : les centaines, les dizaines de mille...)

91 236	147 603	56 351	96 417	416 000
1 965	81 034	999 102	589 216	14 803

3 Essaie de lire ces nombres malgré les espaces oubliés.

23695	225963	1269	13520	135020
130005	15302	15986	105968	50000

Problèmes

150 Écris ces nombres en chiffres.

douze mille trente-deux
six cent treize mille
vingt-neuf mille douze
soixante-trois mille deux cent dix

cent dix mille quatre-vingts
quatre mille cinq
huit mille trente-neuf
sept mille sept

151 **Observe les quatre compteurs kilométriques. Recopie le kilométrage de chacune des voitures en supprimant les zéros inutiles et en respectant les espaces entre les classes.**

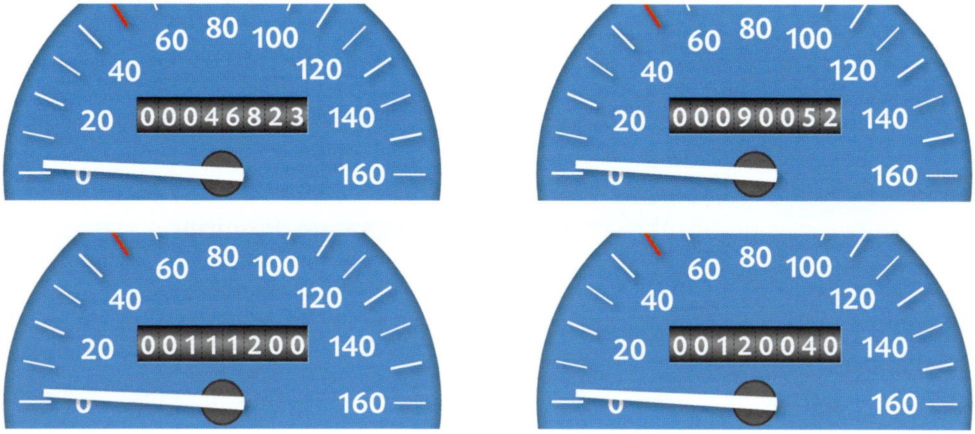

152 **Écris ces nombres en chiffres.**

cent deux mille trois
trente-deux mille cinq
quinze mille cinquante et un
cent mille dix-huit
quarante-quatre mille quatre-vingt-dix-neuf
sept cent sept mille soixante-dix
sept cent soixante-dix-sept mille sept cents
sept cent mille sept

153 **Récris ces nombres en supprimant les zéros inutiles et en respectant les espaces entre les classes.**

00204500 012005 0010000 560408 0890570 08033030

154 **Range ces nombres en ordre croissant (du plus petit au plus grand).**

12 626 58 000 124 020 54 999 42 129 13 001 5 909

155 **Écris ces nombres en lettres.**

33 900 80 030 9 002 501 704 805 800 70 010 81 038 104 009

156 **Écris le nombre correspondant à chaque définition.**

a) Son chiffre des centaines est 7. Son chiffre des unités est 1. Son chiffre des dizaines est inférieur au chiffre des unités. Son nombre de milliers est 23.

b) Son chiffre des centaines de milliers est 6. Son chiffre des unités est 8. Son chiffre des milliers est 654. Son nombre de dizaines est 35.

157 **Range ces nombres en ordre décroissant (du plus grand au plus petit).**

37 512 307 010 37 700 30 990 377 000 33 777 300 777

158 **Recopie et complète le tableau.**

Nombre précédent	Nombre donné	Nombre suivant
	168 999	
	716 100	
	909 999	
	999 989	
	439 000	

159 **En utilisant uniquement les chiffres donnés, et autant de zéros que nécessaire, écris un nombre correspondant à chaque définition.**

a) 6 est le chiffre des unités de mille, 3 est le chiffre des dizaines.
b) 1 est le chiffre des centaines de mille, 2 est le chiffre des dizaines de mille, 7 est le chiffre des unités.
c) 9 est le chiffre des centaines, 7 est le chiffre des centaines de mille.
d) 5 est le chiffre des unités, 8 est le chiffre des dizaines de mille.
e) 4 est le chiffre des centaines, 6 est le chiffre des unités de mille, 2 est le chiffre des centaines de mille.

160 **Calcule sans poser les opérations.**

9 990 + 10
327 090 + 10
370 000 + 10 000
990 999 + 1 000

480 000 + 10 000
409 900 + 100
414 005 + 1 000
307 500 + 500

39 990 + 10
172 900 + 100
515 200 + 1 000
85 800 + 200

161 **Arrondis chacun de ces nombres au millier le plus proche.**

Exemples : 81 263 ➤ 81 000 81 689 ➤ 82 000

64 128 56 489 12 704 83 591 104 728
369 357 98 451 8 099 597 487 745 800

162 **Arrondis chacun de ces nombres à la dizaine de milliers la plus proche.**

Exemples : 37 871 ➤ 40 000 33 389 ➤ 30 000

12 124 – 106 000 – 17 032 – 64 987 – 958 008 – 19 717 – 906 700 – 45 100

163 **Écris ces nombres en chiffres.**

quatre cent un mille
quatre cent quarante-quatre mille
quarante-quatre mille quarante
quarante et un mille quatre cents

quatre cent mille dix
quarante mille
quarante-quatre mille cent
quatre cent quatre mille un

164 Écris en chiffres :

a) le plus grand nombre de 6 chiffres ;
b) le plus petit nombre de 5 chiffres ;
c) le plus grand nombre de 4 chiffres qui ne comporte ni 8 ni 9.

165 Arrondis ces nombres.

17 692 ➤ à la centaine supérieure.
42 894 ➤ à la dizaine de mille supérieure.
234 025 ➤ à l'unité de mille inférieure.
954 362 ➤ à la centaine de mille inférieure.
607 368 ➤ à la dizaine de mille supérieure.

166 Recopie ce texte en écrivant les nombres en chiffres.

En France, en 2006, on a dénombré quatre mille six cent quatre-vingt-seize incendies de forêts représentant une surface brûlée de vingt-deux mille cent trente-trois hectares.

167 Recopie ce texte en écrivant les nombres en lettres.

En France, en 2007, la dépense moyenne pour un élève représentait 5 350 € dans l'enseignement primaire, contre 10 150 € dans l'enseignement supérieur.

Je travaille seul(e)

corrigé p. 231

168 Écris ces nombres en lettres.

436 125   302 999   25 000   16 010   8 994   73 000   140 060

169 Range ces nombres en ordre décroissant.

47 000   407 700   40 777   470 700   47 070   477 000   400 077

170 Écris ces nombres en chiffres.

a) quatre-vingt-dix mille cinq cents
b) neuf mille cinq cent cinquante
c) quatre-vingt-dix mille
d) neuf cent neuf mille cinquante
e) quatre-vingt-dix-neuf mille cinquante-cinq
f) neuf cent mille cinq cents
g) neuf cent quatre-vingt-dix-neuf mille cinquante
h) neuf cent mille cinq

171 Recopie et complète le tableau.

Nombre précédent	Nombre donné	Nombre suivant
	33 000	
	23 999	
	9 999	
	406 000	
	409 100	

Les millions

Aide-mémoire

Classe des millions			Classe des mille			Classe des unités simples		
c	d	u	c	d	u	c	d	u
		9	3	0	0	0	0	0
	1	0	0	6	5	0	0	4

Pour écrire un nombre de millions, on laisse deux espaces :
- un entre la classe des millions et la classe des mille ;
- un autre entre la classe des mille et les unités simples.

neuf **millions** trois cent **mille** ➤ 9 300 000

dix **millions** soixante-cinq **mille** quatre ➤ 10 065 004

Travail oral

1 Lis les nombres ci-dessous.

5 658 231 57 960 000 401 000 600 89 051 201 96 017 020
695 040 000 695 400 000 69 004 500 6 954 040 198 562 027

2 Indique, dans chaque nombre, ce que représente le chiffre 8 (exemples : les centaines, les dizaines de millions...)

48 230 145 800 500 000 41 028 365 923 830 700 851 230 100
180 560 000 77 451 832 89 263 400 555 080 235 718 400 000

3 Essaie de lire ces nombres malgré les espaces oubliés.

48952132 845316987 125698 6953411 32589425

Problèmes

172 Recopie ces nombres en supprimant les zéros inutiles et en respectant les espaces entre les classes. Classe-les ensuite en ordre croissant.

010800221 600400000 008040105 085041003 006000600

173 Écris ces nombres en lettres.

8 035 000 62 350 500 8 012 040 43 000 800 55 700 000

174 Range ces nombres en ordre croissant.

5 050 000 55 055 055 5 500 500 50 555 000 500 005 000 5 005 555

175 **Écris ces nombres en lettres.**

15 000 150   105 015 000   150 005 050   5 000 015   15 001 050

176 **Écris ces nombres en chiffres.**

cent cinquante-six **mille** vingt-cinq
un **million** cent vingt **mille** deux cent six
quatre-vingt-six **mille**
quarante-deux **millions**
cent soixante-dix **millions** cent cinquante **mille** quatre cents
neuf cent soixante-douze **mille** cent
quatre **millions** trente-six **mille** trois cents
treize **millions** cinq **mille** dix-neuf
vingt-quatre **millions** deux cent **mille**
quatre **millions** cent soixante-dix **mille** sept cents

177 **Recopie ces nombres en plaçant le signe < ou > à la place des points.**

949 009 ... 909 999
99 999 ... 100 000
1 379 899 ... 1 380 001
2 490 000 ... 2 409 900
9 909 099 ... 9 910 009
3 478 033 ... 3 488 303

178 **En utilisant uniquement les chiffres donnés, et autant de zéros que nécessaire, écris un nombre correspondant à chaque définition. Écris ensuite en lettres les nombres formés.**

a) 4 est le chiffre des dizaines de millions, 7 est le chiffre des millions, 1 est le chiffre des centaines.
b) 5 est le chiffre des millions, 9 est le chiffre des centaines de mille, 6 est le chiffre des dizaines de mille.
c) 3 est le chiffre des centaines de millions, 1 est le chiffre des millions, 6 est le chiffre des centaines, 4 est le chiffre des unités.

179 **Écris ces nombres en chiffres.**

trente millions cinquante-quatre mille
deux cents millions quatre cent mille
quatre cent un millions six mille cinquante
soixante-trois millions quarante mille cinq
deux millions six mille
quatre millions sept cents
deux millions quatorze mille
dix millions sept cent mille

180 **Recopie cette phrase en écrivant les nombres en chiffres.**

En 2007, en France, ce sont un million cent vingt-six mille quatre cent dix jeunes de moins de dix-huit ans qui sont partis en centre de vacances.

181 **Recopie ce texte en écrivant les nombres en lettres. Trouve le nombre manquant.**

En France, en 1998, on a comptabilisé 170 600 000 entrées au cinéma. En 2008, ce nombre s'est élevé à 189 700 000 : il manquait ... entrées pour atteindre 200 000 000 d'entrées.

182 **Décompose chacun des nombres.**

Exemple : 8 400 760 = 8 000 000 + 400 000 + 700 + 60
= (1 000 000 × 8) + (100 000 × 4) + (100 × 7) + (10 × 6)

21 094 020 6 000 894 123 009 500 511 000 860 860 320 009

183 **Recopie et complète le tableau.**

Nombre précédent	Nombre donné	Nombre suivant
	14 000 000	
	17 990 000	
	15 099 999	
	69 999 999	
	9 100 000	

184 **Dans chacun des nombres, modifie le chiffre des dizaines de mille afin de former un nouveau nombre. Écris ensuite ce nombre en toutes lettres.**

a) 4 562 310 b) 560 258 753 c) 54 809 654 d) 6 912 587
e) 598 026 655 f) 45 228 405 g) 431 315 300 h) 641 542 289

185 **Arrondis chacun de ces nombres au million le plus proche.**

Exemples : 5 841 230 ➤ 6 000 000 5 341 230 ➤ 5 000 000

7 412 560 9 021 069 12 711 203 56 458 962 148 201 899

186 **Arrondis chacun de ces nombres à la dizaine de millions la plus proche.**

478 562 013 49 871 000 49 128 999 164 597 630 825 598 000

187 **Calcule sans poser les opérations.**

1 204 000 + 6 000
3 912 000 + 500
5 500 000 + 50 000
14 180 000 + 20 000
2 240 000 + 60 000

2 340 000 + 5 000
1 016 000 + 4 000
9 399 900 + 100
959 990 + 10
6 720 900 + 100

188 **Recopie et complète le tableau.**

Nombre précédent	Nombre donné	Nombre suivant
	5 300 000	
	7 899 999	
	11 000 000	
	89 000 999	
	19 009 999	

Je travaille seul(e)

corrigé p. 231

189 **Recopie ces nombres en plaçant le signe < ou > à la place des points.**

3 409 000 ... 3 390 999
15 100 000 ... 15 090 099
7 115 010 ... 70 001 510
28 010 000 ... 28 009 900
130 016 999 ... 130 106 099
450 101 600 ... 451 011 600

190 **Écris ces nombres en lettres.**

12 025 000   5 800 000   902 000 700   8 002 005   96 045 052

191 **Écris ces nombres en ordre croissant.**

4 750 845 – 44 810 650 – 40 820 000 – 454 212 640 – 400 333 407 – 4 740 750

192 **Calcule sans poser les opérations.**

a) 251 300 + 700
b) 2 500 000 + 500 000
c) 5 871 200 + 800
d) 9 890 000 + 10 000
e) 41 013 405 + 600
f) 71 498 132 + 5 000

193 **Écris ces nombres en chiffres.**

a) vingt millions cinquante mille
b) deux cents millions cinq mille
c) deux millions cinq cent mille
d) vingt millions cinq cent mille cinquante
e) deux cent deux millions cinquante-cinq mille cinq cents

Les milliards

Aide-mémoire

Classe des milliards			Classe des millions			Classe des mille			Classe des unités simples		
c	d	u	c	d	u	c	d	u	c	d	u
		6	2	3	4	1	6	5	0	0	0
	2	0	4	0	7	2	0	0	0	1	0

Pour écrire un nombre de milliards, on sépare chaque classe par un espace.

six **milliards** deux cent trente-quatre **millions** cent soixante-cinq **mille**

➤ 6 234 165 000

vingt **milliards** quatre cent sept **millions** deux cent **mille** dix

➤ 20 407 200 010

Pour commencer

1 **Place les nombres suivants dans un tableau. Lis-les ensuite.**

154010221 3654800000 1233663012 76009560004 19800450373

2 **Écris les nombres suivants en séparant les classes par un espace, sans utiliser de tableau. Lis-les ensuite.**

6365410000 – 11223000544 – 7800054991 – 519877502036 – 200000000000

Problèmes

194 **Encadre chacun de ces nombres par les milliards les plus proches.**

Exemple : 8 000 000 000 < 8 117 562 037 < 9 000 000 000

2 566 899 221 9 635 421 520 79 457 038 581
214 031 978 024 699 567 248 347 311 626 000 514

195 **Décompose chacun des nombres comme dans l'exemple.**

Exemple : 12 230 569 150 = 12 000 000 000 + 230 000 000 + 569 000 + 150

5 450 631 008 38 287 300 154 271 369 450 012 713 800 240 100

196 **Écris ces nombres en lettres.**

6 500 210 230 65 200 012 300 265 320 210 500 510 621 532 621

197 Écris ces nombres en chiffres.

neuf cent huit **millions** soixante-douze **mille** dix-sept
cent trente-six **millions** sept cent vingt **mille** quarante
six **milliards**
trente **milliards** trente **mille**
sept cents **milliards** quinze **millions** dix-huit **mille** trente
deux cent deux **milliards** six cent sept **millions** quatre cent
trois **milliards** cent quarante-huit **millions** deux cent cinquante **mille** sept cents
quatre-vingts **milliards** cinquante-six **millions** huit cent trois **mille**
soixante **milliards** cinq cent neuf **millions** trente-huit **mille** neuf cents
cent vingt-trois **milliards** quarante **millions** deux cent douze **mille** huit

198 Range ces nombres en ordre croissant.

124 322 431 000 – 224 312 600 – 42 134 322 620 – 241 400 134 223 – 24 223 126 026

199 Pour chacun des nombres suivants, indique ce que représente le chiffre souligné.

3 600 $\underline{2}$12 300 — 9 4$\underline{5}$4 368 936 — 2 $\underline{5}$80 638 774
1$\underline{4}$ 023 587 321 — 6$\underline{9}$7 504 639 012 — 14 5$\underline{2}$6 320 000
800 52$\underline{4}$ 603 789 — $\underline{7}$41 089 366 900 — 1$\underline{1}$2 500 670 000

200 Recopie et complète par < ou >.

600 000 000 + 540 000 + 27 ... 600 000 000 + 450 000 + 27
3 000 000 000 + 372 000 000 + 42 000 ... 3 000 000 000 + 372 000 000 + 420
800 000 000 + 9 000 000 000 + 375 000 + 100 ... 9 000 000 000 + 809 000 000 + 275 000
127 +12 000 000 000 + 16 000 000 + 18 000 ...127 + 12 000 000 000 + 20 000 000 + 18 000
436 000 000 000 + 863 000 + 900 000 000 + 400 ... 436 000 000 000 + 853 000 + 900 000 000 + 400

201 Reproduis et complète le tableau.

Nombre de centaines de millions qui vient juste avant	Nombre donné	Nombre de centaines de millions qui vient juste après
3 100 000 000	3 192 560 000	3 200 000 000
	79 350 699 400	
	471 958 741 000	
	700 014 257 698	

Je travaille seul(e)

corrigé p. 231-232

202 **Recopie en plaçant, à chaque fois, le nombre en bleu au bon endroit.**

456 218 300

45 612 830   454 218 030   456 128 300   4 562 183 000

91 250 036 978

9 125 003 978   91 254 036 978   91 520 360 879   901 125 003 698

203 **Complète avec < ou >.**

165 218 780 ... 165 812 780

4 051 223 600 ... 405 122 360

18 609 366 041 ... 16 650 663 041

213 699 877 007 ... 213 699 870 007

751 223 093 700 ... 751 322 093 700

667 766 600 066 ... 767 766 699 066

204 **Compte par dizaines de milliards :**

a) de 355 412 000 000 à 425 412 000 000 ;

b) de 671 238 000 000 à 741 238 000 000.

205 **Range ces nombres en ordre décroissant puis écris le plus grand et le plus petit de ces nombres.**

298 764 000 900   87 036 000 056   302 987 764 000

8 736 000 000   182 763 000 900   89 000 630 000

206 **Recopie les nombres en lettres.**

Chiffre d'affaires de la presse en 2007	
Vente	6 030 000 000 d'euros
Publicité	4 830 000 000 d'euros

Tirage de la presse en 2007	
Tirage total annuel	8 310 000 000 d'exemplaires

Addition des nombres entiers

Aide-mémoire

Effectuer une addition, c'est calculer une **somme**. L'ordre des nombres n'a pas d'importance.

$$\begin{array}{r} 56 \\ +\ 185 \\ +2596 \\ \hline 2837 \end{array} \qquad \begin{array}{r} 185 \\ +2596 \\ +\ 56 \\ \hline 2837 \end{array} \qquad \begin{array}{r} 2596 \\ +\ 56 \\ +\ 185 \\ \hline 2837 \end{array}$$

Pour commencer

1 Pose et effectue les additions.

546 + 183 75 + 413 + 9 995 + 6 + 527 2 454 + 539 2 464 + 975

2 Pose et effectue les additions.

5 + 942 + 28 + 173 893 + 4 582 82 + 672 + 5 + 1 375
23 582 + 9 620 960 + 59 + 7 443 + 184 + 25

3 Pose et effectue les additions après avoir, pour chacune d'elles, indiqué l'ordre de grandeur du résultat comme dans l'exemple.

Exemple : 62 128 + 8 997 ➤ 60 000 + 9 000 ➤ 69 000

58 090 + 6 985 23 254 + 598 + 9
7 + 2 019 + 63 + 94 238 568 256 + 8 967 + 94
981 382 + 476 847 15 + 227 495 + 390 920

4 Recopie et complète le tableau.

Musée de la marine							
	Juillet	Août	Septembre	Octobre	Novembre	Décembre	TOTAL
Billets plein tarif	5 854	6 228	3 975	2 084	578	2 217	...
Billets tarif réduit	3 821	3 712	1 364	981	208	1 384	...
Nombre total de billets vendus durant le 2e semestre							...

Travail oral

1 Une école est composée de 130 garçons et 90 filles. Quel est le nombre d'élèves de cette école ?

2 Gérard règle deux factures : l'une de 29 €, l'autre de 31 €. Combien règle-t-il en tout ?

3 Un lion ingurgite 16 kg de viande le lundi, puis 19 kg le lendemain. Quelle quantité de viande a-t-il ingurgitée en deux jours ?

Problèmes

207 Virginie achète chez le boucher un rôti de veau à 17 €, quatre escalopes pour 10 € et un gigot d'agneau à 29 €. Combien a-t-elle dépensé ?

208 Au cours de la première semaine, les coureurs du Tour de France ont effectué six étapes successives de 30 km, 205 km, 173 km, 294 km, 188 km et 265 km. Quelle distance ont-ils parcourue lors de cette première semaine ?

209 Une annonce publicitaire pour un ensemble home-cinéma propose le paiement de celui-ci en trois fois : 370 € à la commande, 225 € à la livraison, 158 € un mois plus tard. Quel est le prix de ce matériel ?

210 En 100 ans de Jeux olympiques, de 1896 à 1996, la France a gagné 174 médailles d'or, 181 médailles d'argent et 209 médailles de bronze. Que peux-tu calculer ? Entre 1996 et 2008, la France a gagné 31 médailles d'or, 39 d'argent et 41 de bronze. Que peux-tu encore calculer ?

211 Vincent achète une voiture valant 12 500 €. Il commande, en plus, une option de 259 € et demande que son véhicule soit équipé d'un GPS valant 215 €. Calcule le prix total de la voiture.

212 Lors d'un jeu télévisé, un candidat a gagné un lecteur DVD, un voyage aux Antilles et un appareil photo, qui valent respectivement 378 €, 2 399 € et 185 €. Quelle est la valeur totale de ses lots ?

213 Lors d'une épreuve de triathlon*, voici les récompenses proposées.

	1er prix	2e prix	3e prix	4e prix	5e prix
Hommes	1 800 €	900 €	450 €	225 €	150 €
Femmes	1 800 €	900 €	450 €		

Quelle est la valeur totale des prix distribués ?

214 La distance en avion pour se rendre de Paris à Dubaï est de 5 250 km, la distance Dubaï–Sydney est, elle, de 10 050 km. Quelle est la distance parcourue par un vol Paris–Sydney faisant escale* à Dubaï ?

215 En France, à la rentrée 2006-2007, on dénombrait 17 410 écoles maternelles et 38 257 écoles élémentaires. Calcule le nombre total d'écoles pour l'enseignement primaire.

216 En France, il y a 609 600 km de routes communales, 385 000 km de routes départementales, 9 000 km de nationales et 10 700 km d'autoroutes. Quelle est la longueur totale des routes françaises ?

217 Un coureur à pied prépare sa semaine d'entraînement de la manière suivante. Lundi : 16 km ; mardi : 3 km de plus que la veille ; mercredi : autant que les deux jours précédents réunis ; jeudi : repos ; vendredi : 12 km ; samedi : repos ; dimanche : compétition de 25 km. Quelle distance aura-t-il parcourue dans la semaine ?

218 La Nouvelle-Zélande est constituée de deux îles principales, l'île du nord ayant une superficie de 114 050 km^2 et l'île du sud, ayant une superficie de 150 737 km^2. Calcule la superficie totale de la Nouvelle-Zélande.

219 Thierry donne à ses enfants leur argent de poche : 12 € à Quentin, autant à Antoine et, pour Justine la plus âgée, 6 € de plus qu'aux deux garçons réunis. Quelle somme reçoit Justine ? Combien Thierry a-t-il distribué ?

220 Afin de faire un cadeau à un camarade alité, cinq enfants décident de mettre en commun le contenu de leur tirelire. Arthur possède 9 €, Coline 3 € de plus, Louis autant que Coline, Pierre 2 € de plus qu'Arthur, et Julie autant qu'Arthur et Pierre réunis. Ils souhaitent offrir à leur ami un jeu d'une valeur de 52 €. Cet achat sera-t-il possible ?

221 Une association scolaire dispose de 1 189 €. La municipalité lui verse une subvention de 150 €. L'association achète un téléviseur à 585 € et un lecteur DVD à 199 €. Combien dépense-t-elle ? De quelle somme disposait-elle ? Que pourrait-on encore calculer ?

222 Pour l'année scolaire 2007-2008, il y avait en France, 6 645 116 écoliers, 3 187 955 collégiens, 1 470 032 lycéens, 713 381 lycéens professionnels et 579 198 apprentis. Calcule le nombre total de jeunes en formation pour cette année scolaire 2007-2008.

Je travaille seul(e)

corrigé p. 232

223 Avant de partir en vacances, monsieur Duval remet sa voiture en état et note ses dépenses. Essuie-glaces : 18 € ; pneus : 138 € ; plaquettes de frein : 41 € ; huile : 16 €. Quel est le prix de revient de la révision de son véhicule ?

224 La région Basse-Normandie se compose des départements suivants :
– Calvados : 5 536 km^2 ; 671 351 habitants.
– Manche : 5 947 km^2 ; 492 563 habitants.
– Orne : 6 100 km^2 ; 292 879 habitants.
Quelle est la superficie de cette région ? Quelle est la population ?

Soustraction des nombres entiers

Aide-mémoire

Effectuer une soustraction, c'est calculer une **différence**.

Durant son voyage en Australie, Florence a réalisé 372 photos. Elle en conserve 184 dans son album. Combien de photos a-t-elle supprimées ?

	3	17	12
−	+1 1	+1 8	4
	1	8	8

Pour commencer

1 **Recopie et complète les additions à trous.**

791	• • 9	• 9 •	837
+ • 5 •	+ 8 3 •	+ 6 • 6	+ • • •
9 • 3	983	1230	1042

2 **Recopie et complète les additions.**

711 + ... = 763 593 + ... = 839 557 + ... = 604 841 + ... = 972

3 **Pose et effectue les soustractions.**

756 – 525 608 – 598 1 352 – 857 626 – 159 507 – 338

4 **Pose et effectue les soustractions après avoir indiqué l'ordre de grandeur du résultat.**

Exemple : 92 401 – 5 874 ➤ 92 000 – 6 000 = 86 000.

8 032 – 568 4 023 – 2 507 95 632 – 73 856
36 000 – 28 602 124 809 – 119 810 257 624 – 146 672

5 **Parmi ces nombres, trouve les deux nombres dont la différence est égale à 7 896.**

54 895 89 546 63 604 851 637 97 442 844 211

Travail oral

1 Avec 35 € de plus, dit Emma, j'aurai 60 € en poche. De quelle somme dispose-t-elle ?

2 La Volga, plus long fleuve d'Europe, a une longueur de 3 700 km. La Loire, plus long fleuve de France, a une longueur de 1 020 km. Quelle est la différence de longueur entre ces deux fleuves européens ?

3 La différence d'âge entre Sidonie et son père est de 29 ans. Quel est l'âge de Sidonie si son père a 48 ans ?

4 Pierre et son frère Alexis partent à la fête foraine avec 15 € chacun. Pierre dépense 7 € et Alexis 8 €. Combien reste-t-il à chacun ? Qui possède maintenant le plus d'argent ? Combien a-t-il en plus ?

5 Mamie utilise 600 g de laine pour tricoter un pull-over et 180 g de moins pour réaliser le gilet coordonné. Quelle est la masse de laine nécessaire à la confection du gilet ?

Problèmes

225 Matt et Karen, de passage à Paris, se rendent dans les grands magasins. À la fin de leurs achats, ils ont dépensé 251 €. Matt n'ayant sur lui que 63 €, combien Karen doit-elle payer ?

226 Un Airbus A 320 peut transporter 163 passagers répartis en deux classes, une classe affaires comportant 27 places et une classe économique. Combien de passagers l'Airbus A 320 peut-il transporter en classe économique ?

227 Le compteur du scooter de Tristan indique 12 843 km au 1er juillet, et 13 432 km le 31 juillet. Calcule la distance parcourue par Tristan avec son scooter au cours du mois de juillet.

228 Pasteur a découvert le vaccin contre la rage en 1885. Depuis combien de temps ce vaccin existe-t-il ?

229 Lequel de ces explorateurs a vécu le plus longtemps ?

Magellan (1480-1521)

Vasco de Gama (1469-1524)

Christophe Colomb (1451-1506)

Jacques Cartier (1491-1557)

230 En 1900, on comptait environ 50 000 baleines franches. En 1999, on n'en dénombrait plus que 8 500. De combien d'unités la population de baleines franches a-t-elle diminué en 99 ans ?

231 André vend sa voiture 5 800 € et sa caravane 1 590 € pour acheter une voiture neuve. Quelle somme devra-t-il emprunter si cet achat coûte 16 636 € ?

232 Lors d'un concert dans un stade, on a enregistré 44 435 entrées, dont 39 768 payantes. Quel était le nombre d'entrées gratuites ? Le stade pouvant recevoir 50 000 personnes, combien restait-il de places vides ?

233 En 2007, l'Union Internationale pour la Conservation de la Nature a étudié 41 415 espèces animales et végétales. 16 306 d'entre elles sont menacées d'extinction. Que peux-tu calculer ?

234 En 2008, en France, 834 000 enfants sont nés, 76 000 migrants sont arrivés mais 543 500 personnes sont décédées. Quelle a été l'augmentation annuelle de la population française ?

235 La Loire mesure 1 020 km, le Rhône 208 km de moins, la Seine est plus courte que le Rhône de 36 km et la Garonne a 201 km de moins que la Seine. Quelles sont les longueurs respectives de ces fleuves ?

236 Saint Louis vécut de 1214 à 1270. Son règne commença en 1226 et se termina à sa mort. Quelle fut la durée de sa vie ? À quel âge commença-t-il à régner ? Quelle fut la durée de son règne ?

237 Tom part faire quelques courses avec un billet de 20 € et un billet de 10 €. Quand il revient, il lui reste un billet de 5 €, une pièce de 2 € et une pièce de 1 €. Il se rappelle avoir dépensé 12 € à la boucherie, 7 € à la crémerie et le reste à la boulangerie. Combien a-t-il dépensé à la boulangerie ?

238 Calcule les distances :

Poitiers – Angoulême   Angoulême – Libourne   Poitiers – Bordeaux

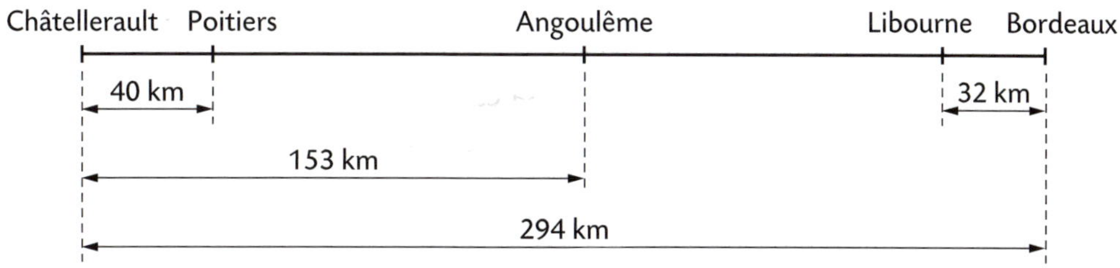

239 La Terre se trouve à 150 000 000 km du Soleil ; Vénus en est plus proche de 42 000 000 km. À quelle distance du Soleil se trouve Vénus ? Sachant que Mars est située à 228 000 000 km du Soleil, calcule la distance Terre – Mars.

240 Deux citernes contiennent 500 hL de fioul chacune. On soutire 230 hL de la première et 38 hL de moins dans la seconde. Quelle quantité de fioul reste-t-il dans chaque citerne ?

Je travaille seul(e)

corrigé p. 232

241 Pour effectuer une réparation à la suite d'intempéries*, un électricien a besoin de 290 m de câble ; il n'en a que 195 m. En aura-t-il suffisamment avec l'achat d'un rouleau de 100 m ? Lui en restera-t-il ?

242 Sylvie passe une commande sur catalogue pour une parure de lit d'enfant. Elle l'accompagne d'un chèque d'un montant de 49 €. Sachant que le drap-housse coûte 11 €, la taie d'oreiller 7 € et la taie de traversin 8 €, calcule le prix de la housse de couette.

Addition et soustraction des nombres entiers

Aide-mémoire

D'une planche de bois mesurant 120 cm, un menuisier coupe un premier morceau de 38 cm et un second de 25 cm. Quelle longueur de planche lui reste-t-il ?

$$120 - (38 + 25) = 120 - 63 = 57$$

Il lui reste 57 cm de planche.

Pour commencer

1 **Recopie en posant les opérations. Calcule.**

682 + ... = 1 034
951 – (608 + 58)
(974 + 7 + 135) – (45 + 557 + 9)
(1 045 + 279) – 394
11 657 – (52 + 389 + 7 473)
(77 029 + 746) – (25 + 189 + 58)

2 **Recopie en posant les opérations. Calcule.**

(82 + ...) – 6 = 87
(167 – 35) + ... = 212
(536 + ...) + 24 = 587
(8 315 + ...) – 1 = 8 316
(959 + ...) – 38 = 1 000
(793 + ...) – 96 = 722

3 **Effectue les opérations après avoir indiqué l'ordre de grandeur du résultat.**

Exemple :
(189 + 58 204 + 7 200) – 3 347 ➤ (200 + 58 000 + 7 000) – 3 000 ➤ 63 200.

(231 + 184 + 45 236) – 1 877
(123 + 854 + 1 598) – (562 + 844)
(7 862 – 4 621) + (96 030 – 5 555)

4 **Sauras-tu retrouver le nombre effacé ?**

VIDEOSCOPE

Caméscope numérique	:	449 €
Sacoche	:	17 €
Batterie supplémentaire	:	[illegible]
Total	:	500 €

Travail oral

1 Pauline, avec ses 10 €, achète un magazine à 4 € et un autre à 3 €. Quelle somme lui reste-t-il ?

2 La Terre met 365 jours pour effectuer sa révolution autour du Soleil ; Mars met 322 jours de plus. Quelle est la durée de la révolution de Mars ?

3 Le stade de France contient 80 000 places. Le plus grand stade du monde, le stade Maracana au Brésil, en contient 85 000 de plus. Quel est le nombre de places du stade Maracana ?

4 Solène choisit un téléphone portable affiché à 189 €. Grâce à ses points de fidélité, elle ne le paie que 29 €. Quelle réduction a-t-elle obtenue sur son nouveau téléphone portable ?

5 Pour son anniversaire, Pierre reçoit 40 € de ses parents et 25 € de ses grands-parents. Il possédait déjà 7 € dans sa tirelire. De quelle somme dispose-t-il à présent ?
Il souhaite s'acheter un baladeur coûtant 75 €. Combien lui manque-t-il encore ?

Problèmes

243 À la boucherie, Alain donne 30 € pour régler ses achats. Le boucher lui réclame encore 2 €, puis il lui rend 10 €. Combien Alain a-t-il dépensé ?

244 Sandrine a 30 ans. Valentin a 24 ans de moins qu'elle et Victor a 3 ans de plus qu'elle. Que peut-on calculer ?

245 Cala achète un ordinateur. L'unité centrale coûte 399 €. Elle achète également un écran valant 219 € et une imprimante multifonctions à 199 €. À quel prix revient cet équipement informatique ?

246 Les Lucas désirent acquérir une petite maison de vacances en Bretagne. Le prix de vente est fixé à 89 700 €. Les frais de notaire* s'élevant à 13 400 €, quel sera le coût total de la maison ?

247 Olivier a acheté une voiture neuve d'une valeur de 11 590 € pour laquelle il a fait ajouter en option une peinture métallisée à 309 € et la climatisation pour 439 €. Combien a-t-il payé sa nouvelle voiture ?

248 Une commune comptait 4 967 habitants au 1er janvier. Au cours de l'année, 175 naissances et 48 décès ont été enregistrés. Que peut-on calculer ?

249 La famille De Faria achète un canapé valant 2 899 €. Elle verse 680 € à la commande, 1 820 € à la livraison et le solde* trois mois plus tard. À combien s'élève ce dernier versement ?

250 Alexandre achète un pantalon affiché 43 €, une chemise valant 25 € et un blouson d'une valeur de 186 €. Il ne paie que 250 €. Calcule le montant de la remise* consentie par le vendeur à Alexandre.

251 Évelyne a acheté un appareil photo à 439 €, un téléobjectif à 139 € et une sacoche à 38 €. Après un an d'utilisation, elle revend le tout pour 450 €. Réalise-t-elle un bénéfice* ou une perte ? Quel en est son montant ?

252 Un garagiste achète une voiture d'occasion 2 519 €. Les frais de mise en état se montent à 839 €. Quel est le prix de revient du véhicule ? Si le garagiste revend la voiture 4 250 €, quel bénéfice réalisera-t-il ?

253 À l'aide du tableau, calcule le nombre de personnes qui, en France, parlent une langue régionale.

Langues régionales en France (y compris DROM-COM)	
L'occitan	3 millions
Le créole	1 000 000
Le breton	250 000
L'alsacien	900 000
Le corse	150 000
Le basque	60 mille
Le catalan	130 000
Le flamand	30 000
Le franco-provençal	150 mille

254 Dans le car de transport scolaire, 27 enfants montent au premier arrêt, 8 au deuxième et 17 au troisième. Devant l'école primaire, 34 enfants descendent. Le car va ensuite jusqu'au collège pour y déposer le reste des enfants. Combien d'élèves du collège le car transportait-il ?

255 Un commerçant a 140 € en caisse le matin. Le total de ses ventes de la journée est de 937 €. Il a remboursé 27 € à un client et 4 € de moins à un autre client qui lui ont rapporté des marchandises ne leur convenant pas. Quelle somme a-t-il en caisse le soir ?

256 Un train Paris-Quimper quitte Paris avec 252 voyageurs. Pendant l'arrêt à Rennes, 110 voyageurs descendent et 47 montent. Puis, à Vannes, 53 personnes descendent et 25 montent. Quel est le nombre de voyageurs arrivant à Quimper ?

257 Un réfrigérateur est affiché 489 €. Une remise* de 25 € est accordée pour un paiement comptant*. Monsieur Dupont préfère le payer de la façon suivante : 196 € à la commande, puis trois versements successifs de 100 € chacun. À combien lui reviendra ce réfrigérateur ? Combien aurait-il économisé en payant comptant ?

258 Un autobus dispose de 50 places assises et de 20 places debout. 32 personnes montent au premier arrêt. Au deuxième arrêt, il monte 7 personnes de moins qu'au premier. Combien de personnes peuvent encore monter dans cet autobus ?

259 Pour aménager un nouveau parc municipal, un pépiniériste livre pour 3 975 € d'arbres et d'arbustes et un horticulteur pour 910 € de fleurs et plantes. Sur sa facture, le pépiniériste accepte une réduction de 155 € et l'horticulteur fait cadeau d'un bac fleuri d'une valeur de 49 €. Quel est le montant de la dépense pour la ville ? Quelle est la valeur totale des fleurs, plantes, arbres et arbustes livrés ?

260 Deux citernes contiennent respectivement 1 035 L et 870 L d'eau. On soutire 512 L de la première citerne. Quelle quantité d'eau doit-on soutirer de la seconde si l'on veut que les deux citernes contiennent ensuite la même quantité d'eau ?

261 Deux voisins, monsieur Dupont et monsieur Durand, achètent une cagette* de pommes pesant 8 kg. Ils doivent jeter 200 g de fruits abîmés. monsieur Dupont prend ensuite 3 800 g de pommes pour sa consommation personnelle. Quelle masse de pommes reste-t-il à monsieur Durand ?

262 Pascal est âgé de 47 ans et son fils Julien a 20 ans de moins que lui, tandis que son père Jacques a 27 ans de plus que lui. Quel âge avait Jacques lors de la naissance de son petit-fils ?

263 La fosse des Mariannes, dans l'océan Pacifique, détient le record de profondeur avec 11 034 m. L'Everest, dans l'Himalaya, avec ses 8 848 m, est le sommet le plus élevé de la Terre. Calcule la différence d'altitude entre le point le plus profond et le point le plus élevé de notre planète.

264 Mozart naquit en 1756 et mourut à l'âge de 35 ans. Beethoven vint au monde 14 ans après Mozart et disparut en 1827. Calcule :
- l'année de la mort de Mozart ;
- l'année de naissance de Beethoven ;
- l'âge de Beethoven à sa mort.

Mozart

Beethoven

265 À partir du tableau, rédige trois petits problèmes qu'il faudra résoudre en posant, pour chacun, une soustraction.

	Mars	La Terre
Durée d'une année	687 jours	365 jours
Diamètre équatorial	6 794 km	12 756 km
Sommet le plus élevé	mont Olympe 21 287 mètres	mont Everest 8 846 mètres

Je travaille seul(e)

corrigé p. 232

266 Un spécialiste du vêtement en cuir fabrique chaque mois 250 manteaux et 150 vestes. Au cours du mois d'octobre, il a vendu 92 vêtements en France et 285 à l'étranger. Quel est le nombre de vêtements invendus au cours de ce mois ?

267 Au départ de sa tournée, le bibliobus* contient 1 150 livres. Il se rend dans les quatre écoles de la commune pour des échanges, comme l'indique le tableau suivant. Calcule le nombre de livres que contient le bibliobus après son passage dans chacune des écoles.

Écoles	Livres rendus par l'école	Livres prêtés à l'école
École Pasteur	209	214
École Duguesclin	196	188
École Giono	189	187
École Surcouf	284	268

268 **Peux-tu reproduire et compléter ce carré magique ?**
Dans un carré magique, si l'on ajoute tous les nombres d'une même ligne, d'une même colonne ou d'une même diagonale, on trouve toujours le même « nombre magique ». Dans ce carré, le « nombre magique » est 88.

17	33		12
25			
	25	36	
35		10	24

Multiplication des nombres entiers

Aide-mémoire

Un hypermarché se fait livrer 4 cartons contenant chacun 36 lots d'outils de jardinage. Combien de lots d'outils seront mis en vente ?

$36 + 36 + 36 + 36 = 144$ $\quad\quad$ $36 \times 4 = 144$

Effectuer une multiplication, c'est calculer **un produit.**

Poser une multiplication

$$\begin{array}{r l}
3\,2\,5 & \\
\times \quad 2\,7 & \\
\hline
2\,2\,7\,5 & \blacktriangleright\ 325 \times 7 = 2\,275 \\
6\,5\,0\,0 & \blacktriangleright\ 325 \times 20 = 6\,500 \\
\hline
8\,7\,7\,5 & \blacktriangleright\ 2\,275 + 6\,500 = 8\,775
\end{array}$$

Multiplier par 10, 100…

$54 \times 10 = 540$ $\quad\quad$ $54 \times 100 = 5\,400$ $\quad\quad$ $54 \times 1\,000 = 54\,000$

Pour commencer

1 Pauline a calculé le nombre de carreaux de la figure verte de la façon suivante : $(6 \times 5) + (5 \times 5) + (3 \times 2) = 30 + 25 + 6 = 61$.

Explique son calcul.

Calcule de la même façon le nombre de carreaux de la figure orange.

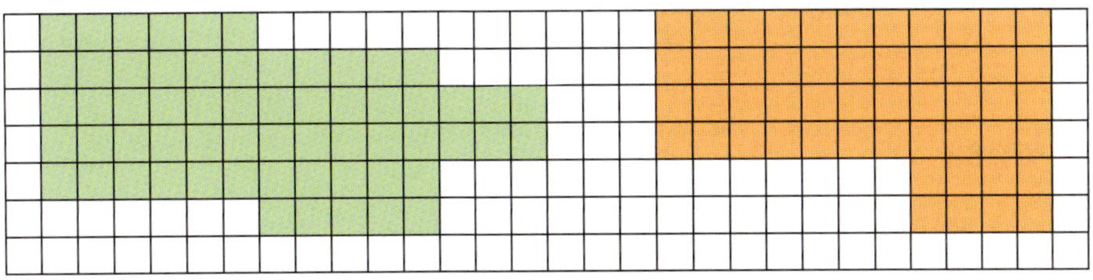

2 Décompose les multiplications suivantes.

Exemple : $423 \times 5 = (400 + 20 + 3) \times 5$
$= (400 \times 5) + (20 \times 5) + (3 \times 5)$
$= 2\,000 + 100 + 15 = 2\,115$

a) 254×4 $\quad$ 647×6 $\quad$ 278×5 $\quad$ 486×7

b) 256×9 $\quad$ 874×6 $\quad$ 507×5 $\quad$ 980×8

3 Reproduis et complète ces tableaux pour calculer les produits.

69 × 27

×	60	9	TOTAL
20			
7			
		TOTAL	

96 × 38

×	90	6	TOTAL
30			
8			
		TOTAL	

4 Pose et effectue les multiplications.

a) 562 × 20 499 × 60 385 × 700 780 × 50 9 730 × 860

b) 520 × 498 5 871 × 410 8 715 × 304 6 308 × 507 5 754 × 4 175

Travail oral

1 Donne le résultat des multiplications sans les poser.

8 523 × 10 65 429 × 100 564 210 × 10 4 526 × 1 000 658 207 × 100

2 Un jardinier achète 9 plants de rosiers à 4 € pièce et 3 sapins à 20 € pièce. Quel est le montant de sa dépense ?

3 Une femme de ménage payée 10 € de l'heure travaille 6 heures par jour et 5 jours par semaine. Combien d'heures travaille-t-elle chaque semaine ? Que peux-tu encore calculer ?

4 Tanguy range sa collection de disques et compte ainsi 69 albums CD simples et 10 CD doubles. Il estime le prix moyen d'un album simple à 10 € et celui d'un CD double à 21 €. Quelle est la valeur de sa collection ?

Problèmes

269 Pour sa classe, un professeur commande 25 livres à 13 €, 20 cahiers de travaux dirigés à 4 € et un guide du maître à 24 €. Quel est le coût de sa commande ?

270 Pour un concert, on a vendu 5 824 billets au prix unitaire* de 19 €. Combien la vente des billets a-t-elle rapporté ?

271 Un mile équivaut à 1 609 mètres. Calcule la distance parcourue, en mètres, par un avion ayant franchi 55 miles.

272 La superficie de la France, environ 551 000 km^2, est 17 fois plus petite que la superficie des États-Unis. Quelle est, environ, la superficie des États-Unis ?

273 Une pommeraie compte 145 arbres. Cette année, le propriétaire estime la production de chaque pommier à 115 kg. Quelle masse de fruits produira le verger ?

274 Paul gagne 1 401 € par mois. Combien gagnera-t-il en un an si une prime, équivalant à un mois de salaire, lui est versée fin décembre.

275 Un magasin de sport reçoit d'un fournisseur* une commande de chaussures de jogging* ainsi détaillée :

– 18 paires du modèle homme *Royal* à 24 € la paire ;
– 10 paires du modèle homme *Tiger* à 31 € la paire ;
– 12 paires du modèle femme *Diana* à 27 € la paire ;
– 15 paires du modèle enfant *Petit Champion* à 13 € la paire.
Calcule le montant total de la facture.

276 À l'occasion de son mariage, les amis de Vanessa lui offrent un service de table composé de 24 assiettes plates à 9 € l'une, 12 assiettes creuses à 8 € l'une, 12 assiettes à dessert à 7 € l'une et un saladier à 34 €. Quelle est, en euros, la valeur de ce cadeau ?

277 Un négociant en vin attend sa livraison :
– 12 colis contenant chacun 24 bouteilles de bordeaux ;
– 8 colis contenant chacun 12 bouteilles de beaujolais ;
– 9 colis contenant chacun 24 bouteilles de côtes-du-rhône.
6 bouteilles de bordeaux et 12 bouteilles de beaujolais sont déjà retenues par des clients. Combien de bouteilles pourra-t-il mettre en vente ?

278 Dominique achète sa voiture à crédit*. Il verse 1 819 € à la commande, 3 865 € à la livraison de son véhicule et il paie le solde* en 36 mensualités* de 225 €. À combien lui revient sa voiture ?

279 Un coureur de fond prépare son plan d'entraînement annuel.
Lundi : 10 km ; mardi : 20 km ; mercredi : 10 km ; jeudi : 15 km ; vendredi : repos ; samedi : 25 km ; dimanche : repos. Quelle distance court-il chaque semaine ? Quelle distance, en kilomètres, parcourra-t-il dans son année s'il reste au repos durant quatre semaines ?

280 La population mondiale était d'environ 2 500 000 personnes 10 000 ans avant Jésus-Christ. Il y a 2 000 ans, elle avait déjà été multipliée par 80. Toujours par rapport à 10 000 ans avant J.-C., en 1650, les hommes étaient 220 fois plus nombreux. En 1950, ils étaient 980 fois plus nombreux. Et en l'an 2000, la population s'était multipliée par 2 400 !
Calcule le nombre d'habitants de notre planète :
a) il y a 2000 ans ; **b)** en 1650 ; **c)** en 1950 ; **d)** en l'an 2000.

281 Une salle de cinéma comporte 19 rangées de 12 fauteuils. Les séances ont lieu à 10 h, 13 h 30, 16 h 30, 19 h 30. Ce mercredi, pour la projection du dernier film de Walt Disney, la salle était remplie aux trois premières séances ; pour la dernière, 105 billets ont été vendus. Dans la journée, combien de personnes ont vu ce film ?

282 Une famille de cinq personnes part aux sports d'hiver pour une semaine. Elle dépense par personne et par jour 45 € pour l'hôtel en pension complète, 29 € de forfaits de ski de fond par personne pour la semaine et 236 € de frais de transport pour l'ensemble de la famille. À combien revient ce séjour à la montagne ?

283 Monsieur Walter vérifie les sommes qu'il a versées pour payer sa maison :
– 23 000 € au début des travaux ;
– 28 500 € quand les murs ont été montés ;
– 49 500 € à la livraison de la maison.
Puis, durant neuf années, il a versé chaque mois 569 €.
À combien lui est revenue sa maison ?

284 Le propriétaire d'un terrain vend celui-ci en le divisant en deux lots constructibles d'une surface respective de 994 m^2 et 1 219 m^2. Chaque parcelle est vendue au prix de 28 euros le m^2. Combien la vente de l'ensemble des terrains rapporte-t-il au propriétaire ?

Je travaille seul(e)

corrigé p. 232

285 Une conserverie expédie 400 petites boîtes de foie gras de canard à 7 € l'une et 960 boîtes de confit de canard à 9 € l'une. Quel est le prix de vente de l'ensemble de cette expédition ?

286 Un représentant de commerce parcourt environ 160 km par jour et travaille en moyenne 20 jours par mois. Il dispose d'un mois de vacances par an. Que peut-on calculer ?

Division des nombres entiers

Aide-mémoire

Les 24 élèves d'une classe sont répartis en 4 équipes. Combien y a-t-il d'élèves par équipe ?
$24 = 4 \times ?$ ➤ 24 divisé par 4 = 6
Il y a 6 élèves par équipe.

Effectuer une division, c'est faire un **partage en parts égales**.

Poser une division

2 9 1 2	7
− 2 8	4 1 6
1 1	
− 7	
4 2	
− 4 2	
0	

Pour commencer

1 **Recopie et complète. Attention, le reste doit toujours être plus petit que le diviseur !**

Exemple : $68 = (7 \times 9) + 5$

$46 = (9 \times ...) + ...$ $28 = (4 \times ...) + ...$ $66 = (8 \times ...) + ...$
$39 = (5 \times ...) + ...$ $86 = (9 \times ...) + ...$ $43 = (6 \times ...) + ...$

2 **Recopie et complète. Attention, le reste doit toujours être plus petit que le diviseur !**

Exemple : $57 = (6 \times 9) + 3$ ➤ 57 divisé par 6 = 9 et reste 3

$29 = (7 \times ...) + ...$ ➤ 29 divisé par ... = ... et reste ...
$43 = (6 \times ...) + ...$ ➤ 43 divisé par ... = ... et reste ...
$61 = (9 \times ...) + ...$ ➤ 61 divisé par ... = ... et reste ...
$75 = (8 \times ...) + ...$ ➤ 75 divisé par ... = ... et reste ...

3 **Invente une situation correspondant à chaque égalité proposée.**

Exemple : 54 divisé par 8 = 6 et reste 6
➤ On a réparti un jeu de 54 cartes entre 8 joueurs. Chaque joueur a reçu 6 cartes et il reste 6 cartes.

32 divisé par 4 = 8
49 divisé par 6 = 8 et reste 1
37 divisé par 5 = 7 et reste 2

4 **Pose et effectue les divisions après avoir indiqué le nombre de chiffres dans le quotient entier.**

432 divisé par 9 848 divisé par 6 608 divisé par 8
4 627 divisé par 7 6 365 divisé par 4 8 326 divisé par 5

5 **Reproduis et complète le tableau.**

Dividende	Diviseur	Quotient	Reste
77	8		
	9	6	2
55	9		
72		8	

6 **Pose et effectue les divisions après avoir indiqué le nombre de chiffres dans le quotient entier.**

7 125 divisé par 30
9 630 divisé par 50
5 246 divisé par 80
3 056 divisé par 60
62 584 divisé par 300
54 284 divisé par 400

7 **Pose et effectue les divisions après avoir indiqué le nombre de chiffres dans le quotient entier.**

1 288 divisé par 23
9 072 divisé par 36
8 569 divisé par 41
13 248 divisé par 64
12 654 divisé par 25
25 731 divisé par 52

8 **Pose et effectue les divisions après avoir indiqué le nombre de chiffres dans le quotient entier.**

731 divisé par 34
562 divisé par 25
1 340 divisé par 18
636 divisé par 48
4 901 divisé par 65
5 824 divisé par 72

Travail oral

1 Pour le goûter, maman partage équitablement* un paquet de 24 galettes entre ses 4 enfants. Quelle sera la part de chaque enfant ?

2 Un lot de 5 DVD revient à 25 €. Combien coûte un DVD ?

3 Il y a 7 milliards d'habitants sur la planète. Sachant que 1 habitant sur 2 vit en ville, calcule la population urbaine* de la planète.

4 L'Airbus A380 consomme approximativement* 15 600 L de kérosène à l'heure. Calcule environ sa consommation pour une $\frac{1}{2}$ heure.

5 Stéphanie était très fatiguée et le médecin lui a prescrit 3 boîtes de fortifiant qui contiennent chacune 12 ampoules. Calcule le nombre total d'ampoules dans ces 3 boîtes. Stéphanie devant absorber 4 ampoules par jour, calcule la durée du traitement.

6 Cinq personnes, qui ont joué ensemble, ont gagné 505 € au Loto sportif. Quelle somme revient à chacune d'elles si elles partagent équitablement* ?

Problèmes

287 Un paysagiste dispose de 344 bulbes* de tulipes qu'il doit répartir entre 8 massifs. Combien de bulbes plantera-t-il dans chaque massif ?

288 En un mois, un geai peut cueillir et déposer plus loin environ 4 500 glands. Calcule le nombre de glands ainsi transportés en moyenne chaque jour pour un mois de 30 jours.

289 Madame Nemour achète un service de verres composé de 12 verres à vin, 12 verres à eau et 12 flûtes à champagne pour 144 €. Combien de verres madame Nemour a-t-elle achetés ? Quel est le prix moyen d'un verre ?

290 Un moustique bat des ailes 132 000 fois par minute ! Combien cela représente-t-il de battements par seconde ?

291 Le nettoyage d'un animal souillé par le mazout lors d'une marée noire revient environ à 35 €. Combien d'animaux une association pourra-t-elle nettoyer si elle a recueilli 8 715 € ?

292 Un fût contient 300 L. Combien de bouteilles de 75 cL peut-on remplir avec le contenu de ce fût ?

293 Une piscine olympique mesure 50 m de long. Laure s'entraîne chaque jour en parcourant 6 000 m. Combien de longueurs cela représente-t-il ?

294 Une bourriche* d'huîtres contient 180 huîtres. Combien cela fait-il de douzaines ?

295 Sur une camionnette, on doit charger des colis pesant chacun 42 kg. La camionnette ne peut pas transporter plus de 800 kg. Combien de colis pourra-t-elle emporter ?

296 Un pigeon ramier a migré de Suède jusqu'en France en 25 jours, accomplissant ainsi une distance de 1 700 km. Quelle distance moyenne a-t-il parcourue chaque jour ?

297 Un lot comprenant un drap de bain et six serviettes de toilette est vendu 68 €. Le drap de bain valant 26 €, quel est le prix d'une serviette ?

298 Quatre frères et sœurs se partagent équitablement* un héritage d'une valeur de 150 184 €. Quelle est la part de chacun ?

299 Avec leur camping-car, la famille Jacq a parcouru 5 733 km durant leurs trois semaines de vacances. Combien de kilomètres, en moyenne, a-t-elle parcourus chaque jour ?

300 Pour acheter un réfrigérateur d'une valeur de 646 €, il est possible de ne payer que 150 € à la commande et le solde* en quatre mensualités*. Quel sera alors le montant de chaque mensualité ?

301 On décharge un camion contenant 419 colis avec un engin de manutention qui peut transporter 18 colis à la fois. Combien de colis portera-t-il au dernier voyage ? Combien de voyages devra-t-il faire ?

302 Madame Soumer a acheté trois convecteurs électriques identiques et une perceuse. Elle a payé 296 € pour l'ensemble. La perceuse valant 119 €, peux-tu calculer le prix d'un convecteur ?

303 D'une citerne contenant 1 500 L d'eau, un jardinier a déjà retiré 34 seaux d'une capacité de 10 L chacun. Combien d'arrosoirs d'une capacité de 8 L chacun pourrait-il encore tirer ?

304 Trois personnes vont au restaurant. Elles prennent toutes le même menu, commandent une bouteille de vin et deux d'entre elles finissent par un café. La note s'élève à 89 €. La bouteille de vin étant facturée 16 € et chaque café 2 €, quel est le prix du menu ?

305 La population, en France métropolitaine, est d'environ 62 200 000 habitants, pour un territoire de 550 986 km². Quelle est, à l'unité près par excès, la densité* de la population française ?

QUOTIENT DÉCIMAL

306 Un ouvrier perçoit un salaire de 1 316 € pour un mois de 140 heures de travail. Quel est son salaire horaire ?

307 La région Aquitaine compte environ 3 170 000 habitants. Elle est composée de cinq départements. Calcule la population moyenne d'un département.

308 Dans une lettre publicitaire, l'abonnement à un journal mensuel est proposé, au choix : pour 6 mois à 15 € ; pour un an à 27 € ; pour 2 ans à 51 €. Quel est, dans chaque cas, le prix de revient au numéro ?

309 Au Brésil vivent encore 350 000 Indiens appartenant à 215 ethnies* différentes. En moyenne, combien d'individus compte une ethnie ?

310 Une course cycliste se déroule sur un parcours comprenant un tronçon de 24 km, un autre de 38 km et, à l'arrivée, quatre tours d'un circuit en ville. La longueur totale de la course est de 83 km. Quelle est la longueur, en kilomètres, d'un tour de circuit ?

311 Pour les fêtes de fin d'année, l'union des commerçants de Saint-Marcellin organise une tombola dotée de 16 appareils photo numériques et 64 plaids polaires d'une valeur globale respective de 1 424 € et 192 €. Quelle est la valeur d'un appareil photo et d'un plaid polaire ?

312 Mexico est la 3e ville du monde avec environ 23 200 000 habitants. Marseille est la 296e ville du monde avec environ 1 600 000 habitants.
Recopie et complète : Mexico est ... fois plus peuplée que Marseille.

Je travaille seul(e)

corrigé p. 232

313 Dans un ascenseur, un panonceau indique : « Charge maximale autorisée : 1 300 kg. » Combien de personnes de 65 kg peuvent prendre place dans cet ascenseur ?

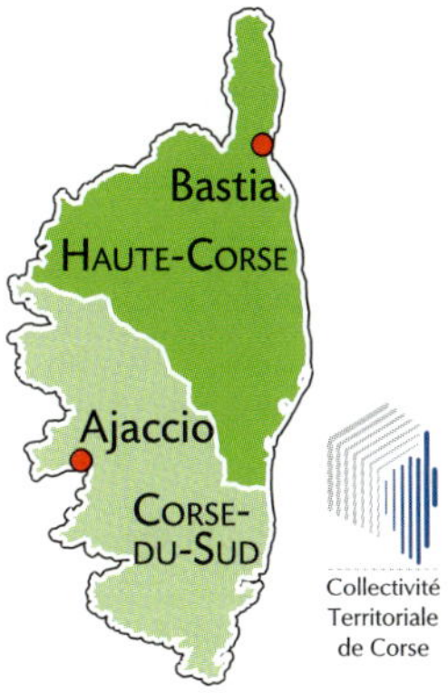

314 La Corse est divisée en deux départements. La Corse-du-Sud compte 138 500 habitants pour 4 014 km², la Haute-Corse compte 163 000 habitants pour 4 666 km². Lequel de ces deux départements, au dizième près par défaut, a la plus forte densité* de population ?

Multiplication et division des nombres entiers

Aide-mémoire

Poser une multiplication, c'est calculer un **produit**.
Poser une division, c'est calculer un **quotient** en réalisant un **partage en parts égales**.

Pour commencer

1 Pose et complète ces opérations à trous.

```
    8•3        •6•       965 | •          •7•• | •
×    ••     ×   •3        •6 | 2••          15 | 2••
-------     ------         0•|              •2 |
   •938        801          •|               • |
  •••2       •••5
-------     ------
  •••••      •••••

   •6•       •1•6       11•1 | •          6•48 | 12
×   •6     ×    8•        26 | 129          3• | 5••
-------     -------        ••|             ••• |
   2772      19•14          •|              •• |
  ••8•       •••••
-------     -------
  •6•3•     ••••••
```

2 Pose et effectue les opérations.

(36 × 17) : 3
(420 × 18) : 40

(45 × 28) : 9
(456 : 4) × 780

(365 : 5) × 209
(54 × 27) : 4

(312 × 35) : 20
(3 850 : 5) × 79

Travail oral

1 Un tube contenant 8 pastilles à la menthe pèse 64 g. Trouve la question et réponds à cette question.

2 Avec 128 €, Emma possède 4 fois plus d'argent que son frère Thomas. Quelle somme possède Thomas ?

3 Pour remplacer des livres abîmés, un professeur achète 6 livres valant 15 € chacun. Combien va-t-il régler ?

4 Le cœur de l'être humain débite en moyenne 6 litres à la minute. Calcule ce débit pour 1 heure.

Problèmes

315 Une sonde spatiale* a voyagé 5 ans et a parcouru 315 millions de kilomètres pour atteindre un astéroïde. Combien de kilomètres, en moyenne, a-t-elle parcourus chaque année ?

316 Dans les pays développés, un habitant d'une grande ville consomme environ 22 barils de pétrole par an, c'est-à-dire 3 520 litres. Quelle est la capacité d'un baril de pétrole ?

317 Quand on laisse couler l'eau en se lavant les dents, on peut perdre jusqu'à 20 L d'eau. Quelle quantité d'eau peut ainsi gaspiller en une année une personne qui se lave les dents deux fois par jour ?

318 Vers 1875, l'expédition du *Challenger* effectua un périple de trois ans et demi sur les océans et parcourut 127 500 km. En moyenne, quelle distance le bateau parcourait-il chaque mois ?

319 La consommation d'eau en France pour l'année 2007 était de 32 552 millions de m^3, pour une population d'environ 63 millions de Français. Calcule, à l'unité près par excès, la consommation d'eau moyenne par Français en 2007.

320 Monsieur et madame Dubois achète ce poêle à bois afin de limiter leur consommation électrique pour le chauffage de leur maison. Ils le paient en 12 mensualités égales. Calcule le montant de chacun de leur versement.

321 On comptait en 2006, en école primaire, un enseignant pour 12 élèves en Suède, pour 15 élèves en Finlande, pour 19 élèves en France, pour 20 élèves au Royaume-Uni. Calcule, à l'unité près par excès, le nombre d'enseignants pour 450 élèves dans chacun de ces pays.

322 En 2008, entre mai et septembre, on a comptabilisé 576 milliers de nuitées* dans les campings en Haute-Normandie et 24 fois plus en Provence-Alpes-Côte d'Azur. Que peux-tu calculer ?

323 À un péage d'autoroute, 14 420 voitures sont passées entre 7 h 30 et 12 h 30. Si l'on compte en moyenne 3 personnes par voiture, combien de personnes sont passées en une heure ?

324 Un maraîcher* récolte 425 kg de carottes dans un 1er champ et 3 fois plus dans un 2e champ. Il conditionne* les carottes dans des cagettes* de 25 kg chacune. Quelle est la production des deux champs ? Combien de cagettes utilisera-t-il ?

325 Un cultivateur veut entourer son pré avec du fil de fer barbelé, sur 3 rangs. Le périmètre de ce pré est de 856 m. Sachant que le fil de fer barbelé est vendu en rouleaux de 125 m, combien de rouleaux doit-il acheter ?

326 Un sportif effectue 15 tours d'une piste de 400 m. Il court le 1 000 m en 3 minutes. Pose deux questions et réponds à ces questions.

327 Les parents de Laura achètent une bibliothèque coûtant 1 110 €, un buffet valant le double de la bibliothèque, une table valant la moitié de la bibliothèque et quatre chaises. Pour l'ensemble, ils paient 4 281 €. Quel est le prix des quatre chaises ? Quel est le prix d'une chaise ?

328 La bécasse, un oiseau migrateur, peut parcourir 3 500 km pour se rendre de Finlande en Algérie. Elle reviendra dans son pays au printemps. Si cet oiseau vit 20 ans, combien de kilomètres parcourt-il au total durant ses migrations ? La circonférence de la Terre à l'équateur mesurant environ 40 000 km, combien de tours complets de la Terre la bécasse peut-elle parcourir ?

329 Les 247 élèves d'une école d'Angoulême partent au bord de la mer pour un voyage de fin d'année. Combien de cars d'une capacité de 54 places chacun faudra-t-il réserver ? La location d'un car coûte 429 €. La municipalité prend en charge le prix de la location et offre à chaque enfant un pique-nique d'une valeur de 4 €. Quel est, pour la commune, le coût de ce voyage ?

330 Une association organise un rallye pour 45 personnes. Au dernier moment, 4 personnes annulent leur participation et les autres membres doivent donc payer chacun un supplément de 2 €. Quelle somme totale représente le supplément exigé ? Quelle somme aurait dû payer chaque participant ? Quelle somme chacun versera-t-il finalement ? Quel est le coût total de cette sortie ?

Je travaille seul(e)

corrigé p. 232

331 Marie achète une nappe et 12 serviettes de table pour 98 €. La nappe coûte 38 €. Que peut-on calculer ?

332 Pour une semaine de vacances, monsieur et madame Petit ont loué un gîte rural au prix de 399 €. Chaque jour, ils ont dépensé, en moyenne, 28 € pour la nourriture et 16 € de frais divers. Leurs frais d'essence se sont élevés à 126 €. Calcule la dépense totale pour leur semaine de vacances. Quel est alors le prix de revient d'une journée de vacances ?

Nombres entiers : synthèse

Pour commencer

1 Pose et effectue les opérations.

657+ 43 + 7 + 2 185	98 250 – 2 938	546 × 75
8 251 × 207	1 288 : 23	2 565 : 35

2 Pose et effectue les opérations.

(5 855 – 697) × 207 (1 184 × 4) : 37 (7 329 + 34 + 596) – 4 392

3 Pose et effectue les opérations.

(862 × 609) – 29 960 (5 695 : 85) × 6 800 (456 × 6 070) – (214 × 619)

4 Pose et effectue les opérations.

(590 365 + 89 579 + 588) – 597 327	(215 989 : 43) × 672
(250 000 000 : 10 000) – (408 × 37)	(1 250 × 20) + (579 : 3)

Travail oral

1 Le monde est découpé en 193 pays. Un d'entre eux n'appartient pas à l'ONU. Que peux-tu calculer ?

2 Les coureurs du Tour de France ont parcouru 195 km hier et 225 km aujourd'hui. De combien l'étape d'aujourd'hui est-elle plus longue que celle d'hier ? Quelle distance les coureurs ont-ils parcourue en deux jours ?

3 « Avec 1 200 €, je n'aurai encore que le quart du prix de cette voiture d'occasion », dit madame Figueiras. Quel est le prix de cette voiture ?

4 On recense aujourd'hui environ 1 250 espèces d'oiseaux menacées de disparition ; c'est-à-dire à peu près un oiseau sur huit. Quel est environ le nombre d'espèces d'oiseaux aujourd'hui recensées ?

5 Hier, des employés municipaux ont nettoyé 850 m d'allées dans le parc de la ville. Ils en ont nettoyé 85 m de plus aujourd'hui. Que peut-on calculer ?

6 Pour le repas, mes parents font les dépenses suivantes : 3 €, 8 €, 5 €, 4 €. Nous sommes quatre à table. Quel est le prix du repas pour une personne ?

Problèmes

333 Aux XVIIe et XVIIIe siècles, le temps était beaucoup plus froid que de nos jours et la Tamise, fleuve qui arrose Londres, en Angleterre, gelait régulièrement. La dernière *Fête du gel* a eu lieu en 1814. Combien d'années se sont écoulées depuis cette date ?

334 D'une citerne contenant 1 200 L d'eau, on a soutiré 75 L, puis 169 L et enfin 260 L. Quelle quantité d'eau reste-t-il dans la citerne ?

335 Le premier cèdre planté en France en 1734 par Bernard de Jussieu est toujours visible au Jardin des Plantes, à Paris. Quel âge a-t-il aujourd'hui ?

336 Dans un magasin de bricolage, un lot de trois disques diamant pour découper les matériaux est proposé en promotion à 39 €. En rayon, ces mêmes disques sont vendus à l'unité au prix de 14 €. En achetant le lot, combien économise-t-on sur chaque disque ?

337 La Polynésie française regroupe 140 îles du Pacifique pour une superficie totale de 4 200 km^2. Quelle est la superficie moyenne d'une île ?

338 La forêt amazonienne occupe une superficie égale à 8 fois celle de la France (550 000 km^2). Quelle est la superficie de la forêt amazonienne ?

339 Afin de préparer des marionnettes, un professeur a découpé un coupon* de tissu en 28 morceaux de 47 cm. Quelle longueur de tissu, en cm, avait-il ?

340 Le mont Blanc, le plus haut sommet d'Europe de l'Ouest, a une altitude de 4 808 m. Le mont Elbrouz, dans le Caucase, le plus haut sommet d'Europe, culmine à 5 642 m. Quelle est la différence d'altitude entre ces deux sommets ?

341 Un client donne un billet de 100 € pour régler un achat. Le vendeur lui réclame encore 1 € et lui rend 10 €. Quel est le montant de l'achat ?

342 Une commune a payé 24 939 € pour envoyer 46 enfants et 5 adultes en classe de mer. À combien revient le séjour par personne ?

343 La république de Nauru, dans le Pacifique, est l'un des plus petits pays du monde avec seulement 21 km^2. Calcule combien de fois la France (550 000 km^2) est plus grande que Nauru (à l'unité près) ?

344 Le cœur du rouge-gorge bat 980 fois par minute ! Combien de battements par seconde cela représente-t-il ?

345 Le Soleil est à 150 000 000 km de la Terre. La lumière parcourt 300 000 km par seconde. Combien de temps met-elle pour nous parvenir ?

346 La comète de Halley, découverte en 1682 lors de son passage à proximité de la Terre, revient tous les 76 ans. Cite les années où elle est passée près de la Terre depuis 1682. En quelle année sera-t-elle de nouveau visible de la Terre ?

347 Lors d'une campagne présidentielle, un candidat sillonne la France pour se rendre à des meetings* politiques.
En une semaine, il parcourt :
- Paris / Lille ;
- Lille / Rouen ;
- Rouen / Rennes ;
- Rennes / Bordeaux ;
- Bordeaux / Toulouse ;
- Toulouse / Perpignan ;
- Perpignan / Marseille.

Trouve la question et donne la réponse.

348 En Chine, on abat chaque année près de 25 000 000 d'arbres pour fabriquer 60 000 000 000 de paires de baguettes de bois jetables. Calcule combien de paires de baguettes on fabrique, en moyenne, à partir d'un arbre.

349 Retrouve les deux pourcentages manquants dans ce tableau.

	Ressources en eau des pays du monde (en pourcentage)	
	En 1995	**Prévisions pour 2050**
Ressources moyennes	92	...
Ressources insuffisantes	...	24
Grave manque d'eau	3	18
TOTAL	100	100

350 Un baril de pétrole contient 159 L. Sur un site de forage, on a produit 360 000 L de pétrole. Combien de barils pleins va-t-on pouvoir expédier ? Combien de litres manque-t-il pour expédier un baril supplémentaire ?

351 En 1998, il y avait 467 femmes élues dans les conseils régionaux. Après les élections de 2004, le nombre d'élues a augmenté de 428. Trouve la question et donne la réponse.

352 À l'occasion des fêtes de fin d'année, Patrick commande 12 bouteilles de champagne pour 180 €. Quand il les reçoit et les sort du carton, deux bouteilles glissent et se cassent. Quel était le prix de vente d'une bouteille ? À combien lui revient finalement une bouteille de champagne ?

353 Monsieur et madame Duval achètent un fauteuil valant 999 €, un canapé valant 1 799 € et une bibliothèque valant autant que le fauteuil et le canapé réunis. Calcule la dépense totale.

354 Quatre amis partent 14 jours aux sports d'hiver. Ils dépensent 2 576 € d'hôtel et 672 € de remontées mécaniques. Quelle est la dépense par jour pour ces quatre amis ? Quelle est la dépense par jour et par personne ?

355 David achète deux plaquettes de beurre de 250 g chacune, deux bottes* de poireaux de 750 g chacune, deux pots de confiture pesant chacun 350 g, un filet de 3 kg de pommes de terre, une livre de raisin, trois boîtes de conserve de 800 g chacune et cinq sachets de levure de 12 g chacun. Son panier vide pesait 500 g. Combien pèse-t-il une fois rempli ?

356 Au moment des soldes*, Maxime achète trois articles démarqués. Quelle économie a-t-il réalisée ?

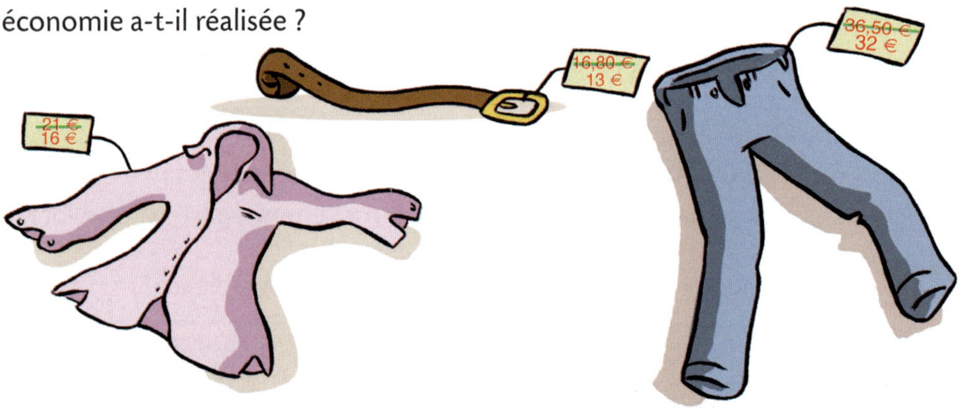

357 Observe le tableau, puis réponds aux affirmations par « vrai » ou « faux ».
Le Nil, le plus long fleuve du monde, est...
a) au moins 6 fois plus long que la Loire ;
b) au moins 8 fois plus long que le Rhône ;
c) au moins 9 fois plus long que la Seine ;
d) au moins 10 fois plus long que la Garonne.

Fleuve	**Longueur** (en km)
le Nil	6 671
la Loire	1 020
le Rhône	812
la Seine	775
la Garonne	650

358 La population de Valmarin a triplé en 18 ans. Elle est actuellement de 36 597 habitants. Celle de Colberville a doublé durant la même période ; elle atteint 28 594 habitants. Quelle ville avait la plus importante population il y a 18 ans ?

359 Camille veut s'acheter un DVD valant 15 €, mais il lui manque de l'argent.. Enzo lui prête un billet de 5 € et Camille a maintenant 2 € de trop. Combien possédait-elle ?

360 a) **Vrai ou faux ?** La population de l'Europe des 27 est plus importante que celle des États-Unis et du Japon réunis.

Population (en millions d'habitants)	
Europe dont (Union européenne à 27)	733 495
États-Unis	302
Japon	127

b) Combien d'européens ne font pas partie de l'Union européenne ?

361 Marie achète deux albums de bandes dessinées. L'un vaut 13 € et l'autre 4 € de moins que le premier. Combien Marie a-t-elle dépensé ?

362 La population de l'Espagne est d'environ 43 300 000 habitants. L'Espagne compte ainsi 40 millions d'habitants de moins que l'Allemagne, 31 500 000 d'habitants de plus que la Belgique et 10 fois plus d'habitants que l'Irlande. L'Autriche, pour sa part, compte 10 fois moins d'habitants que l'Allemagne. Retrouve les populations de l'Allemagne, de la Belgique, de l'Irlande et de l'Autriche.

363 Une employée de supermarché installe en rayon six cartons identiques de boîtes de conserve représentant une masse nette totale de 96 kg. Sachant qu'une boîte de conserve a pour masse 800 g, combien un carton contient-il de boîtes ?

364 Chaque année, environ 16 millions d'orages éclatent dans le monde. Calcule, à l'unité près par défaut, le nombre d'orages par jour. Calcule ensuite, toujours à l'unité près par défaut, le nombre d'orages par heure.

365 En France, la région la plus boisée est l'Aquitaine avec 1 877 559 hectares couverts, juste devant la région Rhône-Alpes avec 1 647 000 hectares couverts et très loin devant les régions Basse-Normandie et Nord–Pas-de-Calais avec respectivement 197 380 et 118 000 hectares couverts.
Calcule la différence de superficie boisée entre : les régions Aquitaine et Rhône-Alpes, les régions Nord–Pas-de-Calais et Basse-Normandie.
La superficie totale boisée pour les 22 régions de France métropolitaine étant de 15 560 487 hectares, calcule :
– la superficie boisée totale dans les régions qui ne sont pas citées ici ;
– la superficie moyenne boisée pour une région.

366 Madame Martin achète un lave-linge de 579 € à crédit* ; elle verse 183 € à la commande et le reste en 12 mensualités*. Quel est le montant de chaque mensualité ?

367 Une famille de quatre personnes a passé trois jours en pension à l'hôtel et a payé 648 €. Quel était le prix de la pension par personne et par jour ?

368 En 1947, un avion américain a été le premier à franchir le mur du son, en volant à plus de 300 m à la seconde. Quelle était la vitesse atteinte en kilomètres par heure ?

369 Pour faire du travail manuel avec 25 enfants, un animateur a commandé :
– 27 santons à 2 € pièce ;
– 2 boîtes de peinture de différentes couleurs à 19 € l'une ;
– 30 porte-clefs en bois à 1 € pièce ;
– 1 paquet de pinceaux valant 6 €.
La mairie paie la moitié de la commande et l'animateur disposait déjà de 14 €. Quelle sera la participation demandée à chaque enfant ?

370 L'abonnement annuel à un hebdomadaire* motos coûte 97 €. Celui-ci ne paraît pas durant six semaines en été. Au lieu de s'abonner, il est possible d'acheter ce magazine toutes les semaines dans un kiosque : le numéro revient alors à 3 €. Martin s'est rendu compte que seul un numéro sur deux l'intéresse. A-t-il intérêt à s'abonner ou non ? S'il lisait tous les numéros, aurait-il raison de s'abonner ?

371 Une école primaire comprend cinq classes avec les effectifs* suivants :
CP : 24 élèves ; CE1 : 21 élèves ; CE2 : 23 élèves ; CM1 : 24 élèves ; CM2 : 28 élèves. Que peut-on calculer ?
Les élèves de CP et des deux CE sortent ensemble à la première récréation du matin. À la deuxième récréation, tous les enfants sortent. À la récréation de l'après-midi, tous les enfants sortent, mais ceux du CE2 et du CM1 vont sur le terrain de sports. Calcule combien d'élèves jouent dans la cour à chacune des récréations.

372 Isam possède 184 billes, Julien en a 16 de moins et Léna trois fois plus que Isam. Si Isam avait deux billes de moins, il en aurait sept fois plus que Kevin. Combien de billes Julien, Léna et Kevin possèdent-ils chacun ?

373 Par Internet, Henry a commandé pour 296 € de matériel de jardinage : 121 € pour une serre, 54 € pour un récupérateur d'eau de pluie, 23 € pour un bac à fleurs, le reste de sa commande étant également réparti entre un châssis* et un lot d'éclairage de jardin. Quelle est la valeur de chacun de ces deux derniers achats ?

374 Un professeur a acheté 25 livres de lecture. La facture ne s'élève qu'à 285 €, car le libraire a consenti* une réduction* de 15 €. Combien valait l'ensemble des livres ? Quel était le prix marqué d'un livre ? Combien le professeur a-t-il finalement payé chaque livre ?

375 Samuel verse, dans une bouteille, d'abord deux bols d'une capacité unitaire* de 25 cL, puis un verre contenant 10 cL de moins qu'un bol, puis une tasse contenant cinq fois moins que deux bols réunis. Quelle est la quantité de liquide dans la bouteille ?

376 Au cours de la fête communale, on a organisé une tombola* au profit des écoles de la commune. Il a été vendu 3 225 billets à 2 €. Les lots offerts ont coûté 426 €. Le bénéfice de la tombola a été réparti équitablement* entre les trois écoles de la ville. Trouve les questions et donne les réponses.

377 Une association régionale propose, durant l'été, le tour du Cézallier à pied. L'itinéraire proposé représente 153 km et se déroule sur neuf jours. Le prix, fixé à 441 € par personne, comprend tous les frais, sauf les repas de midi. Quelle est la distance moyenne à parcourir en une journée ? Quel est le prix d'une journée de randonnée si l'on compte 5 € par jour pour le repas de midi ?

378 Une famille de quatre personnes désire aller aux sports d'hiver pendant une semaine. Le voyage en TGV, puis en car (aller et retour) revient à 123 € par personne. La pension complète est de 43 € par personne et par jour. Il faut compter pour toute la famille un supplément de 276 € pour les remontées mécaniques. Par un organisme, le séjour reviendrait à 2 088 € tout compris. Quelle est la formule la moins chère ? Calcule le prix de revient par personne pour chaque formule.

379 Le matin, on charge un distributeur automatique de 2 000 billets de 10 € et de 750 billets de 20 €. Au cours de la journée, 150 clients retirent en moyenne 80 €, dont la moitié en billets de 20 €. Combien reste-t-il de billets de 10 € et de 20 € à la fin de la journée dans ce distributeur ?

380 En 1870, la durée de travail hebdomadaire était de 63 heures. La durée légale est passée à 35 heures en l'an 2000. Que peux-tu calculer ?
En 1870, on travaillait six jours par semaine ; en 2000, seulement cinq jours. Que peux-tu à nouveau calculer en utilisant également les informations données dans les deux premières phrases ?

381 Deux livres valent ensemble 26 €. Si leurs prix étaient identiques, quel serait le prix de chaque livre ? Il y a 2 € de différence entre leurs prix respectifs. Quel est le prix de chaque ouvrage ?

382 Un brocanteur* fait l'acquisition* d'une armoire normande du XIXe siècle pour la somme de 1 495 €. Il dépense 197 € pour la remettre en parfait état. Il désire la revendre en réalisant un bénéfice de 990 €. Calcule le prix de revient de l'armoire et le prix affiché pour la revente. Un client se présente, mais comme il hésite à l'acheter, le brocanteur lui consent une remise* de 220 €. Quel est alors le bénéfice réalisé par le brocanteur ?

383 Deux automobiles valent ensemble 25 965 €. Il y a 13 658 € de différence entre le prix de la plus chère et le prix de la moins chère. Quel est le prix de chaque voiture ?

384 Retrouve le nombre manquant de la case bleue.

Consommation de papier de la presse éditeur en 2007 (en tonnes)	
Presse nationale d'information	174 244
Presse locale d'information	
Journaux gratuits	49 605
Presse spécialisée grand public	533 812
Presse spécialisée technique et professionnelle	37 946
Journaux gratuits d'annonces	217 742
TOTAL	1 414 571

Les nombres décimaux

Aide-mémoire

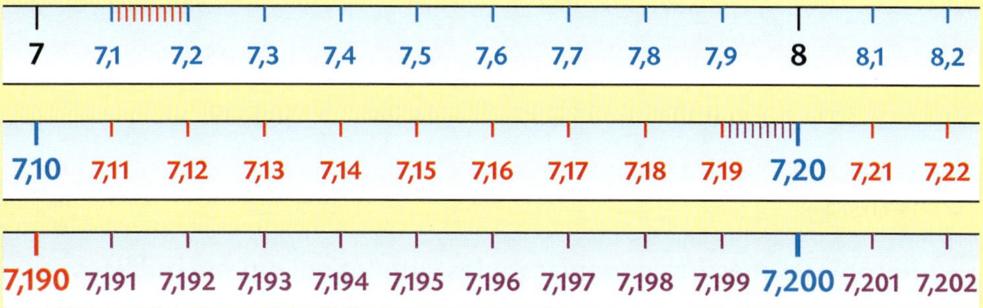

7,2 = 7,20 = 7,200 donc 7,19 < 7,2 et 7,199 < 7,200

7,1 ; 7,2 ; 7,13 ou 7,199 sont des **nombres décimaux**.
C'est la **virgule** qui marque l'unité.

7,195 = 7 unités, 1 dixième, 9 centièmes et 5 millièmes.
7,195 = 7 unités, 19 centièmes et 5 millièmes.
7,195 = 7 unités et 195 millièmes.

Une fraction est une autre écriture d'un nombre décimal.

$7{,}5 = \frac{15}{2} = \frac{30}{4} = \frac{75}{10}$.

Travail oral

1 Indique, pour chacune des situations, si l'on peut utiliser des nombres décimaux.

a) Compter les élèves d'une classe.
b) Payer un achat.
c) Exprimer sa taille.
d) Donner la masse d'un animal.
e) Mesurer la longueur de la cour.
f) Numéroter les pages d'un cahier.
g) Donner son numéro de téléphone.
h) Chronométrer une course.

2 Décompose les nombres décimaux.

Exemple : 14,75 = 14 + 0,75

9,68 7,4 365,5 8,702 13,25 9,08 69,034

3 **Encadre chaque nombre décimal par les deux nombres entiers les plus proches.**

Exemple : 9 < 9,4 < 10

65,41 7,4 875,38 14,1 99,4 37,6 183,2

4 **Dans chaque nombre, indique ce que représente le chiffre 9.**

8,9 9,501 0,093 71,859 94,24 100,09

Problèmes

385 **Recopie les mesures en replaçant les virgules qui ont été oubliées.**

a) La hauteur de la tour Eiffel : 32080 m.
b) La hauteur de la porte : 205 m.
c) La longueur de la table : 260 m.
d) La longueur de la voiture : 465 m.
e) La longueur de la maison : 1575 m.

386 **Observe le tableau, puis effectue le travail demandé.**

Centaines	Dizaines	Unités	Dixièmes	Centièmes	Millièmes
	5	3	8	2	
		6	1	3	
3	7	2	0	6	
	4	3	2	4	5
		4	0	0	2
1	2	5	7	0	6

Récris le nombre décimal correspondant à chaque ligne du tableau, puis complète sa décomposition.

Exemple : 53,82 ➤ 53 unités et 82 centièmes

... ➤ ... unités et 13 ... ... ➤ 372 ... et ... ... ➤ ... unités, ... dixièmes et 45 ...
... ➤ 4 ... et ... ... ➤ 125 ..., 7 ... et ...

387 **Recopie uniquement les nombres égaux à 7 unités et 3 centièmes.**

7,3 7,30 7,03 730 7,003 7,030 7,300 73 7,3000

388 **Recopie et complète avec le nombre décimal correspondant à chaque décomposition.**

6 unités et 7 dixièmes ➤ ...
5 unités et 17 centièmes ➤ ...
96 unités et 123 millièmes ➤ ...
4 unités et 9 centièmes ➤ ...
1 unité et 7 millièmes ➤ ...
35 centièmes ➤ ...

389 **Recopie et complète avec le nombre décimal correspondant à chaque décomposition.**

54 unités, 7 dixièmes et 2 centièmes ➤ ...
7 unités et 19 millièmes ➤ ...
39 unités, 6 centièmes et 5 millièmes ➤ ...
620 unités et 9 centièmes ➤ ...
55 unités et 49 centièmes ➤ ...
13 millièmes ➤ ...

390 **Recopie en plaçant le signe qui convient : <, > ou =.**

4,5 ... 4,50	8,31 ... 8,3	7,9 ... 8
9,12 ... 6,35	4,52 ... 4,6	89,25 ... 90,03
54,6 ... 54,06	265,4 ... 265,07	1,89 ... 1,890

391 **Recopie en plaçant le signe qui convient : <, > ou =.**

6,37 ... 52	4,12 ... 4,023	5,87 ... 5,870
12,35 ... 13	16,1 ... 16,10	15,32 ... 15,04
66,13 ... 6,613	5,29 ... 5,030	7,42 ... 7,402

392 **Recopie et remplace chaque point bleu par un chiffre (il y a plusieurs solutions exactes).**

2,4 < 2,•• < 2,5 < 2,•• < 2,6•• < 2,65
84,• > 84,•• > 83,••• > 83,• > 82,•••

393 **Classe les villes de la plus peuplée à la moins peuplée.**

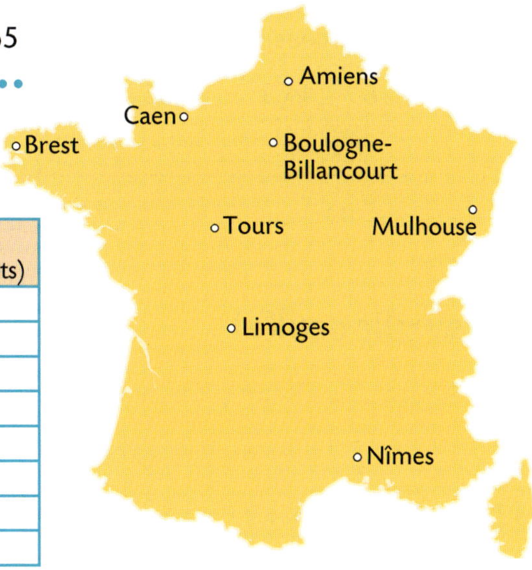

Ville	Population (en milliers d'habitants)
Nîmes	144,092
Tours	136,942
Boulogne-Billancourt	110,25
Caen	110,399
Amiens	136,105
Mulhouse	110,5
Limoges	136,53
Brest	144,54

394 **Récris chaque nombre décimal sous forme de fraction en complétant la fraction proposée.**

$2,5 = \frac{...}{4}$ $9,4 = \frac{...}{10}$ $5,5 = \frac{...}{10}$ $1,6 = \frac{...}{100}$

395 **Recopie les nombres en les classant dans l'ordre croissant (du plus petit au plus grand).**

62,54 63 62,205 63,08 63,1 62,4 63,28

396 **Recopie les nombres en les classant dans l'ordre croissant.**

94,6 94,309 93,415 94 94,51 9,94 93,59

397 **Recopie les nombres en les classant dans l'ordre décroissant (du plus grand au plus petit).**

4,23 42,3 4,203 4,3 3,432 4,043

398 **Recopie les nombres en les classant dans l'ordre décroissant.**

3,12 3,124 3,107 2,96 3 3,62 2,815

399 **Reproduis cette droite sur ton cahier et place les points demandés.**

le point A en 9,3 le point B en 10 le point C en 11,2

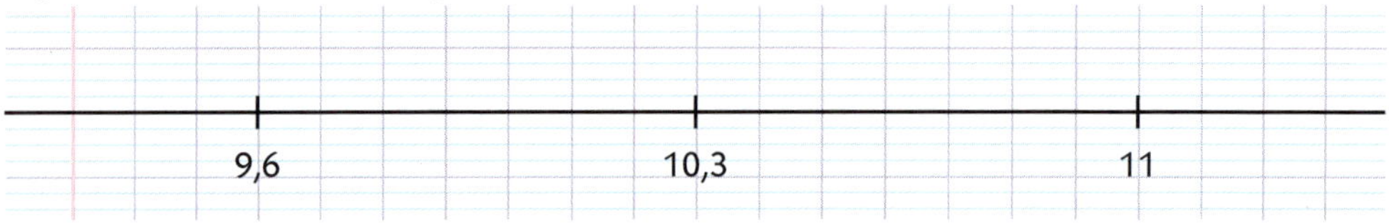

400 **Indique où se situent les points A, B et C parmi les différentes réponses proposées.**

14,2 14,28 14,3 14,36 14,5 14,55 14,8 14,82 14,84

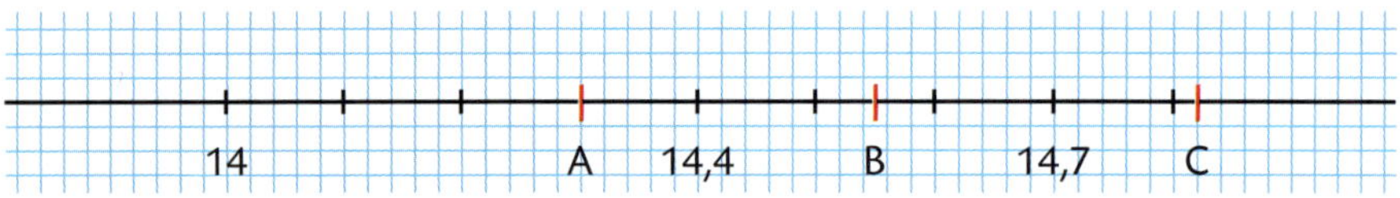

Je travaille seul(e)

corrigé p. 232-233

401 **Reproduis et complète le tableau.**

27 unités et 40 centièmes	
	8,026
9 unités, 7 centièmes et 2 millièmes	
	48,06
5 unités et 7 dixièmes	

402 **Recopie en plaçant le signe qui convient : <, > ou =.**

6,6 ... 6,58 32,30 ... 32,3 9,4 ... 11 3,65 ... 4,01
87,4 ... 87,024 16,040 ... 16,4 73,5 ... 7,350 4,5 ... 4,06

403 **Recopie les nombres en les classant dans l'ordre croissant.**

780,06 78,2 78,029 79,001 73,89 78,14 7,88 78,0190

Les fractions

Aide-mémoire

Une tarte coupée en six parts égales c'est :

$\frac{1}{6}+\frac{1}{6}+\frac{1}{6}+\frac{1}{6}+\frac{1}{6}+\frac{1}{6}=\frac{1}{6}=1$, **c'est une tarte entière.**

Une fraction correspond donc à un nombre entier ou décimal.

$\frac{4}{4}=1$ $\frac{3}{4}=0{,}75$ $\frac{8}{4}=2$ $\frac{2}{3}<1$ $\frac{3}{3}=1$ $\frac{4}{3}>1$

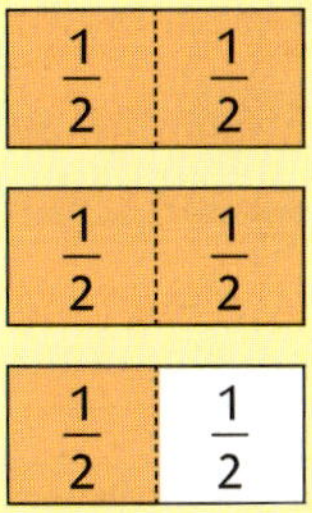

$2<\frac{5}{2}<3$ $\frac{5}{2}=\frac{4}{2}+\frac{1}{2}$ $\frac{5}{2}=2+\frac{1}{2}$ $\frac{5}{2}=2{,}5$

Calculer les $\frac{3}{5}$ de 275 : $275\times\frac{3}{5}=(275\times 3):5=165$

Pour commencer

1 **Reproduis les bandes sur ton cahier, puis colorie les parties correspondant aux fractions proposées.**

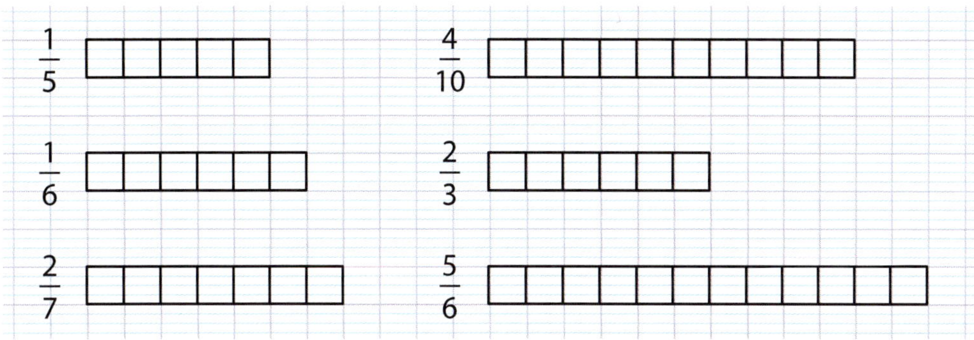

2 **Écris, pour chaque bande, la fraction correspondant à la partie colorée.**

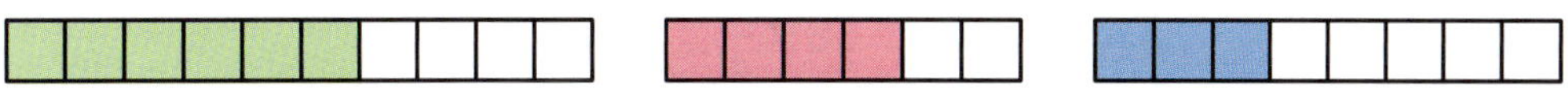

3 Reproduis la bande sur ton cahier

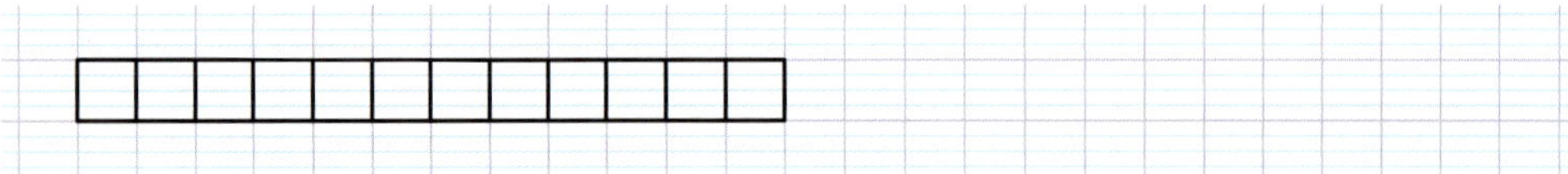

Colorie : $\frac{2}{12}$ en rouge, puis $\frac{6}{12}$ en bleu

Quelle fraction de la bande n'est pas coloriée ?

Reproduis une deuxième fois la bande, puis colorie : $\frac{1}{6}$ en rouge, puis $\frac{3}{6}$ en bleu

Quelle fraction de la bande n'est pas coloriée ?

Compare tes résultats avec le travail précédent. Que remarques-tu ?

4 Indique, par une fraction, quelle partie est :

– colorée en vert ;
– colorée en rose ;
– colorée en bleu ;
– colorée en jaune.

Cédric affirme : « $\frac{1}{4}$ de la bande n'est pas colorié. » A-t-il raison ?

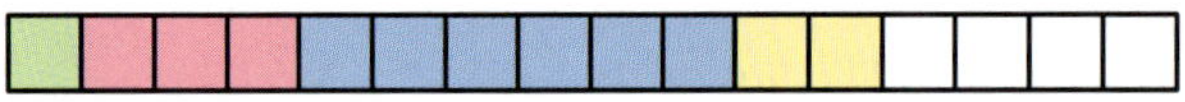

5 Recopie et complète.

$\frac{1}{4} = \frac{2}{...}$ $\frac{3}{5} = \frac{9}{...}$ $\frac{3}{6} = \frac{1}{...}$ $\frac{5}{15} = \frac{...}{3}$ $\frac{5}{20} = \frac{...}{4}$

6 Recopie et complète.

$\frac{7}{4} = 1 + \frac{...}{4}$ $\frac{9}{5} = 1 + \frac{...}{5}$ $\frac{23}{7} = ... + \frac{...}{7}$ $\frac{13}{2} = ... + \frac{1}{2}$ $\frac{16}{10} = 1 + \frac{...}{10}$

7 Encadre chaque fraction par les deux nombres entiers les plus proches.

Exemple : $4 < \frac{9}{2} < 5$

$\frac{11}{3}$ $\frac{18}{8}$ $\frac{25}{4}$ $\frac{18}{5}$ $\frac{37}{10}$ $\frac{9}{10}$ $\frac{41}{6}$ $\frac{14}{6}$

8 Calcule.

$\frac{7}{10} + \frac{2}{10}$ $\frac{3}{5} + \frac{4}{5}$ $\frac{9}{12} + \frac{2}{12}$ $\frac{25}{10} + \frac{7}{10}$ $\frac{35}{100} + \frac{42}{100}$

9 Calcule.

$65 \times \frac{1}{5}$ $36 \times \frac{2}{3}$ $58 \times \frac{3}{4}$ $165 \times \frac{2}{5}$ $165 \times \frac{4}{10}$

Travail oral

1 Karim a parcouru les $\frac{3}{4}$ de la piste d'athlétisme de 400 m, avant d'avoir un point de côté. Quelle distance a-t-il parcourue avant son point de côté ?

2 Clara a lu $\frac{1}{3}$ de son livre de 96 pages. Combien de pages a-t-elle lues ?

3 Le disque dur de 180 Go* du PC de Sébastien est rempli aux $\frac{2}{5}$. Combien reste-t-il de gigas libres ?

4 Charlotte a déjà utilisé les $\frac{2}{3}$ d'un carnet de 12 timbres. Combien lui reste-t-il de timbres ?

Problèmes

404 Une salle de cinéma, qui compte 320 places, est remplie aux trois quarts. Combien y a-t-il de places occupées ? Combien reste-t-il de places libres ?

405 La France a une superficie de 549 000 km^2 dont un quart est recouvert de forêts. Quelle est la superficie de la forêt française ?

406 Les $\frac{8}{10}$ des 402 000 habitants de la Martinique sont noirs ou métis. Trouve la question et donne la réponse.

407 Monsieur Léon, qui a hérité de 113 610 €, offre $\frac{2}{3}$ de son gain à une association humanitaire et $\frac{1}{7}$ à une association pour la recherche médicale. Quelle somme a-t-il offerte à chacune de ces associations ? Combien Monsieur Léon a-t-il gardé ?

408 Sur un terrain constructible de 1 395 m^2, $\frac{1}{9}$ est réservé à la maison et au jardin potager. Le reste de la surface sera ensemencé en pelouse. Quelle sera la superficie occupée par cette pelouse ?

409 Le vélo de cross de Valentin vaut 162 €. Celui de Théo coûte les $\frac{4}{3}$ de celui de Valentin. Quel est le prix du vélo de Théo ?

410 Lors du rallye *Le Dakar*, épreuve d'une durée de 21 jours, un concurrent à moto abandonne au $\frac{6}{7}$ du rallye. Combien de jours est-il resté en course ?

411 Camille achète une voiture d'occasion coûtant les $\frac{5}{8}$ du modèle neuf qui vaut 14 024 €. Trouve la question et donne la réponse.

412 Les $\frac{2}{3}$ des 291 communes d'un département participent à une journée d'information sur le tri sélectif des ordures ménagères. Combien de communes de ce département ne participent pas à cette journée ?

413 Mélanie a 33 ans. L'âge de Nicolas est égal aux $\frac{7}{6}$ de celui de Mélanie. Quel est l'âge de Nicolas ?

414 En 2050, il y aura environ 64 000 000 de Français et un tiers d'entre eux aura plus de 60 ans. Indique, par un encadrement au million près, combien de Français auront plus de 60 ans en 2050.

415 Dans un appartement de 75 m^2, la salle de bains occupe $\frac{1}{12}$ et la cuisine $\frac{1}{15}$ de la superficie. Calcule les superficies de la salle de bains et de la cuisine.

416 Observe l'affiche ci-contre. Combien de kilomètres de route les coureurs emprunteront-ils ? Combien de kilomètres de sentiers les coureurs emprunteront-ils ?

417 Des maçons doivent construire un mur de 25 m de long en trois jours. La première journée, ils en édifient les $\frac{2}{5}$ puis $\frac{1}{4}$ le lendemain. Quelle longueur de mur leur restera-t-il à construire le troisième jour ?

418 Pour arroser son jardin, Jacques récupère l'eau de pluie dans une citerne d'une capacité de 2 700 L. Celle-ci est actuellement remplie aux $\frac{4}{5}$. Sachant qu'il utilise environ 90 L d'eau par jour, en aura-t-il suffisamment s'il ne pleut pas avant trois semaines ?

419 Un Eurostar peut transporter 796 voyageurs, mais il n'est plein qu'aux trois quarts. Un tiers des passagers voyagent en première classe. Combien de personnes voyagent en seconde classe ?

420 Pour un match de football, les $\frac{7}{8}$ des 50 000 places d'un stade sont occupées. Les $\frac{4}{5}$ des spectateurs ont payé leur place, les autres sont invités. Quel est le nombre de spectateurs assistant gratuitement au match ?

421 Mathieu achète une moto valant 4 305 €. Il verse $\frac{1}{3}$ de cette somme à la commande, puis, à la livraison, les $\frac{3}{4}$ de ce qu'il devait encore. Ses parents paient le reste. À combien s'élève la participation de ses parents ?

422 Un jardinier dispose d'une citerne d'une capacité de 2 500 L. Il en tire d'abord $\frac{1}{5}$, puis les $\frac{3}{5}$ de ce qui reste. Quelle quantité d'eau, en litres, a-t-il utilisée chaque fois ? Quelle quantité d'eau reste-t-il dans la citerne ?

423 Steve revend sa planche à roulettes 28 €. Avec les $\frac{3}{4}$ de cette somme, il achète un CD. Il voudrait également acheter une bande dessinée coûtant 8,98 €. Aura-t-il assez d'argent ? Sinon, combien lui manquera-t-il ?

424 Madame Arnaud partage équitablement* avec ses trois frères et sœurs les $\frac{5}{7}$ des 4 550 € qu'a rapporté la vente d'un tableau de famille. Combien chacun reçoit-il ?
Avec les $\frac{1}{5}$ de l'argent restant, ils offrent un appareil photo à l'école du village. Combien coûte l'appareil photo ?
Madame Arnaud verse la somme qui reste à une association. Combien a-t-elle versé à celle-ci ?

425 Une bouteille est remplie aux deux tiers. Il faudrait y ajouter encore 25 cL pour la remplir complètement. Quelle est la capacité de cette bouteille ?

426 À la Bourse, un homme d'affaires perd les $\frac{4}{7}$ de son capital, soit 42 682 €. Quel était le capital initial* ? Calcule le montant de la perte si elle avait représenté les $\frac{2}{5}$ du capital.

Je travaille seul(e)

corrigé p. 233

427 Louis a bien travaillé à l'école. Afin de le récompenser, sa maman accepte de lui acheter un joystick* pour son ordinateur s'il paie un tiers du prix. Le joystick valant 69 €, à combien s'élèvera la participation de chacun ?

428 Monsieur Léman achète un canapé valant 3 620 €. Il paie $\frac{1}{8}$ de cette somme à la commande, $\frac{3}{8}$ à la livraison et le reste en cinq mensualités égales. Combien verse-t-il à la commande ? À la livraison ? Combien versera-t-il à chaque mensualité ?

Addition des nombres décimaux

Aide-mémoire

Quand on pose une addition avec des nombres décimaux, il faut bien placer les virgules sous les virgules. On complète avec des zéros si nécessaire.

547 + 6,83 + 9,5

$$\begin{array}{r} 547{,}00 \\ +\quad 6{,}83 \\ +\quad 9{,}50 \\ \hline 563{,}33 \end{array}$$

Pour commencer

1 Sans effectuer les additions, indique quel est le résultat juste parmi les trois proposés.

a) 18,54 + 75,3 + 214	307,84	2 203,3	10,34
b) 358 + 379,54 + 128,63	1 866,63	866,17	3 679,37
c) 1 415,2 + 56,685 + 3,25	1 475,135	57 635,60	60,295

2 Pose et effectue les additions.

573,6 + 74,22
95 + 9,54 + 8,45 + 612
720,3 + 3,38 + 9,6
489,259 + 56,514
2 156,12 + 555 + 26,734
1 878 + 8,12 + 85,4 + 503

3 Pose et effectue les additions.

174 + 45,4 + 17
75 + 56,47 + 3 + 2,5
45 261 + 78,3 + 656,7
1 380 + 56,25 + 85,75
566,32 + 5,375 + 6
48 007 + 24 + 9,2 + 394,37

Travail oral

1 Pour faire ses rideaux, Andrée a besoin de 7,50 m de tissu. Le vendeur lui donne 0,35 m de plus. De quelle longueur de tissu Andrée dispose-t-elle ?

2 Un livre qui valait 33,05 € vient d'augmenter de 1,75 €. Quel est son nouveau prix ?

3 Jérémy et Marine ont 7,50 € chacun en poche. Combien ont-ils à eux deux ?

4 Charlie achète une bouteille de soda à 1,20 € et une baguette à 0,80 €. Combien paie-t-il au total ?

Problèmes

429 Un athlète lance le poids à 17,75 m. Un adversaire réussit un lancer plus long de 0,95 m. Quelle est la performance du second athlète ?

430 Pour Noël, les parents d'Apolline lui offrent une poupée valant 29,95 € avec sa robe à 8,35 € et sa coiffeuse coûtant 12,75 €. Combien les parents d'Apolline ont-ils dépensé en tout ?

431 Une canalisation d'eau mesure 15,50 m. Pour la prolonger, on utilise un tube de 5,80 m de long et un autre de 3,75 m. Quelle sera alors la longueur totale de la canalisation ?

432 Pour se maintenir en forme, chaque jour, René marche 1,175 km en ville, 2,350 km dans la forêt et 0,025 km sur un chemin de terre. Trouve la question et donne la réponse.

433 Le charcutier sert à madame Martin pour 11,75 € de rôti de porc, 3,85 € de pâté et 4,05 € de jambon. Combien madame Martin doit-elle payer ?

434 Pour arroser le jardin, Nicole pensait utiliser un tuyau de 7,50 m de long. Comme cette longueur est insuffisante pour aller jusqu'au fond du jardin, elle ajoute deux morceaux de tuyau : un de 2,35 m et un autre de 1,75 m. Quelle est la nouvelle longueur de son tuyau d'arrosage ?

435 Dans une famille, le père gagne mensuellement 2 089,55 €, la mère 1 876,60 €, le fils qui est en stage 440 € et la fille qui travaille à mi-temps 714,80 €. Quel est le revenu mensuel total de cette famille ?

436 Pour son passage en sixième, les parents de Dylan lui offrent un lecteur CD valant 299 € et deux CD d'une valeur respective de 17,65 € et 16 €. Trouve la question et donne la réponse.

437 Au marché, Wilson achète 0,840 kg de rôti de bœuf, 0,275 kg de tranches de jambon, 4,5 kg de fruits, un chou de 1,730 kg et 2,350 kg de carottes. Quelle charge Wilson va-t-il avoir à porter jusqu'à chez lui ?

438 Une agence de voyages propose à sa clientèle une visite de deux jours en Île-de-France.
– Premier jour au matin : 57,5 km dans Paris ; l'après-midi : 84 km dans le nord-ouest de la région.
– Second jour : visite du sud et de l'est de Paris, soit 58 km, puis 67,5 km pour le retour.
Quelle distance les touristes auront-ils parcourue lors de ces deux jours ?

439 Calcule, pour l'année 2008, le nombre de passagers ayant transité par les cinq plus grands aéroports du monde.

Nombre de passagers, en 2008, dans les cinq plus grands aéroports du monde (en millions)	
Aéroport international Hartsfield-Jackson d'Atlanta, États-Unis	90
Aéroport international O'Hare de Chicago, États-Unis	69,35
Aéroport de Londres Heathrow, Grande-Bretagne	67
Aéroport international de Tokyo-Haneda, Japon	66,73
Aéroport Paris-Charles-de-Gaulle, France	60,85

440 Au restaurant, une famille de quatre personnes commande des menus : un menu à 12,50 €, un menu à 16 €, un menu à 22 € et un menu enfant à 5,75 €. En supplément, il faut compter une bouteille de vin à 12,50 € et un café à 2,35 €. Quel sera le montant de l'addition ?

441 Un pharmacien réalise une préparation en mélangeant 1,85 dL d'un premier produit, 0,45 dL d'un deuxième et 0,2 dL d'un troisième. Quelle quantité de préparation, en litres, a-t-il réalisée ?

442 Calcule, en milliards, la population mondiale estimée en 2050.

Population estimée en 2050	
Amérique	1,2 milliard
Afrique	1,99 milliard
Europe	664 millions
Asie	5,3 milliards
Océanie	49 millions

443 Avec son argent de poche, Mathis s'achète un CD à 15,49 €, une bande dessinée à 13,25 €, un roman policier à 4,89 € et un carnet valant 2 €. Il lui reste de quoi s'acheter une bande dessinée identique à la première et deux carnets comme celui qu'il a déjà acheté. Combien d'argent avait Mathis ?

Je travaille seul(e)

corrigé p. 233

444 D'un bidon de produit destiné au traitement du bois, Philippe a soutiré 1,75 L, 4 L et 2,5 L. Quelle quantité totale de produit a-t-il soutirée ?

445 Le tableau ci-dessous indique le montant des exportations* françaises, en 2008 et en milliards d'euros, vers les dix premiers clients de la France. Calcule le montant total de ces exportations.

Montant des exportations françaises en 2008 (en milliards d'euros) **vers...**										
Allemagne	Italie	Espagne	Royaume-Uni	Belgique	États-Unis	Pays-Bas	Suisse	Chine	Russie	TOTAL
59,5	35,9	34,2	32	31,2	23,9	17,1	12,1	9	7	...

Soustraction des nombres décimaux

Aide-mémoire

Quand on pose une soustraction avec des nombres décimaux, il faut bien placer les virgules sous les virgules. On complète avec des zéros si nécessaire.

627 – 48,91	4,7 – 2,83	72,59 – 8

$$\begin{array}{r} 627{,}00 \\ -\ \ 48{,}91 \\ \hline 578{,}09 \end{array} \qquad \begin{array}{r} 4{,}70 \\ -2{,}83 \\ \hline 1{,}87 \end{array} \qquad \begin{array}{r} 72{,}59 \\ -\ \ 8{,}00 \\ \hline 64{,}59 \end{array}$$

Pour commencer

1 Pose et effectue une soustraction avec chaque couple de nombres.

(937 ; 84,05) (19,37 ; 23,697) (108,406 ; 588,8)

2 Pose et effectue les soustractions.

45,3 – 28,93 81,359 – 8,36 215 – 37,3 3 208,23 – 1 689

3 Pose et effectue les soustractions.

745,23 – 56,25 6,1 – 3,258 3 742,5 – 2 043 881 – 632,28

Travail oral

1 Madeleine est partie au marché avec 38 €. Elle revient avec 7,50 €. Combien a-t-elle dépensé ?

2 Hugo mesure 1,84 m, sa sœur Maud mesure 0,19 m de moins. Quelle est la taille de Maud ?

3 Charlotte pèse 49,5 kg, Sandrine pèse 52 kg. Quelle est leur différence de poids ?

4 Marlène va faire des courses. Elle part avec 20 € et revient avec 2,50 €. Combien a-t-elle dépensé ?

Problèmes

446 Sabri et son frère comparent le contenu de leur tirelire. Sabri a économisé 17,38 € et son frère 14,74 €. Combien Sabri possède-t-il de plus que son frère ?

447 Antoine mesure 0,12 m de moins que Cindy, qui mesure 0,28 m de moins qu'Arthur. Arthur mesure 1,62 m. Trouve les questions et donne les réponses.

448 Dans la vitrine d'un magasin, un disque dur multimédia est affiché 139,49 €. Un modèle meilleur marché est vendu 17 € moins cher. Trouve la question et donne la réponse.

449 Pour Noël, monsieur et madame Lebrun veulent offrir à leurs deux enfants des cadeaux de même valeur. À ce jour, ils ont dépensé 53,95 € pour Lou et 32,68 € pour Allan. Quelle somme peuvent-ils encore dépenser pour Allan ?

450 Sur un achat de 234 €, un vendeur fait une ristourne* de 11,70 €. Combien le client paie-t-il ? ?

451 Au mois de décembre, un couple a gagné 2 977,89 € et a dépensé, toutes charges comprises*, 2 569,94 €. Quelle somme ce couple a-t-il économisée ?

452 Un lycéen voudrait acheter deux livres valant respectivement 15,79 € et 17,15 €. Il lui manque 4,51 €. De quelle somme dispose-t-il ?

453 Un tonnelet a une contenance de 60 L. Il contient 46,55 L de vin. Trouve la question et donne la réponse.

454 Calcule, pour chacun de ces trois joueurs, combien de points il leur a manqué pour égaler le record de ce jeu.

BLUE DRAGON FIRE	
Le record à battre est…	**7 321,17 points**
Laurent *The kid*	6 244 points
Jossua *Le malin*	7 196,59 points
Alcide *Le costaud*	6923,2 points

455 Au marché Saint-Pierre, à Paris, un commerçant entame un rouleau de tissu de 35 m. Il vend successivement 7,35 m, 9,42 m, puis 12,55 m de ce tissu. Quelle longueur de tissu lui reste-t-il alors ?

456 Un chargement de 1 390,5 kg est réparti entre trois camionnettes : les deux premières emportent respectivement 505,75 kg et 465,55 kg. Quelle est la masse du chargement de la troisième camionnette ?

457 En Suisse, 40 % de l'électricité produite est d'origine nucléaire, 4,9 % provient des centrales électriques classiques, le reste étant produit par les barrages hydroélectriques. Calcule la part de l'hydroélectricité dans l'électricité produite en Suisse.

458 Observe ce tableau, puis indique, pour chacun des trois pays, si l'objectif du protocole de Kyoto était ou non atteint en 2007. Calcule ensuite l'écart entre le chiffre de 2007 et l'objectif fixé par le protocole.

Émissions totales de gaz à effet de serre		
Pays	**Objectif du protocole de Kyoto**	**Niveau atteint en 2007**
Italie	93,5	106,9
France	100	94,2
Suède	104	90,7

459 Un jardinier achète un abri de jardin valant 593,89 €, une tondeuse à gazon valant 379,60 € et une brouette en métal à 25,76 €. Il ne souhaitait pas dépenser plus de 1 000 €. A-t-il dépassé son budget* ou l'a-t-il respecté ? Calcule ensuite soit de combien il a dépassé son budget, soit ce qui lui reste.

460 D'après le croquis ci-dessous, représentant une aire de jeux, calcule le périmètre à clôturer.

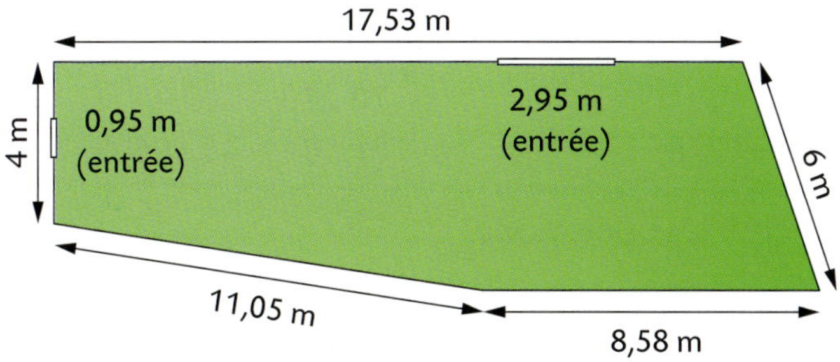

Je travaille seul(e)

corrigé p. 233

461 Janine fait de la confiture de coings avec 2,475 kg de fruits épluchés auxquels elle ajoute 1,650 kg de sucre. À la cuisson, le mélange perd 0,700 kg. Quelle masse de confiture Janine a-t-elle obtenue ?

462 Au marché, un client achète un kilo de poires et deux kilos de pêches. Il paie 9,55 €. Pour un kilo de poires et trois kilos de pêches, un autre client paie 12,95 €. Trouve les prix d'un kilo de pêches et d'un kilo de poires.

Addition et soustraction des nombres décimaux

Aide-mémoire

Arnaud achète un magazine et un livre valant respectivement 4,85 € et 9 €. Il paie avec un billet de 20 €. Combien le libraire lui rendra-t-il ?

20 – (4,85 + 9) = 20 – 13,85 = 6,15
Le libraire lui rendra 6,15 €.

Pour commencer

1 **Reproduis et complète le tableau.**

Millier inférieur	Différence	Nombre donné	Différence	Millier supérieur
1 700	41,09	1 741,09	58,91	1 800
		3 208,63		
		5 094,87		

2 **Trouve, sans poser l'opération, la valeur de la case orange dans chacune de ces opérations.**

83,2 + ■ = 88 174,7 – ■ = 162 512,01 + ■ = 527
487 + ■ = 502,35 206,2 – ■ = 186,1 702 – ■ = 699,56

3 **Pose et effectue les opérations.**

548,7 + 31,63
279,15 + 7 + 565 + 12,185
70 238 – 567,9
81 584 – 45 506,4

4 **Pose et effectue les opérations.**

(564,3 + 45 + 6,45) – 293,9
(79,2 + 96,48) – (5,15 + 48,15)
(932,4 – 652) + 14,51
(67,602 – 0,994) + 103

Travail oral

1 Une papeterie produit journellement 10 500 m de papier de qualité normale et 3,5 km de papier de qualité supérieure. Quelle est, en kilomètres, la longueur totale de papier produite en une journée ?

2 Baptiste achète un compas à 2,50 € et un classeur à 4,50 €. Il a 10 € en poche. Combien lui restera-t-il ?

3 Lucie avait 10 €. Elle a dépensé 7,50 € à la brocante. Combien lui reste-t-il ?

Problèmes

463 Un coureur à pied s'entraîne sur 25 km le lundi et 10,700 km le mercredi. Le dimanche, il court un marathon (42,195 km). Quelle distance a-t-il parcourue durant la semaine ?

464 Pour aller à la pêche, Gaston a acheté une canne à 30,45 €, une épuisette à 9,85 €, une boîte de fils et d'hameçons à 11 € et des bottes à 17,89 €. Il disposait de 80 €. Combien lui reste-t-il après ces achats ?

465 Cette configuration multimédia revient en tout à 678,39 €. Quel est le prix de l'imprimante ?

466 Au cours d'une rencontre d'athlétisme, le gagnant de l'épreuve de lancer du javelot a réussi un jet de 76,75 m, et a respectivement devancé le deuxième et le troisième de 29 cm et 94 cm. Quelles ont été les performances du deuxième et du troisième ? Quelle longueur séparait ces deux jets ?

467 Au cours d'un triple saut, un concurrent franchit 6,90 m à son premier bond et 5,65 m au deuxième bond. La longueur totale de son saut est de 16,37 m. Combien a-t-il franchi au dernier bond ?

468 Le total de la population active, représentant 100 %, retrouve le pourcentage d'employés.

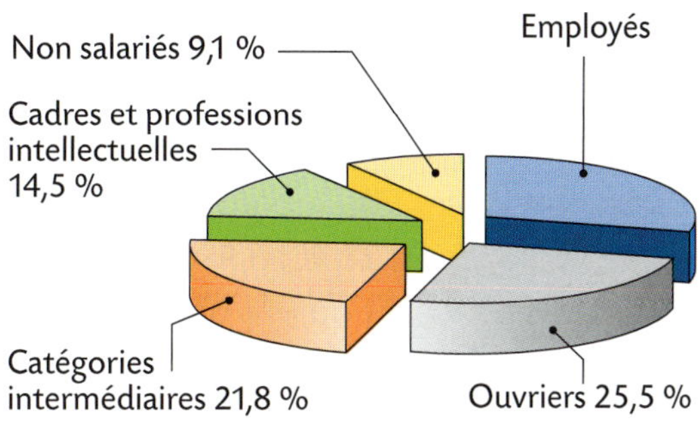

469 Inès achète une webcam à 29,95 € et un jeu. Elle paie avec un billet de 50 €. Le vendeur lui rend 9,55 €. Que peut-on calculer ?

470 Une course cycliste se déroule en quatre étapes : la première de 165,500 km, la deuxième de 83 km, la troisième de 142,700 km. La course se déroule sur une distance totale de 496,200 km. Que peut-on calculer ?

471 Pour l'anniversaire de Pierre, ses parents lui achètent un coffret de crayons pastels* à 42,90 € et un bloc de feuilles pour pastel à 15,95 €. Ils règlent cet achat en donnant deux billets de 20 € et deux billets de 10 €. Combien le vendeur doit-il leur rendre ?

472 Dans une planche de bois de 2,20 m, Christian veut découper trois étagères qui doivent respectivement mesurer 1,05 m, 85 cm et 45 cm. Combien lui restera-t-il de bois ou lui en manquera-t-il ?

473 Quatre enfants ont comparé leur argent de poche. Alexis dit : « J'ai 9,65 € de plus que Jade, 2 € de plus que Maxime, mais 3,60 € de moins que Corentin. » Sachant qu'Alexis a 38,90 €, calcule les sommes dont disposent Jade, Maxime et Corentin. De combien disposent-ils à eux tous ?

474 Voici les réserves mondiales de pétrole au 1er janvier 2009 (en centaines de millions de barils). Peux-tu trouver le nombre manquant pour l'Amérique Latine ?

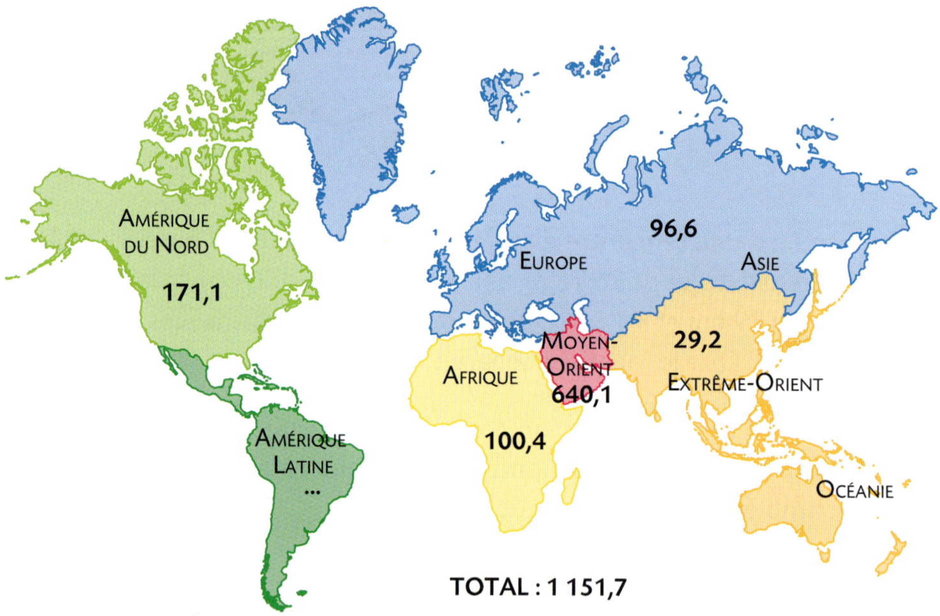

475 Annie achève de remplir le bon sur son catalogue de vente par correspondance. Elle a commandé des articles pour les sommes suivantes : 13,79 € ; 17,35 € ; 26 € ; 6,99 €. Quel sera le montant du chèque à joindre à sa commande, sachant qu'elle bénéficie d'un avoir* de 5,25 € ?

476 La distance séparant la Terre du Soleil varie de 147,1 millions de kilomètres à 152,1 millions de kilomètres. La distance séparant Mars du Soleil varie de 206,7 millions de kilomètres à 249,1 millions de kilomètres. Calcule, pour chacune de ces deux planètes, l'écart entre leurs distances minimales et maximales par rapport au Soleil.

477 Un commerçant relève chaque soir le contenu de sa caisse. À la fin de cette semaine, il a noté :
– mardi : 1 041,85 € ;
– mercredi : 1 224 € ;
– jeudi : 781,35 € ;
– vendredi : 863,40 € ;
– samedi : 2 146,75 € ;
– dimanche : 750 €.
Il dit à son épouse : « Notre chiffre d'affaires* a baissé de 156 € par rapport à la semaine dernière. » Quel était le montant de leur chiffre d'affaires la semaine précédente ? Quel chiffre d'affaires total ont-ils réalisé en deux semaines ?

478 Reproduis et complète le tableau (les valeurs étant données en %, le total de chaque colonne est égal à 100).

Répartition de la population française (en %)			
	1950	**2000**	**Prévisions 2040**
60 ans et plus	15,5	...	32,4
20 à 59 ans	55	55	...
Moins de 20 ans	...	25,3	20,3

Je travaille seul(e)

corrigé p. 233

479 Deux terrassiers ont à creuser un fossé de 273,50 m. La première journée, ils ont creusé 57 m et le lendemain 78,50 m. Quelle longueur leur reste-t-il encore à creuser ?

480 Observe ce ticket de caisse. Quel est le prix illisible ?

Café moulu	:	3,11 €
Jus d'orange	:	1,91 €
Filets de morue surgelés	:	5,79 €
Huile d'olive bio	:	6,45 €
Marrons glacés	:	7 €
Chariot porte-bûches	:	29 €
Lampe dynamo 3 leds	:	

Total	:	58,16 €

Multiplication d'un nombre décimal par un nombre entier

Aide-mémoire

26,5 × 75 = 1 987,5

1 chiffre après la virgule — 1 chiffre après la virgule

26,53 × 75 = 1 989,75

2 chiffres après la virgule — 2 chiffres après la virgule

26,537 × 75 = 1 990,275

3 chiffres après la virgule — 3 chiffres après la virgule

On effectue la multiplication sans tenir compte de la virgule, puis on replace celle-ci dans le produit trouvé.

Pour commencer

1 **Pose et effectue les multiplications.**

4,35 × 40   6,5 × 800   73,04 × 60   0,912 × 80   26,315 × 9 000

2 **Pose et effectue les multiplications.**

54,21 × 270   84,16 × 63   504 × 5,2   2 024 × 0,68   9 018 × 13,2

3 **Pose et effectue les multiplications.**

45,37 × 126   85,58 × 63   6 024 × 3,05   14 × 0,58   698 × 17,25

Travail oral

1 Chaque jour, vers 10 h, Paul se sert un café au distributeur automatique de son entreprise. Sachant que le café coûte 0,50 € et que Paul travaille du lundi matin au vendredi soir, calcule combien il dépense dans sa semaine pour son café.

2 L'organisatrice d'une compétition sportive fait imprimer 300 affiches qui reviennent à 2,50 € chacune. Quel sera le montant de la facture de l'imprimeur ?

3 Une photocopie coûte 0,15 €. Si Corinne a besoin de faire 6 photocopies, combien paiera-t-elle ?

4 Un magnum a la capacité de 2 bouteilles de 0,75 cL. Quelle est sa capacité ?

Problèmes

481 Un éleveur entoure un pré de 865,50 m de périmètre avec une clôture qui revient à 3 € le mètre. Quel sera le coût de la clôture ?

482 Quentin achète, pour la fête des Mères, neuf roses identiques valant 1,85 € pièce. À combien lui revient ce bouquet ?

483 Une entreprise poste 58 lettres timbrées à 0,59 € chacune. Quel est le coût de cet envoi ?

484 Caroline achète un service à fondue à 22,71 € et six assiettes à fondue à 1,52 € pièce. Combien a-t-elle dépensé ?

485 Le mètre cube étant facturé 3,20 €, calcule le montant annuel de la facture d'eau pour une famille de cinq personnes qui consommerait 23 mètres cubes tous les deux mois.

486 Lors du *Grand Prix de Monaco* de formule 1, les voitures doivent accomplir 78 tours d'un circuit long de 3,340 km. Quelle est la longueur totale du *Grand Prix de Monaco* ?

487 Un litre d'huile pèse 0,910 kg. Sophie achète une huile vendue en bidon de 3 L. Quelle masse d'huile contient ce bidon ? Quel est le prix du bidon sachant qu'il est vendu 1,75 € le litre ?

488 Le mile marin équivaut à 1,852 km. Calcule à quelle distance de la côte, en km, se trouve le phare *Le grand Sénéquet* situé à 3 miles de la côte.

489 Pour rénover* l'une des pièces de sa maison, Valérie achète cinq rouleaux de papier peint à 14,25 € le rouleau, deux pots de peinture à 13,18 € le pot, un lot de trois pinceaux à 6 €, un rouleau à 4,15 € et 24 m^2 de moquette à 17,50 € le m^2. Quel est le coût des travaux de rénovation ?

490 Avec ses 109 000 km^2, le Guatemala est 91,5 fois plus petit que le Canada ! Quelle est la superficie du Canada ?

491 Pierre achète un rôti de porc de 1,325 kg à 7 € le kg et un rôti de bœuf de 0,840 kg à 15 € le kg. Combien a-t-il dépensé ?

492 « Regardez ce tableau, dit Elvira. Le sommet de mon village est 17,36 fois moins élevé que le sommet de l'Europe, l'Elbrouz, et le ruisseau qui traverse notre commune est 1 025 fois plus court que le plus long fleuve d'Europe, la Volga. »

a) Quelle est l'altitude de l'Elbrouz ?

b) Quelle est la longueur de la Volga ?

Saint-Rémy-sur-Pavon		
Point culminant	butte de Thou	325 m
Cours d'eau principal	ruisseau du Layon	3,6 km

493 Le livreur d'une fromagerie charge 133 fromages de brebis pesant chacun 2,340 kg et 122 fromages de chèvre pesant chacun 3,115 kg dans une voiture pouvant transporter 550 kg. Le véhicule est-il en surcharge ? Si oui, de combien ?

494 Monsieur Aliot a fait poser une clôture autour de sa maison. Sa facture détaille les travaux : 185 m de grillage à 1,92 € le mètre, 60 poteaux à 3,65 € l'un, un portail à 255 €, 7 heures de main-d'œuvre* à 19 € l'heure. Quel est le montant de la facture de Monsieur Aliot ?

495 Jean-Claude doit faire changer tous les pneus de sa voiture (sauf celui de la roue de secours). Il doit également acheter une batterie vendue 38,42 € et un bidon de liquide de refroidissement affiché 9,75 €. Un pneu valant 78,69 €, combien va-t-il dépenser ?

496 Chaque jour, un restaurant sert en moyenne 45 repas à 13,50 € et 16 repas à 17,25 €. Sachant que le restaurant ferme quatre jours par mois, calcule sa recette* pour le mois de novembre.

497 Une agence de voyages propose une randonnée de huit jours pour 62,45 € par jour et par personne. Elle précise, en outre, qu'il faut prévoir environ 9 € par jour et par personne pour divers frais. À combien reviendra cette randonnée pour un couple ?

498 Dans sa camionnette qui, vide, pèse 1,490 t, un livreur charge 89 colis pesant chacun 2,85 kg et 5 colis pesant chacun 6,50 kg. Il fait ensuite le plein du réservoir de son véhicule qui contient 63 L (1 L d'essence pèse 0,720 kg). Quelle est alors la masse totale de la camionnette ?

499 Les 26 élèves d'un CM2 partent en classe de mer avec leur professeur et deux accompagnateurs pour une durée de deux semaines. Le prix de la pension est de 37,58 € par personne et par jour. Le transport est facturé 1 195 €. Quel sera le prix total de ce séjour ?

Je travaille seul(e)

corrigé p. 233

500 Afin de préparer un exposé, Jasmine a acheté tous les jours, sauf le dimanche, et durant quatre semaines, un journal vendu 0,90 €. Combien a-t-elle dépensé pour son exposé ?

501 Monsieur Aristide contrôle le montant de son contrat d'assurance de l'année écoulée. Son relevé prévoyait un versement mensuel de 113,25 € pendant 10 mois. Un rectificatif* lui a précisé que, le dernier mois, il ne paierait finalement que 63,87 €. Quel est le montant de son assurance pour cette année ?

Multiplication de deux nombres décimaux

Aide-mémoire

Quand on multiplie un nombre décimal par un autre nombre décimal, on effectue d'abord la multiplication sans tenir compte des virgules puis, pour placer la virgule dans le résultat du produit, on compte le nombre de chiffres placés après la virgule et on le reporte en partant de la droite.

34,5 × 2,43 ➤ 345 × 243 = 83 835 ➤ 34,5 × 2,43 = 83,835

Attention ! Quand on multiplie par un nombre inférieur à 1, on obtient un résultat inférieur au nombre multiplié.

Monsieur Carné achète un rôti de bœuf vendu 19,95 € le kg.

Pour 1 kg, il paiera : 19,95 × 1 = 19,95.

Pour 0,8 kg, il paiera : 19,95 × 0,8 (< 1) = 15,96 (< 19,95).

Pour 1,2 kg, il paiera : 19,95 × 1,2 (> 1) = 23,94 (> 19,95).

Pour commencer

1 Les virgules ont été oubliées dans les résultats ! Réécris les résultats en plaçant correctement les virgules et les espaces.

7,8 × 6,1 = 4758	23,7 × 1,89 = 44793
6,53 × 0,9 = 5877	91,24 × 3,76 = 3430624
1,343 × 8,6 = 115498	5,746 × 2,819 = 16197974

2 Indique, pour chacun des résultats, s'il sera inférieur ou supérieur au multiplicande. Vérifie ensuite avec ta calculatrice.

Exemple : 16,2 x 3,8 > 16,2

63,1 × 0,4	32,8 × 6,51	24,17 × 2,04	1,732 × 1,9
93,53 × 0,81	38,6 × 0,97	1,2 × 0,769	7,003 × 13,04

3 Effectue l'opération en rouge avec ta calculatrice.
Donne ensuite directement le résultat des autres opérations sans les poser et sans utiliser ta calculatrice.

2 574 × 36 =	4 058 × 295 =	584 × 103 =
257,4 × 3,6 =	4,058 × 29,5 =	58,4 × 1,03 =
2,574 × 3,6 =	40,58 × 2,95 =	5,84 × 10,3 =
25,74 × 0,36 =	405,8 × 0,295 =	58,4 × 0,103 =

4 Pose et effectue les multiplications.

a) 13,5 × 9,6 =	7,9 × 9,4 =	49,2 × 0,37 =
b) 51,8 × 3,04 =	0,8 × 0,5 =	36,4 × 6,2 =
c) 37,8 × 9,6 =	26,44 × 18,5 =	0,264 × 64,2 =

5 Pose et effectue les multiplications.

a) 874,2 × 7,08 =	9,005 × 5,009 =	850,5 × 0,24 =
b) 75,2 × 0,008 =	1237,6 × 0,89 =	90,04 × 68,3 =
c) 4,157 × 375,2 =	0,096 × 8,63 =	104,2 × 3,5 =

Travail oral

1 Calcule sans poser l'opération.

0,7 × 0,1	9,4 × 0,1	7,42 × 0,1
0,08 × 0,1	5,04 × 0,1	18,6 × 0,01
6,36 × 0,1	0,19 × 0,01	612,4 × 0,1

2 Calcule sans poser l'opération.

1,1 × 0,5	8,2 × 0,2	9,1 × 0,3
1,2 × 0,3	0,7 × 0,8	41,2 × 0,2
1,5 × 0,4	1,15 × 0,3	106,6 × 0,5

Problèmes

502 Lucie achète un poulet pesant 1,260 kg. Il est vendu au prix de 15,80 € le kg. Quel est le prix du poulet ?

503 Madame Martin achète un rôti de porc de 0,930 kg à 9,80 € le kg et un rôti de bœuf de 1,500 kg à 18,50 € le kg. Combien a-t-elle dépensé ?

504 Mamie change les doubles-rideaux de son séjour. Elle achète 5,80 m de tissu rayé à 32,50 € le mètre et 5,40 m de doublure blanche à 4,90 € le mètre. Calcule le prix de ses nouveaux doubles-rideaux.

505 Au rayon fromage d'un supermarché, madame Citarel commande un plateau de fromages pour un repas de fête.
- 400 g de tomme d'Auvergne valant 11,65 € le kg ;
- 0,250 kg de saint-paulin vendu 8,34 € le kg ;
- 0,190 kg de bûche de chèvre à 10,53 € le kg ;
- 235 g de fourme d'Ambert valant 7,55 € le kg.

Quel sera le prix total de ce plateau de fromages ?

506 Une voiture consomme 5,60 L de gasoil à 1,02 € le litre pour parcourir 100 km. Calcule le prix du gasoil pour 100 km, pour 500 km, pour 250 km.

507 Loïc veut acheter du lambris* à 14,75 € le m², vendu en bottes* de 2,35 m². Calcule le prix d'une botte de lambris.
Il en achète neuf bottes. Quel est le prix total du lambris ?

508 Sur un terrain rectangulaire de 38,70 m de long et 19,20 m de large, les Delin font construire une maison de 12,50 m sur 16,50 m. Une allée de 6,50 m de long sur 3 m de large est cimentée. Le reste est ensemencé avec de la pelouse. Calcule les aires du terrain, de la maison et de l'allée. Calcule l'aire de la pelouse.

Je travaille seul(e)

corrigé p. 233

509 Sur le marché, un vendeur propose de la vaisselle blanche vendue au poids à 12,90 € le kg. Madame Blanc en achète pour 3,650 kg, madame Le Roux pour 2,180 kg et monsieur Brun pour 4,076 kg. Combien vont-ils payer chacun ?

510 Monsieur Torrente veut repeindre les murs d'une petite chambre. Il doit acheter pour cela un pot de 2,5 L de peinture à 34,90 €. Ce conditionnement n'étant pas disponible, le vendeur lui propose d'acheter des pots de peinture de 0,5 L valant 9,90 € chacun. Combien de pots monsieur Torrente doit-il alors acheter ? Quel sera alors le prix de la peinture ? Quelle est la différence de prix par rapport à un conditionnement en 2,5 L ?

Division d'un nombre décimal par un nombre entier

Aide-mémoire

Un lot de six bouteilles de jus de fruits vaut 9,24 €.
Quel est le prix d'une seule de ces bouteilles ?

9¦2 4	6
3¦2	1¦5 4
¦2 4	

Le prix d'une bouteille est de 1,54 €.
Quand on passe la colonne de la virgule en dividende, on place la virgule au quotient.

Pour commencer

1 Pose et effectue les divisions.

24,8 : 4   49,5 : 6   334,8 : 9   38,36 : 7   1,648 : 8

2 Pose et effectue les divisions.

196,2 : 30   320,8 : 80   177,3 : 90   189,52 : 23   3 457,8 : 51

3 Pose et effectue les divisions.

95,2 : 17   131,95 : 203   255,44 : 62   1 339,2 : 27   612,36 : 84

Travail oral

1 Cinq sucettes valent 1,50 €. Quel est le prix d'une sucette ?

2 12 m de ruban ont coûté 24,24 €. Quel est le prix du mètre de ruban ?

3 Léa, Tom et Lola dînent au restaurant et payent en tout 36,90 €. Calcule le prix moyen d'un repas.

4 Pour leurs entrées au cinéma, deux amis paient 20,50 €. Quel est le prix d'une place ?

5 Monsieur Baldwin achète un pack* de deux lampes dynamo pour la somme de 9,80 €. À quel prix revient une lampe ?

6 Un tronc d'arbre de 12,50 m est débité en 5 tronçons* de même longueur. Quelle est la longueur d'un tronçon ?

Problèmes

511 Un tube de quatre balles de tennis vaut 5,64 €. À combien revient une de ces balles ?

512 Au marché, Faris a payé 9,45 € pour 3 kg de nectarines. Quel est le prix du kilogramme de nectarines ?

513 Chez le libraire, Marine a acheté un stylo-plume à 4,95 €, un livre à 7,30 € et cinq cahiers. Elle a dépensé en tout 18,70 €. Quel est le prix d'un cahier ?

514 Un club de rugby achète un lot de huit ballons identiques au prix de 109,68 €. Quel est le prix d'un de ces ballons ?

515 Une école, où 115 élèves sont inscrits, reçoit une subvention de 1 753,75 € pour la création de sa bibliothèque. Calcule ce que cette somme représente par élève.

516 Pour parcourir 262,50 m, Baptiste a fait 350 pas. Quelle est la longueur moyenne d'un de ses pas ?

517 Une douzaine d'œufs *Pouldouce* vaut 3,24 €. Calcule le prix d'un œuf.

518 Madame Elysa a acheté un salon de jardin composé d'une table et de six chaises. Elle a payé 226 € pour l'ensemble. La table seule valait 79,90 €. Calcule le prix des six chaises. Calcule le prix d'une chaise.

519 Afin de faire préparer à ses 23 élèves un cadeau pour la fête des Mères, la maîtresse de CM1 a effectué différents achats : coffrets de bois : 59,80 € ; fermoirs : 14,26 € ; peinture : 20,70 € ; vernis : 7,36 €. Combien la maîtresse a-t-elle dépensé ? Calcule ce que cette dépense représente par élève.

520 Gaétan a fait deux fois l'aller-retour entre son domicile et celui de sa tante. Il a parcouru en tout 15,4 km. À quelle distance de chez lui habite sa tante ?

521 Observe ces deux bidons de lessive liquide, puis réponds à la question.
Avec quelle lessive un lavage revient-il le moins cher ?

522 Au mois de mai, trois associés ont réalisé un travail qui leur a rapporté 18 976,65 €, mais pour le faire correctement, ils ont acheté pour 12 574,38 € de matériel. Quel bénéfice ont-ils réalisé ? Ils se le répartissent en parts égales. Quelle somme chacun recevra-t-il ?

523 Pour réaliser les affiches de la kermesse de leur école, des enfants découpent des bandes de papier dans un rouleau de 30 m. Ils utilisent d'abord 3,75 m pour l'entrée de l'école, puis ils confectionnent 35 affiches avec le reste. Quelle est, en m, la hauteur d'une affiche ?

524 Nathan dit à Soufia : « Je dispose de 41,30 €, soit exactement 9,50 € de moins que toi, mais à nous deux, nous possédons 3 fois plus d'argent que Noah. » De quelle somme dispose Soufia ? De quelle somme dispose Noah ?

525 Monsieur Roland commande un ensemble home-cinéma coûtant 981,90 €. Quel sera le montant d'un versement s'il paie en trois mensualités* identiques ? Il préfère payer en six mensualités identiques, mais le prix se trouve alors augmenté de 51,90 €. Quel sera alors le montant de chaque versement ?

Je travaille seul(e)

corrigé p. 233

526 Pour six jours de vacances, une famille de cinq personnes a dépensé 975,30 €. Calcule la dépense journalière pour cette famille. Calcule la dépense moyenne par jour et par personne.

527 Dans un restaurant, quatre personnes ont dépensé 80,45 € pour quatre menus identiques, une bouteille de vin à 13 €, une bouteille d'eau gazeuse à 3,75 € et trois cafés à 1,50 € l'un. Quel était le prix d'un menu ?

Multiplication et division d'un nombre décimal par un nombre entier

Aide-mémoire

Pour un repas de fête, un groupe de 7 amis se font livrer 2 plateaux de fruits de mer facturés chacun 68,25 €. Calcule la dépense par personne.

$$(68{,}25 \times 2) : 7 = 136{,}50 : 7 = 19{,}50$$

La dépense par personne sera de 19,50 €.

Pour commencer

1 Pose et effectue les opérations.

$(8{,}5 \times 30) : 6$ $(79{,}3 \times 16) : 20$ $(152{,}5 \times 8) : 25$

2 Pose et effectue les opérations.

$(970{,}2 : 14) \times 87$ $(615{,}6 : 36) \times 709$ $(1\,652{,}4 : 27) \times 476$

Travail oral

1 Pour s'acheter un DVD valant 29,34 €, Joseph économise 5 € d'argent de poche par semaine. Dans combien de temps pourra-t-il s'acheter le DVD ?

2 Marie achète 2 pains aux raisins valant 1,25 € l'un. Combien paie-t-elle ?

3 Un entrepreneur achète un lot de 10 vasques de salle de bains identiques pour un prix total de 1 090,50 €. Quel est le prix de revient d'une vasque ?

4 Madame Joanic achète 3 paniers de rangement identiques au prix de 4,90 € l'un. Quelle somme totale va-t-elle payer ?

5 6 bouteilles d'eau minérale de 1,5 L sont vendues 2,70 €. À combien revient 1 litre de cette eau minérale ?

6 Jules fait des pas de 0,55 m. Quelle distance parcourt-il en 100 pas ? en 1 000 pas ?

Problèmes

528 Madame Cabécou achète 0,320 kg de fromage de chèvre à 12 € le kg. Quel prix va-t-elle payer ?

529 Une boîte de 72 balles de ping-pong est vendue 24,48 €. À combien revient une balle de ping-pong ?

530 Dans un magasin, le gigot d'agneau coûte 17 € le kg. Quel sera le prix d'un gigot de 1,600 kg ? Et celui d'un gigot de 0,940 kg ?

531 Un club de tennis achète 12 raquettes de mini-tennis pour 215,40 €. Quel est le prix d'une raquette de mini-tennis ?

532 Un libraire a vendu 23 cartes postales pour une recette de 16,10 €. Trouve la question et donne la réponse.

533 En 1990, les ménages français avaient dépensé 955 millions d'euros en achat ou location de DVD. En 2008, ces dépenses ont été multipliées par 1,54 par rapport à 1990. Combien les ménages français ont-ils dépensé en achat ou location de DVD en 2008 ?

534 Un ouvrier est payé 8,84 € de l'heure. Quel est son salaire hebdomadaire s'il travaille 7 heures par jour et 5 jours par semaine ?

535 En un jour, un geai absorbe environ 220 insectes pesant en moyenne 0,20 g. Quelle masse d'insectes un geai absorbe-t-il en une journée ?

536 Monsieur Lecomte paie 28,35 € un sac contenant 21 kg de pommes destinées à préparer de la compote. Quel est le prix du kilogramme de pommes ?

537 Un philatéliste* paie 57,15 € pour l'acquisition de 45 timbres. Quel est le prix moyen d'un timbre ?

538 Du gaz butane est vendu en bonbonne de 13 kg au prix de 19,95 € ou en bonbonne de 6 kg au prix de 12,45 €. Calcule, pour chaque bonbonne, le prix d'un kilogramme de gaz butane.

539 Dans leur maison, monsieur et madame Kalfalha remplacent leurs anciens convecteurs électriques par des radiateurs à chaleur douce, plus économes en énergie. Ils achètent quatre radiateurs 1 000 watts au prix unitaire de 185,80 € et deux radiateurs 700 watts au prix unitaire de 135,90 €. Calcule le coût total des nouveaux radiateurs.

540 Un carton contenant 24 paquets de sucre pèse 25,95 kg. Chaque paquet de sucre pèse 1,05 kg. Quelle est la masse du carton vide ?

541 Le responsable d'une cuisine pour collectivités passe la commande suivante : deux marmites inox à 69,90 € l'une, trois sauteuses inox à 18,35 € l'une, soixante-douze assiettes plates à 1,15 € l'une, soixante-douze assiettes à dessert à 0,93 € l'une et vingt-quatre bols représentant un montant total de 23,52 €. Calcule le montant total de la commande. Calcule le prix d'un bol.

542 Un dictionnaire de 1 792 pages a une épaisseur de 74,68 mm ; la couverture fait 1,5 mm d'épaisseur. Calcule, en millimètres, l'épaisseur d'une page de ce dictionnaire. (Attention ! Un livre a une couverture dessus et... dessous.)

543 Un directeur d'école a payé 434,25 € pour une commande de 15 livres et de 350 cahiers. Un livre coûte 12,15 €. Quel est le prix d'un cahier ?

544 Une usine reçoit 15 étaux pesant ensemble 172,50 kg. Quelle est la masse d'un étau ? L'usine en commande 18 autres. Quelle sera la masse totale de la nouvelle commande ?

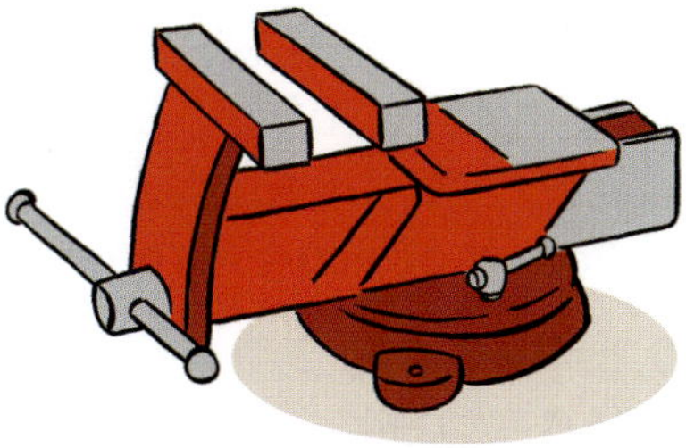

545 Sylvie a posté sept lettres affranchies à 1,35 € chacune et trois colis identiques pour lesquels elle a payé 28,50 €. Combien a-t-elle payé pour l'affranchissement de ses lettres ? Quel était le montant de l'affranchissement d'un colis ? Combien a-t-elle dépensé pour affranchir l'ensemble des lettres et des colis ?

Je travaille seul(e)

corrigé p. 233

546 Pour l'animation de son magasin, un commerçant organise un grand jeu gratuit. Il achète les lots suivants :
– 72 montres représentant une valeur totale de 572,40 € ;
– 128 assortiments de chocolats valant chacun 4,09 €.
Quel est le prix d'achat d'une montre ? Quelle est la valeur totale des assortiments de chocolats ? Quelle est la valeur totale des lots ?

547 Un fruitier achète 50 kg de poires à 1,18 € le kg. Il en revend 41 kg à 2,35 € le kg et le reste, qui est abîmé, à 1,20 € le kg. Calcule le prix de vente total des poires et le bénéfice réalisé.

Nombres décimaux : synthèse

Pour commencer

1 **Pose et effectue les opérations.**

$705 + 75,3 + 94,316$ $\quad$ $1\,489,35 - 619,36$ $\quad$ $130,15 - 91$
$104 - 35,28$ $\quad$ $871,4 \times 360$ $\quad$ $586 + 0,26 + 6,9$
$4\,214 \times 8,32$ $\quad$ $5\,401,5 - 66,66$ $\quad$ $281,4 \times 6,3$

2 **Pose et effectue les opérations.**

$632,4 + 69 + 35,65$ $\quad$ $1\,972 - 84,96$ $\quad$ $413,09 - 84,8$
$26,3 \times 2,45$ $\quad$ $18,75 \times 5\,400$ $\quad$ $(9 + 95,7 + 132 + 6,31) - 93,37$

3 **Pose et effectue les opérations.**

$(9,64 - 1,42) \times 205$ $\quad$ $(803 + 74,2) \times 190$ $\quad$ $(7\,409 \times 0,34) - 119,1$

4 **Pose et effectue les opérations.**

$50,28 \times 2\,134$ $\quad$ $16,3 \times 804$ $\quad$ $84,21 + 6,37 + 45 + 8,6$
$6\,125,8 - 5\,094$ $\quad$ $(34,5 \times 300) - 4\,002,15$ $\quad$ $(17 + 184,15 + 28 + 76,45) - 119,27$

5 **Pose et effectue les opérations.**

$73,6 : 5$ $\quad$ $165,2 : 7$ $\quad$ $5\,234 \times 49,3$ $\quad$ $3\,104 \times 0,85$ $\quad$ $274,04 : 34$

6 **Pose et effectue les opérations.**

$787,5 : 125$ $\quad$ $27,63 \times 840$ $\quad$ $(218,3 \times 64) : 5$
$63,5 \times 7,25$ $\quad$ $(102 + 21,8 + 237,12 + 25,96) : 48$

7 **Pose et effectue les opérations.**

$694,5 : 75$ $\quad$ $204,2 \times 16,8$ $\quad$ $(27,2 \times 4) : 25$ $\quad$ $1\,198,4 : 14$ $\quad$ $317,2 \times 38$

8 **Recopie et complète.**

$\frac{35}{10} = ... + \frac{...}{10}$ $\quad$ $\frac{5}{3} = 1 + \frac{...}{3}$ $\quad$ $\frac{13}{7} = 1 + \frac{...}{7}$ $\quad$ $\frac{16}{6} = ... + \frac{...}{6}$ $\quad$ $\frac{25}{2} = ... + \frac{1}{2}$

9 **Calcule.**

$2 \times \frac{3}{4} = ...$ $\quad$ $62 \times \frac{4}{5} = ...$ $\quad$ $14 \times \frac{5}{4} = ...$ $\quad$ $126 \times \frac{4}{10} = ...$ $\quad$ $321 \times \frac{3}{100} = ...$

Travail oral

1 Le même film vaut 19,99 € en DVD et 24,99 € en DVD Blue Ray. Calcule la différence de prix entre le DVD et le DVD Blue Ray.

2 Tom est deux fois plus petit que sa sœur qui mesure 1,64 m. Quelle est la taille de Tom ?

3 Un quotidien* vaut 0,90 €. Combien dépense monsieur Robert s'il l'achète 22 jours par mois ?

4 Alex mesure 1,64 m, son père 1,85 m. Quelle est leur différence de taille ?

5 Stéphane se promène en Vélib dans Paris. Il parcourt le matin 2,300 km, puis 3,2 km l'après-midi. Quelle distance a-t-il parcourue dans la journée ?

Problèmes

548 Un alpiniste achète 60 m de corde pour la somme de 118,80 €. Quel est le prix d'un mètre de cette corde ?

549 En se pesant avec son chien, Mathilde lit 44,1 kg sur la balance. Son chien pesant 7,9 kg, quel est le poids de Mathilde ?

550 Après avoir été augmenté de 47,63 € par mois, un journaliste gagne mensuellement 2 332,98 €. Combien gagnait-il avant son augmentation de salaire ?

551 Lors d'une compétition de saut en hauteur, un concurrent saute 2,38 m ; son meilleur adversaire ne franchit que 2,17 m. Trouve la question et donne la réponse.

552 Au cours d'un marathon, le concurrent de tête a déjà parcouru 36,500 km. Quand il franchira la ligne d'arrivée, il aura couru 42,195 km. Que peut-on calculer ?

553 Chez le confiseur, Amandine achète 0,175 kg de sucreries à 8,20 € le kilogramme. Trouve la question et donne la réponse.

554 Pour changer le revêtement* mural d'une pièce, madame Clément achète six rouleaux de papier peint vendu 13,90 € l'unité et un paquet de colle spéciale à 3,15 €. Combien a-t-elle dépensé ?

555 Au cours d'une épreuve de lancement du javelot, le premier concurrent a réalisé un jet de 91,72 m, précédant le deuxième et le troisième respectivement de 0,75 m et de 2,94 m. Quelles étaient les performances réalisées par le deuxième et le troisième ?

556 Un poids lourd vide pèse 3,244 t. Il est chargé de 52 caisses de 0,65 t chacune. Quelle est la masse du poids lourd chargé ?

557 Pour Noël, monsieur Gallois achète à son fils une voiture radiocommandée affichée 75,12 €. Il prend également six piles vendues 2,49 € le lot de trois. Combien a-t-il dépensé ?

558 Pour faire des confitures, madame Vilard a acheté 2 kg de poires à 1,60 € le kg, 1,5 kg de sucre à 1,20 € le kg, un citron à 0,40 €. Elle obtient cinq pots de confiture. Quel est le prix de revient d'un pot ?

559 Un sportif a couru le marathon, 42,195 km, en 3 heures. En moyenne, combien de kilomètres a-t-il parcourus durant chacune de ses heures de course ?

560 En relevant son compteur, un chauffeur de taxi note qu'il a parcouru 3 873,2 km lors de ses 23 derniers jours de travail. Trouve la question et donne la réponse.

561 Pour chaque battement, le cœur chasse 0,12 L de sang dans l'aorte*. S'il bat 70 fois par minute chez un homme au repos, quel volume de sang pompe-t-il en 5 minutes ?

562 Un responsable de magasin de sport note ses ventes de sacs à dos de la semaine :
– 14 petits sacs à dos *Ville-détente* représentant un total de 262,50 € ;
– 29 sacs à dos *Petite Randonnée* représentant un total de 787,35 € ;
– 17 sacs à dos *Grande Randonnée* représentant un total de 977,50 €.
Calcule le prix moyen d'un sac à dos de chacune des catégories.

563 Un seau de 10 L a été rempli avec le contenu de six bouteilles de 1,5 L et le contenu de trois petites bouteilles identiques. Quelle est la contenance de chacune de ces petites bouteilles ? (Arrondis au centilitre près par défaut.)

564 Le tableau ci-dessous indique, pour chaque essence*, le pourcentage de la forêt française qu'elle occupe. Observe ce tableau, puis réponds aux questions.

% de la forêt française occupé par les 15 espèces les plus communes					
Châtaignier	3,59 %	Pin sylvestre	8 %	Bouleau	1,1 %
Charme	1,4 %	Hêtre commun	9 %	Chêne pédonculé	17 %
Chêne pubescent	6,4 %	Chêne rouvre	13,5 %	Douglas vert	2,4 %
Frêne commun	2,6 %	Épicéa commun	5,3 %	Pin maritime	10 %
Sapin pectiné	4 %	Pin d'alep	1,8 %	Chêne vert	2,1 %

a) Quel pourcentage total de la forêt française ces 15 essences couvrent-elles ?

b) Quel pourcentage de la forêt française les 121 autres espèces couvrent-elles ?

565 Madame Morelli achète une barquette de deux pavés d'autruche pesant 450 g. Cette viande est vendue 19,60 € le kg. Quel est le prix de cette barquette ?

566 Pour fabriquer un coffret, monsieur Duchêne a acheté 10,26 € de bois, 1,78 € de clous, un pot de colle à 2,36 €, un pot de vernis à 6,64 €, un fermoir à 2,45 € et deux charnières*. Le coffret lui revient à 25,79 €. Quel est le prix d'achat d'une charnière ?

567 En 1970, chaque Français consommait en moyenne 39,9 litres d'eau en bouteille dans l'année. En 2007, cette consommation atteignait 161,56 litres par personne. Calcule, en litres, l'augmentation de la consommation entre ces deux dates. Cette consommation a été multipliée environ par : 3, 4 ou 5 ?

568 Catherine commande par Internet trois tee-shirts à 9,65 € pièce, deux chemises à 14,85 € pièce et deux pyjamas d'enfant à 13,20 € pièce. Quel est le montant de ses achats ?
Pour recevoir ces articles, elle doit payer des frais de port* s'élevant à 6 €. À combien s'élève sa facture ?

569 Sur leur compte en banque, mes parents ont un crédit de 1 674,52 €. Ils déposent deux chèques à leur banque : l'un d'un montant de 139 €, l'autre d'un montant de 64,75 €. Ils vont ensuite faire des courses et règlent par carte de crédit trois achats dont les montants sont respectivement de 18,63 €, 127,94 € et 55,31 €. De quelle somme disposent-ils maintenant sur leur compte ?

570 Dans un magasin d'électroménager, monsieur Firmin achète un téléviseur LCD 16/9. Le vendeur lui propose soit un paiement comptant de 799 €, soit un paiement à crédit en 12 mensualités de 72,19 €. Quelle est la solution la moins coûteuse ? De combien ?

571 Une algue, le *varech géant du Pacifique*, peut atteindre une longueur de 60 mètres après 133 jours de croissance. De quelle longueur journalière, au cm près par défaut, cette algue peut-elle grandir ?

572 À la boucherie, Delphine a acheté un rôti de bœuf de 800 g à 14,50 € le kg et cinq parts d'un plat préparé à 3,05 € la part. Elle a payé avec un billet de 50 €. Combien lui a-t-on rendu ?

573 **Retrouve le nombre manquant de cet énoncé.**

Le bois le plus lourd est celui de l'*Olea laurifolia*, ou Sidéroxylon, qui pousse en Afrique du Sud : 1 490 kg/m^3. Il est si lourd qu'il ne flotte pas ! Le bois le plus léger (son poids représente les 3/100 du poids du bois le plus lourd) est celui de l'*Aeschynomene hispida* qui pousse à Cuba : ... kg/m^3.

574 Chaïma achète ce dessert glacé vendu 3,60 € le litre. Quel est le prix de ce dessert ?

575 Jean-Luc achète un nouvel appareil photo affiché 539,75 €. Le vendeur lui reprend son ancien appareil pour 104 € et les accessoires qui le complètent pour 34 €. Quelle somme Jean-Luc devra-t-il ajouter ? Le vendeur accepte un paiement en trois versements. Quel sera le montant de chaque versement ?

576 Quatre amis préparent un pique-nique. Ils achètent 0,650 kg de rôti de porc froid à 11 € le kg, un fromage à 2,24 €, un paquet de gâteaux à 1,85 € et 0,750 kg de pommes à 3 € le kg. Quelle est la dépense par personne ? Au dernier moment, l'un des amis, malade, ne peut pas venir. Quelle sera, en définitive, la dépense par personne ?

577 Nicolas pensait acheter trois plateaux en bois à peindre à 7,84 € l'un, mais il s'aperçoit qu'il lui manque 3,52 €. Combien a-t-il ? Il revient chez lui prendre de l'argent, puis retourne dans le magasin de loisirs créatifs où il achète les plateaux. Il passe ensuite à la librairie où, avec le reste de son argent, il s'offre un magazine coûtant 3,95 €. Le librairie lui rend 0,53 €. Quelle somme avait-il prise à son retour chez lui ?

578 Une chaîne hi-fi est composée d'un lecteur CD à 304 €, d'un amplificateur à 339 €, d'un tuner à 209 € et d'une paire d'enceintes acoustiques. La valeur totale de cette chaîne est de 979,70 €. Quelle est la valeur d'une enceinte ?

579 Dans un paquet de sucre, il y a trois couches superposées de morceaux de sucre. Chaque couche est composée de quatre rangées de 15 morceaux. Ce paquet pèse 1 kg. Calcule la masse d'un morceau de sucre (à 0,01 g près par défaut). Le paquet étant vendu 1,26 €, à combien revient un morceau de sucre ?

580 Retrouve les deux pourcentages qui manquent en t'aidant de cette information : le pourcentage de surface boisée dans la région Centre est deux fois plus important que dans la région Poitou-Charentes.

Alsace	2	Franche-Comté	4,6	Haute-Normandie	1,5
Aquitaine	12,1	Île-de-France	1,8	Pays de la Loire	2,3
Auvergne	4,8	Languedoc-Roussillon	6,7	Picardie	2,2
Bourgogne	6,4	Limousin	3,7	Poitou-Charentes	...
Bretagne	2,2	Lorraine	5,6	Provence-Alpes-Côte d'Azur	7,7
Centre	...	Midi-Pyrénées	8,3		
Champagne-Ardenne	4,5	Nord-Pas-de-Calais	0,8	Rhône-Alpes	10,6
Corse	2	Basse-Normandie	1,3	**TOTAL**	**100**

III
GRANDEURS ET MESURE

Unités de temps

Aide-mémoire

un millénaire = 1 000 ans = 10 siècles
un siècle = 100 ans
une décennie = 10 ans
un an = 365 jours (ou 366 les années bissextiles)
une semaine = 7 jours
un jour = 24 heures
une heure = 60 minutes
une minute = 60 secondes

Pour commencer

1 Classe ces unités de temps de la plus petite à la plus grande.

la décennie – le mois – le siècle – le semestre – le jour – la minute – la semaine – le millénaire – l'heure – la seconde – l'année – le trimestre

2 Convertis en minutes les durées suivantes.

3 h 41 min   4 h 12 min   1 j 1 h 1 min   2 h 47 min   5 h

3 Convertis en minutes et secondes les durées suivantes.

253 secondes   420 secondes   275 secondes   88 secondes   319 secondes

4 Convertis en semaines et en jours les durées suivantes.

50 jours   490 jours   264 heures   169 heures   340 heures

5 Calcule.

Exemple : 4 512 secondes ➤ 4 512 divisé par 60 = 75 (reste 12)
➤ 75 divisé par 60 = 1 (reste 15).
4 512 secondes, c'est 1 heure, 15 min et 12 s.

2 429 secondes   6 236 secondes   8 900 secondes

Travail oral

1 Une horloge retarde de 5 min par jour. Quelle heure indique-t-elle à 17 h le mercredi si elle a été mise à l'heure le dimanche à 17 h ?

2 Coline a rendez-vous à la Médiathèque* avec Amina à 14 h. Elle arrive avec 20 min d'avance. À quelle heure arrive-t-elle ?

3 Quand il est midi à Paris, il est 5 h à New York. Quelle heure est-il à Paris quand il est 8 h à New York ?

4 Adeline met 10 min pour aller chez sa grand-mère. Combien de temps met-elle pour faire 2 allers-retours ?

Problèmes

581 Les vacances d'été de Pierre commencent le 19 juillet au matin et se terminent le 7 août au soir. Quelle est leur durée ?

582 Le tournoi de tennis de Roland-Garros 2009 a débuté le dimanche 24 mai au matin et s'est terminé le dimanche 7 juin au soir. Indique en jours, puis en semaines, la durée de ce tournoi.

583 Il faut 7 minutes à Florian pour se rendre à l'école et autant pour en revenir. Il mange à la cantine le midi. Combien de temps passe-t-il en trajet au cours d'une semaine de classe de 4 jours ?

584 Mélissa est partie en vacances à la Martinique le 4 juillet au matin et est revenue le 22 août au soir. Combien de jours ont duré ses vacances ?

585 Virginie était âgée de 13 ans en 1995. Sa mère avait alors 34 ans. Calcule l'année de naissance de Virginie et celle de sa mère.

586 La classe de Laura est partie en classe de mer du 21 mai au soir jusqu'au 11 juin au soir. Quelle a été la durée du séjour ?

587 Le premier match du Tournoi des six nations* 2009 a eu lieu le 7 février. Le dernier match a eu lieu le 21 mars. Calcule sur combien de jours s'est étalée la compétition.

588 Les grandes vacances ont débuté le 30 juin au soir et se sont terminées le 3 septembre au matin. Combien de jours ont-elles duré ?

589 Au cours d'une année, un sportif a effectué 43 jours de stage avec son équipe nationale. Exprime cette durée en semaines et jours.

590 Louis XIV, né en 1638, mourut en 1715. Il régna sur la France de 1643 à sa mort. Quel âge avait-il quand il devint roi de France ? Combien de temps dura son règne ? Que peut-on encore calculer ?

591 Un match de football dure 90 minutes. Calcule, en heures, combien de temps un joueur a passé sur le terrain s'il a participé intégralement aux 38 rencontres de son championnat.

592 Un contrat entre deux entreprises, entré en application le 1er janvier 2007, a été résilié* le 23 février 2009. Calcule, en jours, la durée de validité de ce contrat. (2008 était une année bissextile.)

593 Un feuilleton télévisé passe tous les jours à raison de 15 minutes par jour. Combien de temps d'antenne, en heures et minutes, cela représente-t-il pour le mois de mai ?

594 Thibaut est né le 23 mars 2002. Quel âge avait-il exactement le 1er janvier 2009 ? Simon est né le 25 septembre 1998. Est-il plus jeune ou plus vieux ? De combien de jours exactement ? Quel âge avait-il exactement le 1er janvier 2006 ?

595 Des astronautes partent en mission dans l'espace le 1er juin et reviennent sur Terre le 30 novembre. Quelle a été, en jours, la durée de leur mission ?

596 Madame Breton regarde la télévision en moyenne 2 heures 30 minutes par jour. Combien de temps madame Breton passe-t-elle devant son téléviseur en une semaine ? En une année ?

597 Raphaël dit à sa maman : « Mes leçons sont faciles, j'en ai pour 30 secondes ! » Mais quand il les sait parfaitement, sa maman lui dit : « Tu as mis 135 fois plus de temps que tu ne l'avais prévu. » Combien de temps, en heure, minutes et secondes, Raphaël a-t-il mis pour apprendre ses leçons ?

598 Un film défile à la vitesse de 24 images par seconde. Calcule combien d'images passent sur l'écran si le film dure 1 heure et 35 minutes.

599 À sa demande, un fonctionnaire a été muté* en Nouvelle-Calédonie pour une durée de 3 ans et 2 mois. Sa mutation entrant en vigueur le 7 mai 2009, à quelle date rentrera-t-il en métropole* ?

600 La IVe République, proclamée le 3 juin 1944, s'est terminée le 5 octobre 1958. Calcule sa durée.

601 Quel âge avait le navigateur français Bougainville (1729-1811) quand disparut, en 1779, le navigateur et explorateur britannique James Cook ?

602 Le Moyen Âge commence en 406 et se termine en 1492. Exprime la durée du Moyen Âge en siècles et années.

603 Un pilote d'avion totalise 10 000 heures de vol. Exprime cette durée en jours et heures.

604 Calcule, en heures, puis en jours et heures, la durée annuelle du sommeil d'une personne dormant 8 heures par nuit.

605 Monsieur Perrin s'est amusé à calculer que, au cours de ses déplacements journaliers en voiture, il attendait au total 8 minutes que les feux tricolores passent au vert. Il se déplace 225 jours dans l'année. Calcule, en heures, la durée annuelle de ses attentes.

606 Du 1er avril au 11 novembre 1967 inclus, un Canadien a réussi la performance d'accomplir un voyage de 7 884 km en patins à roulettes ! Quelle distance moyenne, au kilomètre près par défaut, parcourait-il chaque jour ?

607 Monsieur Dupuis bouche et étiquette sa production de cidre. Il lui faut en moyenne 5 secondes pour boucher une bouteille et 5 secondes pour l'étiqueter. Il a ainsi 393 bouteilles à traiter. Combien de temps, en heure, minutes et secondes, lui faudra-t-il pour finir son travail ?

608 Les premiers jeux ont eu lieu à Olympie, en Grèce, en 776 avant Jésus-Christ. Entre ces jeux et les Jeux olympiques de Pékin, en 2008, combien d'années se sont écoulées ?
Les premiers jeux modernes ont été organisés en 1896 à Athènes. Combien d'années se sont écoulées entre ces jeux et ceux de 2004, qui se sont de nouveau déroulés à Athènes ?

609 Grégory s'abonne à un magazine bimensuel* sur les sports. Combien de numéros recevra-t-il s'il est abonné du 1er mars au 31 août ?

610 Pour se rendre à l'école, Céline a 4 minutes de trajet, Valentin 12 minutes, Virginie 8 minutes. Pour être à l'école à 8 h 25, à quelle heure doit partir chacun de ces enfants ?
Les cours commencent à 8 h 30 et, aujourd'hui, Valentin est en retard de 3 minutes. À quelle heure est-il effectivement parti ?

611 Chaque matin, Claire écoute sa radio de 7 h 45 à 8 h 10. Combien de temps, en heures et minutes, a-t-elle écouté sa radio au cours du mois de mai ?

612 Le record de la course pédestre Sydney-Melbourne (Australie) est détenu par Yannis Kouros en 5 j 17 h et 47 min pour une distance de 1 060 km ! Pour un départ donné le 15 septembre à midi, indique le jour et l'heure d'arrivée du coureur.

Je travaille seul(e)

corrigé p. 233-234

613 Mathieu passe en moyenne 30 minutes par jour à jouer avec sa console. Calcule, en heures, combien de temps Mathieu a passé devant sa console au cours du mois d'avril.

614 Des cosmonautes ont passé 2 896 heures dans une station spatiale en orbite* autour de la Terre. Exprime cette durée en jours et heures, puis en semaines, jours et heures.

Mesure de durées

Aide-mémoire

Un bus passe à 16 h 55. Le suivant arrivera dans 15 minutes. Quelle heure sera-t-il alors ?

16 h 55 $\xrightarrow{+5\text{ min}}$ 17 h 00 $\xrightarrow{+10\text{ min}}$ 17 h 10

Il sera alors 17 h 10 min.

Combien de temps Adam attendra-t-il s'il arrive à l'arrêt du bus à 16 h 58 ?

16 h 58 $\xrightarrow{+2\text{ min}}$ 17 h 00 $\xrightarrow{+10\text{ min}}$ 17 h 10

Il attendra donc 12 minutes.

Additionner ou soustraire deux durées

	heures	minutes
	5	30
+	9	45
	14	75
	+1	−60
	15	15

	heures	minutes
	7 −1	26 +60
	6	86
−	4	50
	2	36

5 h 30 min + 9 h 45 min = 15 h 15 min

7 h 26 min − 4 h 50 min = 2 h 36 min

Pour commencer

1 **Calcule mentalement.**

2 h 50 min + 10 min   7 h 45 min + 20 min   52 min 40 s + 8 min

2 **Calcule mentalement.**

3 h 30 min − 35 min   12 h 30 min − 8 h 50 min   5 min − 1 min 55 s

3 **Pose et effectue ces opérations.**

5 h 16 min + 8 h 55 min   54 min 27 s + 12 min 20 s   8 h 34 min + 1 h 56 min

4 **Pose et effectue ces opérations.**

5 h 30 min − 2 h 27 min   9 h − 8 h 17 min   12 h 28 min − 6 h 53 min

Travail oral

1 Allan devait être à l'école à 8 h 30, mais il a 12 minutes de retard. À quelle heure arrive-t-il ?

2 La retransmission d'un match de tennis débute à 13 h 45 et se termine à 16 h. Quelle a été la durée du match ?

3 Un TGV quitte Paris à 16 h 54 min et arrive à Lyon à 18 h 53 min. Quelle est la durée du trajet ?

4 Un automobiliste prévoit qu'il lui faut 3 h 15 min pour aller de Paris à Rennes. S'il a rendez-vous à Rennes à 14 h 10, à quelle heure, au plus tard, devra-t-il quitter Paris ?

5 Un film d'une durée de 2 h 15 min s'est terminé à 20 h. À quelle heure a-t-il commencé ?

Problèmes

615 Un film qui a commencé à 20 h 45 s'est terminé à 22 h 28. Calcule sa durée.

616 Valérie part de la gare Paris-Montparnasse à 9 h 15 et arrive à la gare de Bordeaux-Saint-Jean à 12 h 18. Quelle est la durée de son voyage en train ?

617 Une cuisinière sait qu'il faut 2 h 15 min pour que sa dinde soit cuite. À quelle heure devra-t-elle l'enfourner si on veut la manger à 13 h 10 ?

618 Au cours d'une réunion d'athlétisme, le 10 000 mètres féminin a été remporté dans le temps de 34 min 27 s. La concurrente arrivée dernière avait 45 secondes de retard sur la première. Quel était son temps ?

619 Ce soir, Jean souhaite regarder à 20 h 35 le western qui passe sur France 2, puis à 22 h 20 le journal sur France 3. Le film durant 1 h 56 min, pourra-t-il suivre intégralement les deux émissions ? Sinon, combien de temps d'actualités manquera-t-il ?

620 À l'arrivée d'une étape d'un rallye automobile, le temps du vainqueur est de 5 h 23 min 47 s. Le pilote arrivé dernier a mis 39 min 53 s de plus. Quel est le temps réalisé par ce pilote ?

621 Un car dessert* toutes les 35 minutes la gare de Poissy. Calcule l'heure exacte de tous ses passages, sachant que le chauffeur prend son service à 7 h et le finit à 12 h 15.

622 Monsieur Faure prend l'avion à Paris à 13 h 40 pour se rendre à Amman, en Jordanie. La durée du vol étant de 4 h 30 min, à quelle heure l'avion (heure française) doit-il se poser à Amman ?

623 Adrien a pris l'avion à Marseille à 15 h 50 pour se rendre à Lille. La durée du vol étant de 1 h 35 min, à quelle heure l'avion doit-il se poser à Lille ?

624 Au cours de la journée, un couple de retraités a regardé les émissions suivantes :
– de 12 h 05 à 12 h 55, des jeux sur TF1 ;
– de 13 h à 13 h 25, le journal télévisé sur France 2 ;
– de 20 h 50 à 22 h 40, un film sur Canal +.
Combien de temps ont-ils passé devant leur petit écran ?

625 Calcule le temps séparant le vainqueur homme du vainqueur femme lors du marathon de Paris 2009.

Vainqueurs du marathon de Paris 2009	Temps
KIPRUTO Vincent (KENYA)	2 h 05 min 47 s
BAYISA Atsede (ETHIOPIA)	2 h 24 min 42 s

Monsieur Pessoa a couru ce marathon en 3 h 01 min 14 s. Calcule l'écart entre monsieur Pessoa et le vainqueur homme.

626 Un homme d'affaires se rend à New York. Il part à 2 h 35 de chez lui, prend un taxi qui l'emmène en 25 minutes à l'aéroport Roissy-Charles-de-Gaulle, où il enregistre ses bagages avant de s'installer dans un Airbus dont le départ est prévu à 6 h 20. Combien de temps doit-il patienter à l'aéroport ?
Le voyage en Airbus durant 8 h 15 min, à quelle heure (heure française) sera-t-il à l'aéroport John-F. Kennedy ? Quelle aura été la durée totale de son voyage (de son domicile à l'aéroport de New York) ?

627 Le triathlon* d'Embrun (Hautes-Alpes) se dispute sur 3,8 km de natation, 188 km de cyclisme et 42,195 km de course à pied. Calcule le temps de course total du vainqueur homme 2008, Xavier Le Floch (France) et du vainqueur femme, Bella Comerford (Grande-Bretagne). Calcule ensuite le temps de nage du second de l'épreuve, Stephen Bayliss (Grande-Bretagne).

	Natation	Cyclisme	Course à pied	TOTAL
LE FLOCH Xavier	47 min 56 s	6 h 18 min 49 s	2 h 56 min 06 s	
BAYLISS Stephen		6 h 23 min 40 s	2 h 56 min 33 s	10 h 05 min 59 s
COMERFORD Bella	54 min 51 s	7 h 11 min 58 s	3 h 14 min 11 s	

628 Hugo va acheter le pain pour le dîner. Le boulanger n'est qu'à 10 minutes de chez lui. Il part à 17 h 15. Au bout de 3 minutes, il s'aperçoit qu'il a oublié son porte-monnaie. Il retourne à la maison, puis repart aussitôt. À quelle heure est-il de retour à la maison avec le pain ?

629 Un fonctionnaire européen part de Rouen pour aller à Madrid (Espagne). Il prend d'abord le train le 24 novembre à 13 h 59 et arrive à Paris 1 h 11 min plus tard. Il monte ensuite dans l'avion de 17 h 30 pour Madrid et le vol dure 2 h 10 min. À quelle heure était-il arrivé à Paris ? À quelle heure arrive-t-il à Madrid ? Quelle a été la durée de son voyage ? Calcule le temps effectif passé dans les transports (train et avion).

630 Un professeur prend le train pour se rendre au collège où il enseigne. Il lui faut 35 minutes de transport le matin et 45 minutes le soir. À quelle heure doit-il partir le matin, au plus tard, s'il veut être à 8 h au collège ? À quelle heure arrive-t-il chez lui s'il reprend son train à 16 h 40 ? Calcule le temps qu'il passe en train en une semaine, sachant qu'il travaille cinq jours par semaine.

631 Les Dularge ont effectué une croisière*. Ils ont embarqué le 16 mai à 7 h 30 et ont débarqué le 2 juin à 15 h 50. Combien de temps leur croisière a-t-elle duré ?

Je travaille seul(e)

corrigé p. 234

632 Calcule le temps séparant à l'arrivée des *12 km nature de Carrières* de :
– Gérard Lecouteur de sa fille Pauline ;
– Gérard Lecouteur de sa femme Julie.

	Numéro de dossard	Temps
Julie Lecouteur	161	1 h 01 min 28 s
Gérard Lecouteur	163	57 min 03 s
Pauline Lecouteur	162	55 min 19 s

633 Un voyageur est parti le 3 mars à 17 h 30 et est arrivé à destination le 5 mars à 19 h 45. Calcule la durée de son voyage (en heures et minutes).

Mesure de longueurs

Aide-mémoire

km	hm	dam	m	dm	cm	mm
1	0	0	0			
			1	0	0	
				3	5	
			4,	6		
	2	0	1			

1 km = 1 000 m
1 m = 100 cm
35 cm = 0,35 m
4,6 m = 4 600 mm
2 hm et 1 m = 201 m

Pour commencer

1 **Recopie et complète comme dans l'exemple.**
Exemple : 325 m = 3 hm, 2 dam et 5 m

965 cm = ... m, ... dm et ... cm
478 dam = ... km, 7 ... et ... dam
6 430 m = 6 ..., 4 ... et 30 ...

6 350 mm = ... m, ... dm et 5 ...
9 021 m = ... km et 21 ...
3 m et 9 cm = ... mm

2 **Recopie et effectue les conversions.**

4 m = ... mm
520 cm = ... dm
700 m = ... hm

60 cm = ... dm
2 400 mm = ... dm
37 m = ... dm

80 hm = ... m
75 dam = ... m
85 000 m = ... km

3 **Recopie et effectue les conversions.**

8 cm = ... mm
5 m et 40 cm = ... cm
9 700 m = 9 ... et 7 ...

600 cm = ... m
6 km et 50 m = ... m
534 cm = 5 ..., 3 ... et 4 ...

170 hm = ... m
2 m et 2 mm = ... mm
5 km et 500 m = ... hm

4 **Recopie et effectue les conversions.**

4,2 km = ... m
2,5 km = ... hm
530 dam = ... hm

375 mm = ... dm
8,64 hm = ... m
21,1 cm = ... m

20 000 dm = ... m
630 m = ... km
17,48 km = ... m

5 **Recopie et effectue les conversions.**

1,7 km = ... hm = ... m
0,59 m = ... dam = ... cm
82 400 m = ... hm = ... km

320 cm = ... dm = ... mm
395 mm = ... cm = ... m
0,076 km = ... hm = ... m

167 m = ... dam = ... km
145,7 m = ... km = ... dm
2,06 dam = ... m = ... hm

Travail oral

1 Pour finir un paquet cadeau, Nicole a besoin de 70 cm de fil doré et de 28 cm supplémentaires pour faire un joli nœud. Quelle est la longueur de fil nécessaire ?

2 D'un rouleau de papier d'emballage d'une longueur de 10 mètres, on a successivement coupé trois feuilles mesurant respectivement 1,50 m, 2 m et 2,50 m. Quelle longueur de papier reste-t-il sur le rouleau ?

3 Damien mesure 1,40 m. Marine mesure 45 cm de moins que Damien et Caroline 13 cm de plus que Marine. Quelles sont les tailles de Marine et de Caroline ?

4 Les parents des petites mésanges leur apportent la becquée jusqu'à 400 fois par jour. S'ils ne vont chercher la nourriture qu'à 200 mètres du nid, quelle distance totale, en kilomètres, ont-ils parcourue au cours d'une seule journée ?

Problèmes

634 Christian se rend de Marseille à Montpellier, villes distantes l'une de l'autre de 170 km. Le pneu de la roue avant gauche crève alors qu'il a parcouru 142,500 km. Quelle distance lui restera-t-il à parcourir après la réparation ?

635 Chez un marchand de tissu, madame Mercier achète 5,40 m de tweed et 3,75 m de tissu-éponge. Sachant que le rouleau de tweed mesurait 15,80 m et celui de tissu-éponge 12,30 m, calcule la quantité d'étoffe restant à vendre sur chaque rouleau.

636 Pour se rendre dans son entreprise, Arthur prend tous les matins, et cinq jours par semaine, sa bicyclette et parcourt, à l'aller, 2,500 km de route plate et 800 m de côte. Quelle distance parcourt-il en tout par semaine ?

637 Lors d'un concours de lancement du disque, le vainqueur a réalisé un jet à 67,22 m, devançant le deuxième de 54 cm. Quelle est la performance du deuxième du concours ?

638 Monsieur Morel cherche à mesurer la longueur d'un terrain. N'ayant pas de mètre à sa disposition, il utilise un vieux piquet qu'il reporte 26 fois. Rentré chez lui avec le piquet, il le mesure et trouve 175 cm. Quelle était la longueur, en mètres, du terrain ?

639 Lors d'un meeting* d'athlétisme, le vainqueur de l'épreuve de saut en hauteur a franchi 2,20 m. Il a devancé le deuxième de 5 cm, le troisième de 12 cm et le quatrième de 25 cm. Quelles sont les hauteurs franchies par les trois autres concurrents ?

640 Un séchoir à linge comporte trois fils de 0,95 m, quatre fils de 135 cm et cinq fils de 0,15 dam. Quelle est la longueur totale de fil disponible pour étendre le linge ?

641 Gaétan mesure la façade de sa maison avec un mètre auquel il manque 5 cm. Il le reporte exactement 10 fois. Quelle est la longueur, en mètres, de la façade de la maison ?

642 Stephen note qu'il a fait 357 pas pour franchir une distance de 300 m. Quelle est, au cm près par défaut, la longueur moyenne d'un de ses pas ? Il mesure ensuite le tour de son jardin en faisant 212 pas. Quelle est, au mètre près par défaut, la mesure du périmètre de son jardin ?

643 Sur le tracé d'une piste de ski de fond de 15 km, les skieurs ont 3 400 m de côte et le double de descente à parcourir. Quelle est la longueur du tronçon* plat ?

644 Calcule la distance totale, en kilomètres, entre Caen et Cherbourg.

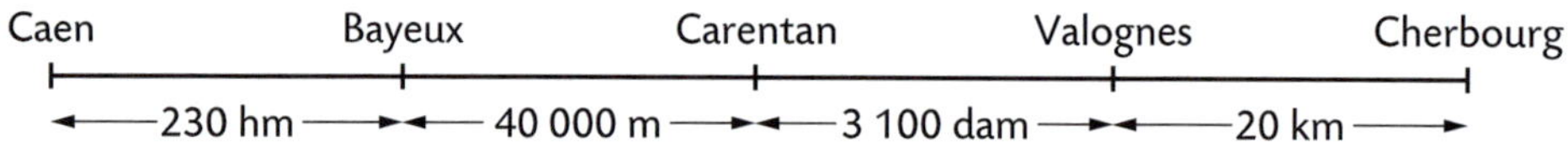

645 Une course pédestre longue de 12 km se court sur deux tours d'un circuit en boucle et deux tronçons en ligne mesurant respectivement 400 m et 280 m. Quelle est la longueur du circuit en boucle ?

646 Dans son sous-sol, madame Girard gare côte à côte sa voiture et sa caravane. La voiture mesure 1,65 m de large et la caravane 2,05 m. Elle laisse entre les deux véhicules un espace de 0,70 m. Quelle est la largeur du sous-sol, sachant que chacun des véhicules se trouve à 65 cm du mur ?

Je travaille seul(e)

corrigé p. 234

647 Dans une baguette de bois de 3 m de long, on coupe un morceau de 85 cm et deux autres de 70 cm chacun. Quelle est la longueur de baguette utilisée ? Quelle est la longueur de baguette restante ?

648 Un propriétaire clôture un champ, dont le tour mesure 410 m, à l'aide de trois rangs de fil barbelé. Il laisse une ouverture de 4 m pour une barrière. Quelle est la quantité de fil barbelé nécessaire ? Combien de rouleaux de 100 m lui faudra-t-il acheter ?

Mesure de masses

Aide-mémoire

t	q	dizaines de kg	kg	hg	dag	g	dg	cg	mg
			1	0	0	0			
						1	0	0	
							5	7	
						9,	2		
4	0	0	0						

1 kg = 1000 g
1 g = 100 cg
57 cg = 0,57 g
9,2 g = 9 200 mg
4 tonnes = 40 quintaux
= 4 000 kg

Pour commencer

1 Recopie et complète comme dans l'exemple.

Exemple : 562 cg = 5 g, 6 dg et 2 cg

743 cg = ... g et ... cg
931 dg = 9 ..., 3 ... et 1 ...
2 800 kg = 2 ... et 800 ...
1 357 g = ... kg, ... hg, ... dag et ... g
3 700 g = 3 ... et 700 ...
2 450 g = ... kg, ... hg et ... g

2 Recopie et effectue les conversions.

3 kg = ... g
580 mg = ... cg
64 dag = ... dg
58 q = ... kg
89 cg = ... mg
510 hg = ... kg
900 cg = ... g
950 hg = ... kg
60 hg = ... kg
5 t = ... kg
2 400 mg = ... dg
4 g et 5 dg = ... cg

3 Recopie et effectue les conversions.

6,4 kg = ... g
58,35 hg = ... g
140 kg = ... t
0,62 t = ... q
345 cg = ... g
2,4 dg = ... cg
80,2 g = ... dg
741 kg = ... t
2 380 kg = ... t
3,39 g = ... mg
30 cg = ... g
2 q et 5 kg = ... kg

4 Recopie et effectue les conversions.

21,6 g = ... dag = ... dg
4 300 mg = ... dg = ... g
12 cg = ... mg = ... g
216 hg = ... t = ... dag
640 kg = ... q = ... t
541g = ...dg = ... kg

5 Range les différentes masses dans l'ordre croissant.

0,37 kg 28 hg 1 275 g 1,04 kg 994 g 62,7 dag

Travail oral

1 Une boîte de sauce tomate, pleine, pèse 220 g ; la masse de sauce tomate est de 190 g. Quelle est la masse de la boîte vide ?

2 Une palette de porc, avec son os, pèse 2,050 kg. Désossé, le morceau de viande ne pèse plus que 1 800 g. Quelle est, en kilogramme, la masse de l'os ?

3 Une boîte de pastilles pleine pèse 0,14 kg. La boîte vide pèse 15 g. Quelle est la masse des pastilles ?

4 L'eau de mer contient environ 35 g de sels minéraux dissous par litre. Calcule, en kilogrammes, la masse de sels minéraux dissous dans 1 m^3 d'eau de mer (1 m^3 = 1 000 L).

Problèmes

649 Le boulanger range 25 baguettes de 250 g dans son chariot. Quelle est la masse totale de pain transporté ?

650 Un comprimé d'aspirine pèse 1,15 g. Le tube, qui pèse 5 g vide, contient 10 comprimés. Quelle est la masse totale du tube avec les comprimés ?

651 Combien de chiens de 25 kg représente la masse d'un éléphant de 4 t ?

652 Pour faire des confitures, on verse dans la bassine 3,200 kg de fruits et 2,800 kg de sucre. Quelle est la masse du mélange ?
Après la cuisson, on obtient 4,050 kg de confiture. Quelle est la masse, en kg, perdue par le mélange pendant la cuisson ?

653 Un bonbon pèse 4,5 g. Combien y a-t-il de bonbons dans un sachet pesant 105 g si le sachet vide pèse 160 dg ?

654 Monsieur Petit achète un gigot d'agneau de 1,750 kg dont l'os pèse 2,3 hg. À la cuisson, la viande perd 175 g. Pose la question et donne la réponse.

655 Une fourmi rousse ne peut transporter que 5 milligrammes de miellat* à la fois. Pourtant, en un été, la fourmilière peut récolter 50 kg de cette substance. Combien de « voyages » cela représente-t-il ?

656 Pour faire un cake, Faris utilise 250 g de farine, 1,25 hg de beurre, autant de sucre que de beurre, 1 dag de levure et 3 œufs pesant chacun 60 g. Quelle est, en grammes, la masse de la pâte ? Il ajoute à cette pâte 1 hg de fruits confits variés. Quelle est, en grammes, la masse totale obtenue ?

657 Dans une ferme industrielle, un distributeur automatique fournit 25 kg de fourrage par jour à chaque vache. Calcule, en tonnes, la quantité de fourrage distribuée en 180 jours pour un troupeau de 45 vaches.

658 Une plaquette de comprimés contient 12 cachets de 4 g chacun. Un malade prend un demi-comprimé par jour. Quelle dose, en g, absorbe-t-il par jour ? Combien de temps durera la plaquette ?

659 Choisis la bonne réponse. Le rhinocéros pèse environ 40 kg à la naissance et de 1 à 2 tonnes à l'âge adulte. Un rhinocéros de 1,480 t a donc multiplié son poids de naissance par :

a) 3,7 b) 27 c) 37 d) 217 e) 370 f) 2 700

660 Un épicier range dans sa réserve trois caisses contenant chacune 12 pots de moutarde. Chaque pot de moutarde pèse 490 g. Quelle est la masse totale des pots ? Sachant qu'un pot vide pèse 180 g, quelle quantité de moutarde range l'épicier ?

661 À notre époque, les balances électroniques affichent instantanément* la masse de l'objet pesé ainsi que son prix. Quelle est donc la masse affichée, en g, pour ce rôti placé sur une ancienne balance ? Quel est son prix s'il coûte 19 € le kilogramme ?

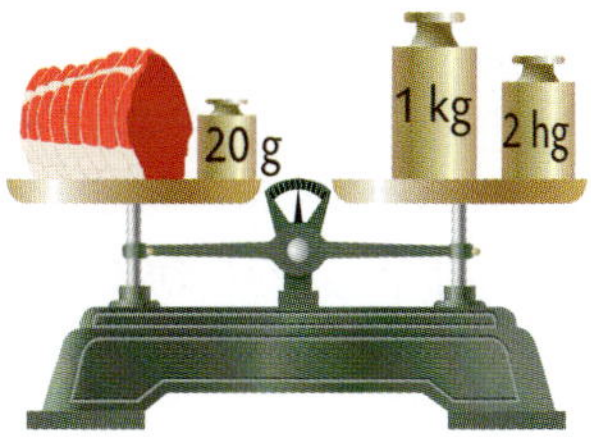

662 Quelle est la masse d'un paquet de bonbons ?
Quelle est la masse d'une boîte de chocolats ?
Quelle est la masse d'un paquet de nougats ?

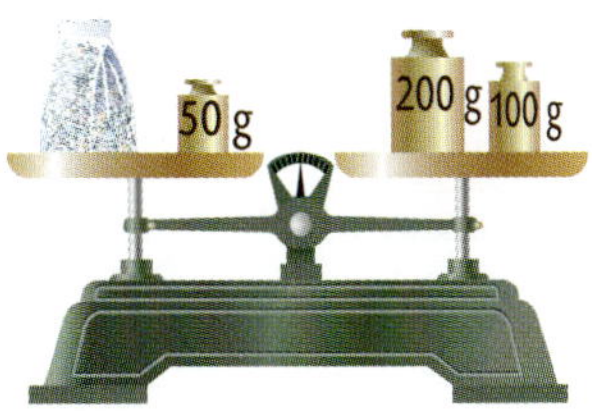

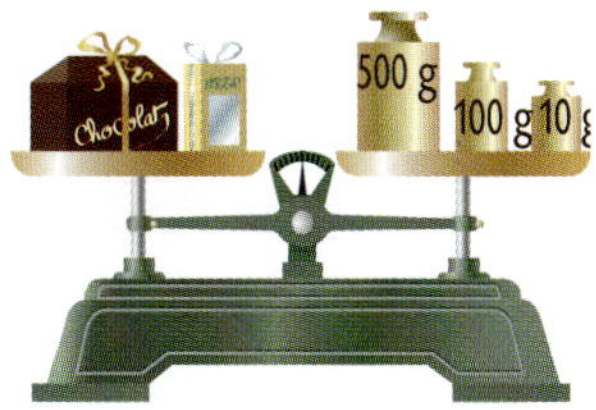

663 Pour faire des confitures, Henriette achète 9 kg de cerises ; elle y ajoute 750 g de sucre par kilogramme de fruits. À la cuisson, le mélange perd 3,500 kg de sa masse. Quelle est la masse, en g, de confiture obtenue ? Combien de pots de 350 g pourra-t-elle remplir avec cette confiture ?

664 Clara veut faire une raclette pour ses amis ; elle prévoit donc 200 g de fromage par personne, 2,5 hg de jambon par personne, 1,500 kg de pommes de terre et deux pains de 500 g. Quelle masse de fromage restera-t-il sur un morceau de 1,250 kg si le repas est prévu pour cinq personnes ? Quelle est la masse totale de nourriture prévue pour chaque personne ?

665 Un agriculteur a récolté 15 t de pommes de terre. Il les vend en sacs de 50 kg à raison de 14 € le sac. Il en conserve 700 kg comme semence* pour la prochaine production. Quelle somme lui rapporte la vente des pommes de terre ?

666 Pour acheter des paquets d'un kilogramme de sucre à 1,05 € le kg, Amélie a 6,30 €. Combien de paquets Amélie peut-elle achetés à ce prix ? Le sucre ayant subi une augmentation de 0,15 € par kg, combien manque-t-il à Amélie pour acheter la quantité désirée ?

667 Un magazine mensuel pèse 215 g. Il est tiré à 280 000 exemplaires chaque mois. Quelle masse de papier est nécessaire au tirage annuel ?

668 Voici les ingrédients à mélanger et à étaler sur une pâte sablée pour préparer une tarte à la rhubarbe et à la poudre de noisette. De quelle masse, en grammes, le poids de ces ingrédients dépasse-t-il un kilogramme ?

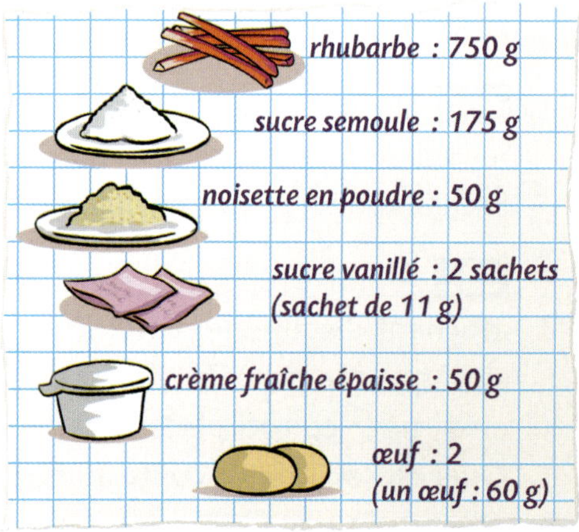

669 Le viaduc de Millau, dans l'Aveyron, a une hauteur maximale de 343 m, soit 19 m de plus que la tour Eiffel et son tablier d'acier pèse 36 000 tonnes, soit cinq fois la masse de la tour Eiffel. Effectue deux calculs à partir de ces informations.

670 Une assistante prépare trois colis contenant différents dossiers.

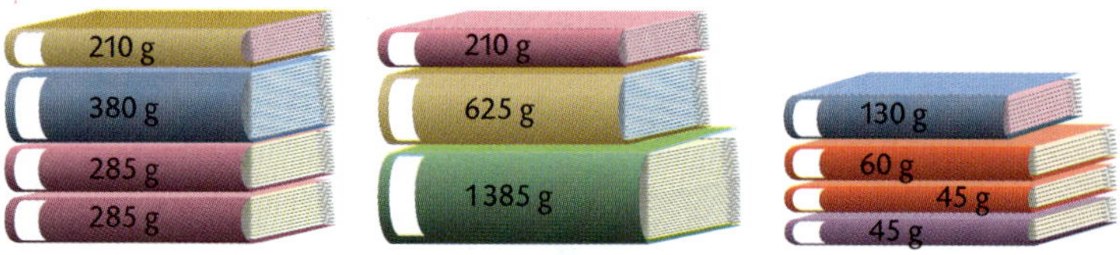

Calcule le montant total de l'affranchissement.

Tarifs postaux								
Poids jusqu'à	20 g	50 g	100 g	250 g	500 g	1 kg	2 kg	3 kg
Tarifs	0,56 €	0,90 €	1,35 €	2,22 €	3,02 €	3,92 €	5,16 €	6,04 €

Je travaille seul(e)

corrigé p. 234

671 Sur un camion vide pesant 3,4 t, on charge 58 caisses de 39,5 kg chacune. Quelle est la masse totale du camion chargé ?

672 Douze cagettes* contenant chacune 15 avocats pèsent en tout 63 kg. Chaque cagette vide pèse 450 g. Quelle est la masse totale des avocats ? Quelle est la masse moyenne d'un avocat ?

Mesure de contenances

Aide-mémoire

hL	daL	L	dL	cL	mL
1	0	0			
		1	0	0	0
		0,	1	0	
		0,	1	0	0

1 hL = 100 L
1 L = 10 dL = 100 cL = 1 000 mL
10 cL = 0,1 L
100 mL = 0,1 L

Pour commencer

1 Convertis en litres.

75 cL   280 mL   2 dL   4 hL   84 mL

2 Range les différentes capacités dans l'ordre croissant.

256 mL   1,5 L   9 dL   25 cL   0,98 L   63 mL   4,8 cL

3 Recopie et effectue les conversions.

32 cL = ... mL   45 dL = ... L   680 mL = ... cL   2,7 L = ... cL
740 L = ... hL   7 L = ... dL   6 400 mL = ... L   851 cL = ... L

4 Recopie et complète les égalités.

$\frac{1}{2}$ L = ... dL = ... cL = ... mL $\frac{1}{4}$ L = ... mL = ... cL = ... dL
$\frac{3}{4}$ L = ... dL = ... cL = ... mL $\frac{1}{10}$ L = ... dL = ... cL = ... mL

Travail oral

1 Dans un laboratoire cosmétologique*, on transvase 3 L d'une préparation de soin pour le visage dans des flacons d'une capacité de 20 cL. Combien de flacons va-t-on remplir ?

2 Pour soigner sa toux, Arthur a dû absorber deux flacons de sirop de 250 mL chacun et un flacon de 125 mL. Quelle quantité de sirop a-t-il absorbée ?

3 Madame Hélias vient de remplir le réservoir de sa voiture avec 50 litres de carburant affiché 1,02 € le litre. Combien va-t-elle devoir payer ?

4 On estime que 97 % de l'eau présente sur la Terre est salée. Si toute cette eau était représentée par une bouteille d'un litre, exprime, en millilitres, la quantité d'eau douce que contiendrait la bouteille.

Problèmes

673 Pour remplir une cuve d'une capacité de 200 L, on a dû verser 25 seaux. Quelle est la capacité d'un seau ?

674 Avec une bouteille de jus de fruits de 1,5 L, Jordan a rempli six verres identiques. Quelle est, en centilitres, la capacité d'un verre ?

675 Un aubergiste estime qu'avec une bouteille d'un litre d'apéritif, il peut servir 15 verres. Quelle est la capacité d'un verre (au millilitre près par excès) ?

676 Le médecin a prescrit des vitamines à Aurélien. Le traitement est constitué par quatre boîtes de huit ampoules chacune. Chaque ampoule contenant 1,25 cL, quelle quantité de médicament, en centilitres, Aurélien aura-t-il absorbée à la fin du traitement ?

677 Cinq bouteilles de boisson aux fruits de 40 cL valent 2,96 €. Quel est le prix au litre ?

678 Cette année, Jacques a rempli trois barriques de cidre. Chaque barrique contient 225 L. Combien de bouteilles de 75 cL pourra-t-il remplir ? S'il vend la moitié de ses bouteilles 0,75 € pièce, combien cette vente lui rapportera-t-elle ?

679 Pour préparer un cocktail, Jeanne mélange 2 L de jus d'ananas, 1 L de jus d'orange, 2 dL de jus de citron et 1 dL de sirop de fraise. Combien de verres d'une capacité de 15 cL pourra-t-elle remplir ?

680 Un verre à digestif a une contenance de 6 cL. On remplit à moitié huit verres à l'aide d'une bouteille de 0,75 L. Quelle quantité d'alcool reste-t-il dans la bouteille ?

681 Dans un foyer, on utilise chaque jour 65 L d'eau pour la cuisine et 285 L pour la toilette et le nettoyage. Calcule, en litres, la quantité d'eau utilisée dans l'année si l'on ne compte pas le mois d'août (période de vacances).

682 Monsieur Garcia a fait presser sa récolte d'olives et obtient un cubitainer de 33 litres d'huile. Combien de bouteilles de 75 cL pourra-t-il remplir ? Il revend les $\frac{3}{4}$ de ses bouteilles au prix unitaire de 6,45 euros. Quelle somme la vente de son huile va-t-elle lui rapporter ?

683 Madame Montfort achète six litres de lait *Naturella Croissance* pour son bébé de 2 ans. Elle prépare chaque jour avec ce lait un biberon de 280 mL et un biberon de 22 cL. Au bout de combien de jours devra-t-elle racheter du lait ?

684 Dans une usine d'embouteillage de jus de fruits, on mélange plusieurs jus pour proposer un nouveau cocktail : 23,2 hL de jus d'orange, 14,8 hL de jus de pamplemousse, 7,5 hL de jus de lechee et 2,5 hL de jus de mangue. Combien de bouteilles de 75 cL pourra-t-on remplir avec le mélange obtenu ?

685 Une coopérative* laitière collecte chaque jour 155 hL de lait. La perte, lors des différentes manipulations industrielles pour le mettre en packs* cartonnés, est de 188 L environ. Combien de packs de six cartons d'un litre produira-t-on chaque jour dans cette coopérative ?

686 Un abreuvoir à vaches contient 980 L d'eau. Les bêtes boivent une première fois 2,2 hL, une deuxième fois 3,85 hL, puis une dernière fois 78 L. Trouve la question et donne la réponse.
Le soir, l'agriculteur remplit l'abreuvoir avec sa citerne pleine de 5 hL. Combien contiendra alors l'abreuvoir ?

687 Avec une bouteille d'eau de 1,5 L, on a rempli cinq verres de 1,5 dL. Combien de verres de 25 cL pourra-t-on encore remplir ?

688 Un robinet débite* 35 L d'eau par minute. En combien de temps remplira-t-on 14 seaux de 10 L si l'on perd 4 minutes en tout pour le changement de seaux ?

689 Margot achète cinq packs A. Quelle quantité de soupe a-t-elle achetée ?
Quelle somme aurait-elle économisée en achetant la même quantité de soupe dans le conditionnement B ?

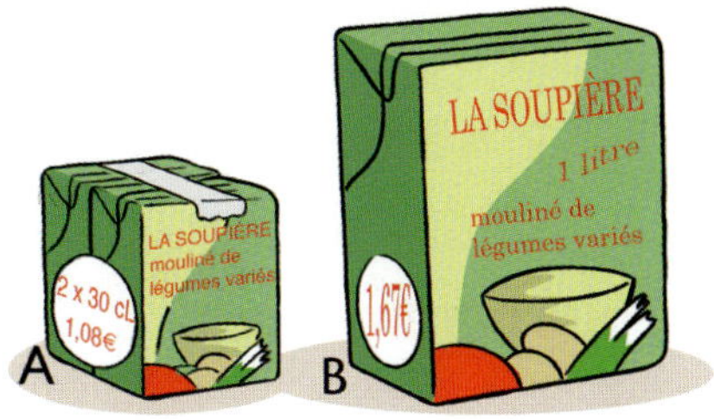

690 Pour faire un gâteau, Martin utilise un paquet de levure à 0,15 €, 75 cL de lait valant 0,74 € le litre, 10 cL de crème fraîche valant 1,32 € le litre, 50 mL de rhum à 12,75 € le litre et pour 1,40 € de farine et de sucre. Trouve la question et donne la réponse.

Je travaille seul(e)

corrigé p. 234

691 a) Combien de verres de 12 cL pourra-t-on remplir avec cinq bouteilles d'eau gazeuse de 1,5 L chacune ?
b) Combien de chopes de 30 cL pourra-t-on remplir avec trois bouteilles de limonade d'un litre ?

692 Après lui avoir enlevé une dent de sagesse, le dentiste a prescrit à Thomas des bains de bouche. L'ordonnance précise : 6 bains par jour pendant 8 jours. Pour un bain de bouche, on utilise un gobelet doseur de 1,5 cL. La contenance du flacon est de 0,2 L. Combien de flacons le pharmacien devra-t-il délivrer ?

Volume du pavé droit

Aide-mémoire

Pour calculer le volume d'un pavé droit, on multiplie sa longueur par sa largeur et par sa hauteur :

$$V = L \times \ell \times h$$

Si les dimensions sont exprimées en cm, le volume s'exprimera en cm^3 (centimètre cube).
Si les dimensions sont exprimées en mm, le volume s'exprimera en mm^3 (millimètre cube).
Si les dimensions sont exprimées en m, le volume s'exprimera en m^3 (mètre cube).

$1\ m^3 = 1\ 000$ litres

$4 \times 3 \times 2 = 24$
Ce pavé a un volume de $24\ cm^3$.

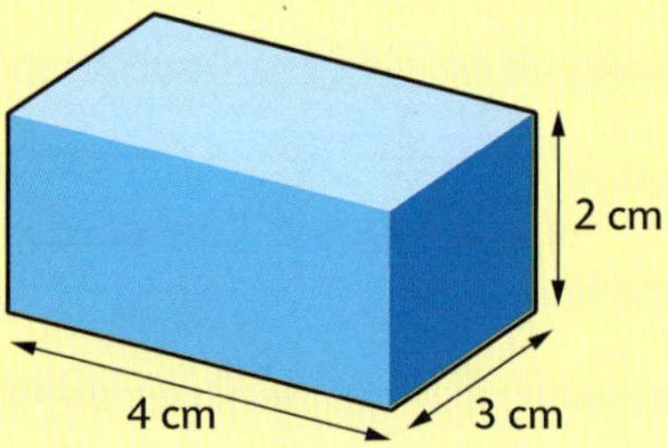

Pour commencer

Calcule le volume des pavés A, B et C.

Pavé A : L = 25 m	ℓ = 20 m	h = 10 m
Pavé B : L = 40 cm	ℓ = 27 cm	h = 12 cm
Pavé C : L = 74 dm	ℓ = 6 m	h = 450 cm

Travail oral

1 Quel est le volume d'une boîte de galettes de 20 cm de longueur sur 10 cm de largeur et 10 cm de hauteur ?

2 Calcule le volume d'une boîte d'allumettes de 8 cm de longueur sur 6 cm de largeur et 3 cm de hauteur.

3 Quel est le volume du coffre représenté ci-contre ?

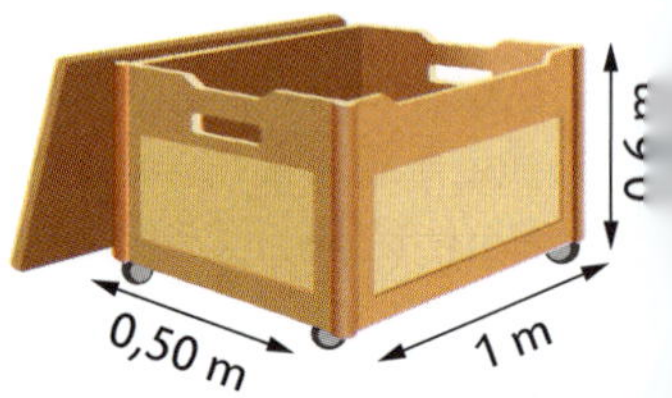

Problèmes

693 Calcule le volume, en cm^3, de cette boîte de rangement de DVD.

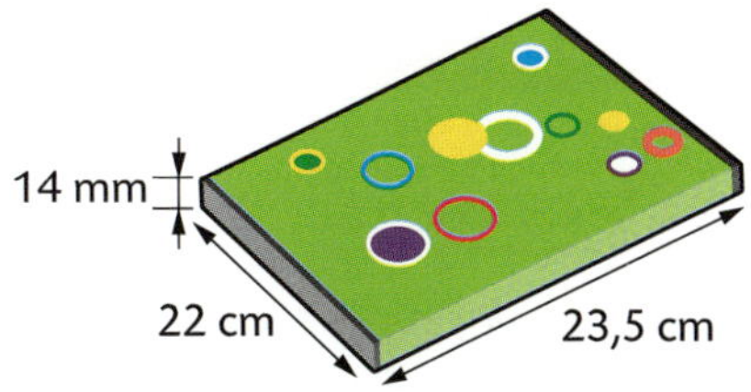

694 Dorian dessine sur une feuille cartonnée le patron d'un pavé droit en utilisant les mesures suivantes : L = 16 cm, ℓ = 10 cm, h = 4 cm. Il construit ensuite ce pavé. Quel est le volume du pavé obtenu ?

695 Monsieur Dujardin veut couvrir son allée mesurant 13 m de long et 3,5 m de large d'une couche de 5 cm de gravillons. Quel est le volume, en m^3, de gravillons nécessaire ? Quel sera le montant de sa facture si le mètre cube de gravillons est vendu 120 € ?

696 Cette piscine peut-elle contenir 32 000 L d'eau (1 m^3 = 1 000 L) ?

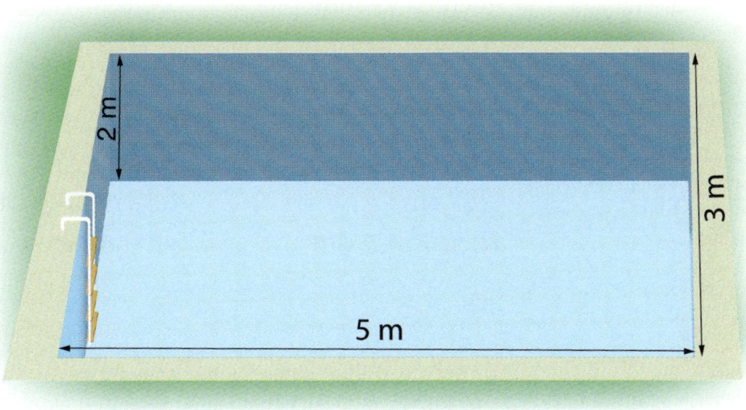

Je travaille seul(e)

corrigé p. 234

697 Combien de sucres en morceaux de 2 cm de longueur sur 1,75 cm de largeur et 1 cm de hauteur, une boîte de 17,5 cm de longueur sur 11 cm de largeur et 5 cm de hauteur peut-elle contenir ? (Utilise ta calculatrice.)

698 Une brique de jus d'orange a les dimensions suivantes : L = 6,25 cm, ℓ = 4 cm et h = 8 cm. Quelle quantité de jus d'orange, en litres, est contenue dans un lot de 6 briques (1 L = 1 000 cm^3) ?

Mesure d'aires

Aide-mémoire

Attention ! Pour les unités d'aires, on passe d'une unité à son multiple en divisant par 100, d'une unité à son sous-multiple en multipliant par 100.

km^2		hm^2 ou hectare (ha)		dam^2 ou are (a)		m^2		dm^2		cm^2		mm^2	
						1	0						
	1										1		

$1\ km^2 = 100\ ha$

$10\ m^2 = 0{,}10\ dam^2 = 1\ 000\ dm^2$

$1\ cm^2 = 0{,}01\ dm^2 = 100\ mm^2$

Pour commencer

1 **Recopie et effectue les conversions.**

$15\ m^2 = ...\ cm^2$ — $7\ ha = ...\ m^2$ — $36\ dam^2 = ...\ hm^2$

$4\ 500\ mm^2 = ...\ cm^2$ — $8\ cm^2 = ...\ mm^2$ — $2\ cm^2 = ...\ mm^2$

$6\ 000\ cm^2 = ...\ dm^2$ — $135\ m^2 = ...\ dm^2$ — $2\ 518\ cm^2 = ...\ m^2$

2 **Recopie et effectue les conversions.**

$56\ 500\ m^2 = ...\ ha$ — $9\ cm^2 = ...\ dm^2$ — $3\ 214\ m^2 = ...\ ha$

$0{,}128\ dm^2 = ...\ cm^2$ — $287\ cm^2 = ...\ m^2$ — $0{,}12\ m^2 = ...\ cm^2$

$0{,}56\ ha = ...\ a$ — $2{,}3\ m^2 = ...\ dm^2$ — $48\ 000\ m^2 = ...\ ha$

Travail oral

1 Monsieur et madame Bernard possèdent un terrain de 0,37 ha. Ils achètent un terrain de 2 300 m^2 qui borde le leur. Quelle est maintenant la superficie de leur propriété ?

2 Deux terrains, l'un de 1 ha, l'autre de 3 000 m^2 sont vendus ensemble au prix de 10 € le m^2. Quel est le prix d'achat total ?

3 Georges a collé bord à bord 40 gommettes carrées de 2 cm de côté chacune. Quelle surface a-t-il couverte avec ses gommettes ?

4 Elsa achète un morceau de moquette d'une surface de 20 m^2. Pour couvrir le sol de sa chambre, elle doit en supprimer deux morceaux, l'un de 1,5 m^2, l'autre de 170 dm^2. Quelle est la superficie de sa chambre ?

Problèmes

699 La carte d'un jeu de tarot a une aire de 68 cm^2. Quelle est l'aire, en m^2, du jeu complet de 78 cartes posées côte à côte ?

700 Pour construire un village olympique, une ville a acheté, à plusieurs propriétaires, quatre parcelles ayant les superficies suivantes : 2,54 ha, 43 600 m^2, 57 300 m^2 et 43 900 m^2. Quelle sera l'aire, en hectares, de ce village olympique ?

701 Un champ carré a un périmètre de 360 m. Quelle est la mesure de son côté ? Quelle est sa valeur à raison de 6 095 € l'hectare ?

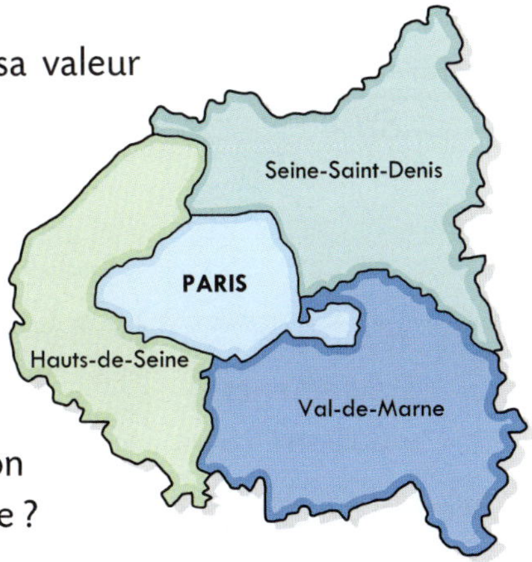

702 Paris et son agglomération urbaine* couvrent une superficie de 2 723 km^2. La capitale, seule, couvre 2 617,6 km^2 de moins. Quelle est, en hectares, la superficie de Paris ?

703 Une propriété de 3,56 ha est vendue à raison de 1,48 € le mètre carré. Quel est son prix de vente ?

704 Le Grand-Duché du Luxembourg a une superficie de 2 586 km^2, la Principauté d'Andorre a une superficie de 46 800 ha, la Principauté de Monaco une superficie de 200 ha et le Vatican une superficie de 0,44 km^2. Calcule quelle superficie totale, en km^2, représentent ces États européens. Avec une superficie de 550 000 km^2, la France est environ 18 fois, 90 fois ou 180 fois plus étendue que ces quatre États réunis ?

705 La forêt amazonienne a une superficie d'environ 5 500 000 km^2. Elle perd chaque année environ 52 000 km^2. Si cette déforestation continue au même rythme, calcule dans combien de temps la forêt amazonienne aura disparu.

706 Un cultivateur mesure le côté d'un champ carré en faisant 120 pas. Sachant qu'un de ses pas fait 81 cm, calcule l'aire de ce champ en mètres carrés, puis en hectares.

707 À la date du samedi 16 septembre 2007, il n'y avait plus que 4,13 millions de km^2 de glace restant dans l'Arctique, ce qui est encore inférieur au minimum de 2005 (5,32 millions de km^2). Quelle superficie de banquise a disparu en deux ans ?

708 Un lotissement* de 0,85 ha est divisé en 25 parcelles égales, vendues à 104 € le mètre carré. Quel est le prix de vente de chaque parcelle ? Pour l'acquérir, il faut également payer 775 € de frais de notaire. Quel sera le prix de revient de chaque parcelle pour son futur propriétaire ?

709 Sur un terrain carré de 128 mètres de côté, une ville prévoit de créer un complexe sportif selon ce plan.

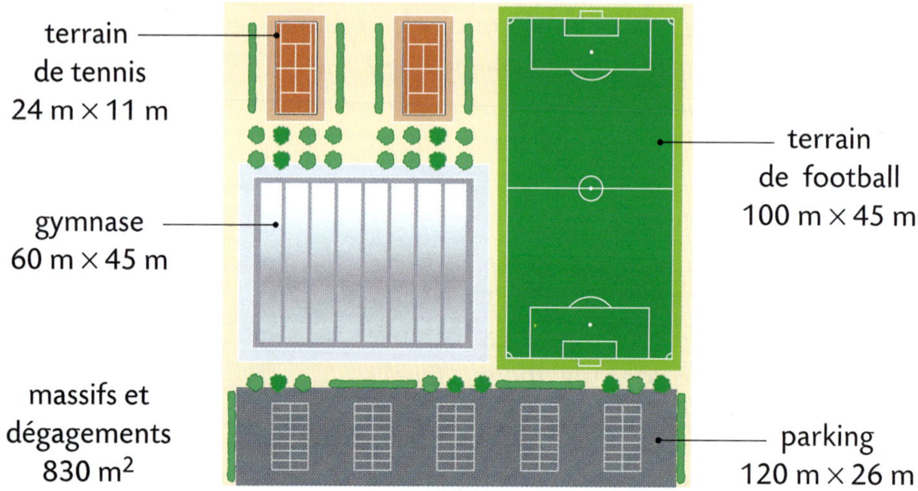

Le reste de la surface du terrain sera recouvert en sable stabilisé.
Calcule la superficie à réaliser en sable stabilisé.

710 Trois frères : Raphaël, Jérôme et Victor se partagent équitablement* un héritage qui est composé d'une maison valant 42 300 € et de deux terrains : un de 0,23 ha, et un autre de 1 750 m^2. Dans la région, les terrains sont vendus généralement 20 € le mètre carré. Quelle est la valeur de la part de chacun ?

Je travaille seul(e)

corrigé p. 234

711 Monsieur Simon a payé 30 000 € pour l'achat d'un terrain d'une superficie de 0,4 ha. Quel était le prix de vente au mètre carré ?

712 Un terrain d'une superficie de 1,80 ha a été divisé en parcelles de 200 m^2 chacune. Calcule le nombre de parcelles obtenu.
Chaque parcelle, sur laquelle est installé un mobile-home, est louée 1 219 € pour l'année. Calcule ce que rapporte chaque année la location de l'ensemble des parcelles.

Le périmètre du rectangle

Aide-mémoire

Périmètre du rectangle :
(longueur + largeur) × 2

Longueur du rectangle :
(périmètre : 2) – largeur

Largeur du rectangle :
(périmètre : 2) – longueur

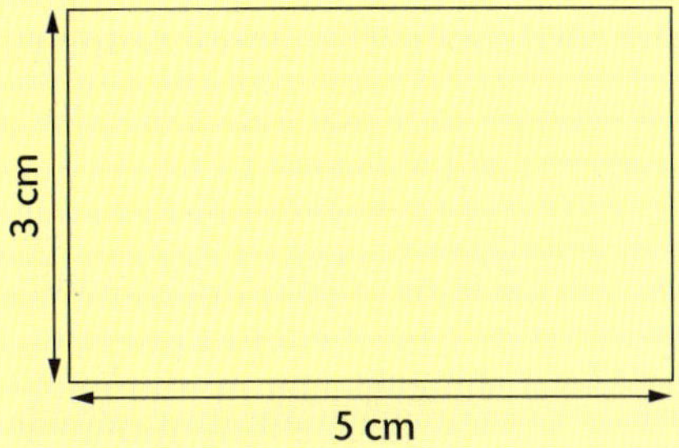

$(5 + 3) \times 2 = 16$
Le périmètre de ce rectangle est 16 cm.

Pour commencer

1 **Calcule le périmètre de ces deux rectangles.**

2 **Reproduis et complète le tableau.**

Longueur du rectangle	12 cm	38 cm	...	31 cm
Largeur du rectangle	7 cm	23,4 cm	13,75 cm	...
Demi-périmètre (L + ℓ)	...	...	54 cm	46,5 cm
Périmètre	...	...	...	...

3 **Reproduis et complète le tableau.**

Longueur du rectangle	14,2 cm	5,8 cm	...	...
Largeur du rectangle	8 cm	...	16,4 cm	13,6 cm
Demi-périmètre (L + ℓ)	...	...	39 cm	...
Périmètre	...	20 cm	...	98 cm

4 **Reproduis et complète le tableau.**

Longueur du rectangle	21 m	6 m	...	63 m
Largeur du rectangle	17 m	4,3 m	0,75 m	...
Périmètre	...	...	4,26 m	184 m

Travail oral

1 Quel est le périmètre d'un cadre de 20 cm de longueur sur 12 cm de largeur ?

2 Une aire de jeux de 25 mètres de longueur sur 10 mètres de largeur doit être entourée d'une clôture. Quelle sera la longueur de cette clôture si on laisse une ouverture de 2 mètres ?

3 Le pourtour d'une table rectangulaire mesure 6,40 m. La largeur de cette table est de 1,20 m. Quelle est sa longueur ?

4 L'encadrement d'un de mes tirages photos mesure 52 cm. Quel est le format de mes photos : 11 × 15 ou 13 × 18 ?

Problèmes

713 Un tapis de bain a une longueur de 90 cm et une largeur de 60 cm. Quel est son périmètre ?

714 Victor doit entourer une plaque de verre d'un mètre de longueur et 45 cm de largeur avec un ruban adhésif. Quelle longueur de ruban doit-il prévoir ?

715 On doit remplacer la gouttière d'un toit à quatre pans sur une maison rectangulaire de 14,20 m de long et de 9,30 m de large. Quelle longueur de gouttière faut-il commander ?

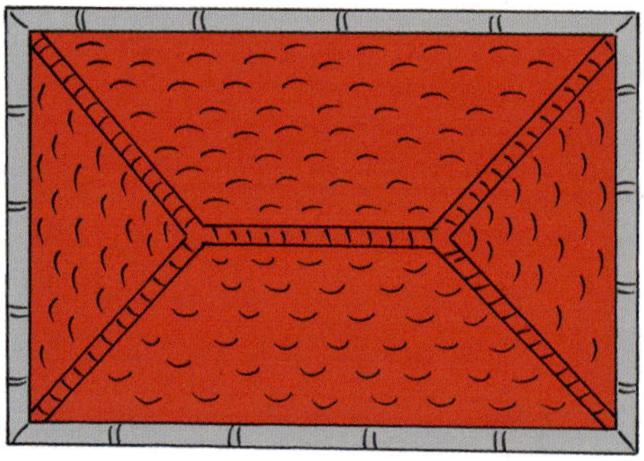

716 Laurence veut fabriquer un cadre de 40 cm de long et de 30 cm de large avec une baguette à 1,35 € le mètre. Calcule le coût de l'encadrement.

717 Monsieur Martinez veut entourer son jardin de 34 m de long sur 16 m de large d'une clôture revenant à 19,80 € le mètre. Il laissera une ouverture de 2,60 m pour la barrière. Calcule la longueur et le prix de cette clôture.

718 David veut encadrer un tableau mesurant 80 cm de long et 50 cm de large d'une baguette de bois doré valant 4,15 € le mètre. Quelle longueur de baguette, en m, doit-il acheter ? Quel sera le prix de l'encadrement ?

719 Pour une exposition de photographies, un encadreur doit préparer 56 cadres de 30 cm de longueur sur 20 cm de largeur et 20 cadres de 46 cm de longueur sur 30 cm de largeur. Tous les cadres seront réalisés avec une baguette de bois peinte en noir. Calcule la longueur totale de baguette nécessaire.

720 Les 24 élèves d'une classe confectionnent chacun un sous-verre rectangulaire de 25 cm de long sur 18 cm de large. Ils doivent ensuite entourer le sous-verre d'un galon adhésif. Quelle longueur de galon le professeur doit-il commander, en mètres, s'il estime la perte à 10 cm par sous-verre ?

721 Serge veut changer la plinthe* de la salle de séjour qui mesure 6,5 m de long et 5 m de large. Quelle longueur de plinthe doit-il acheter, sachant que la salle comprend deux portes : l'une de 0,80 m de large, l'autre de 0,90 m de large ?

722 Dans un immeuble en construction, un carreleur a 12 salles de bains identiques à carreler (plan ci-contre). Il doit installer dans chacune d'elles un listel décoratif, à mi-hauteur de chaque mur, sur tout le pourtour. Quelle longueur de listel doit-il prévoir ? Chaque listel mesurant 20 cm, combien de listels seront nécessaires ?

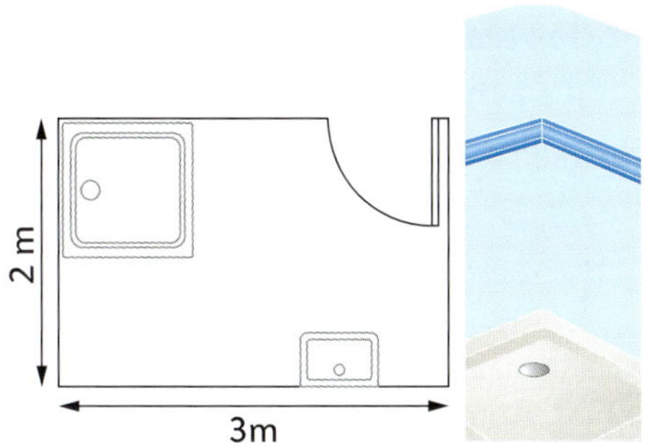

723 Monsieur Leroy veut clôturer son jardin rectangulaire dont les dimensions sont 46 m et 24 m avec une barrière de bois, vendue par éléments de 2 m de longueur. Il doit laisser deux ouvertures pour les portes : l'une de 3 m, l'autre de 1 m. Combien d'éléments de barrière doit-il commander ?

724 Un éleveur a clôturé sa prairie de 170 m de long sur 120 m de large avec trois rangées de fil de fer. Il a laissé une entrée de 3,50 m de large. Quelle longueur de fil de fer a-t-il utilisée ?

725 Pour un festival de musique, l'espace spectacle est entouré de barrières mesurant chacune 2,40 m de longueur. Calcule le nombre de barrières nécessaires (ces barrières ne sont pas prévues aux entrées). Utilise ta calculatrice.
Les deux parkings les plus proches sont entourés de ruban orange et blanc, vendu en rouleaux de 50 m. Calcule le nombre de rouleaux nécessaires (tu ne tiendras pas compte des entrées).

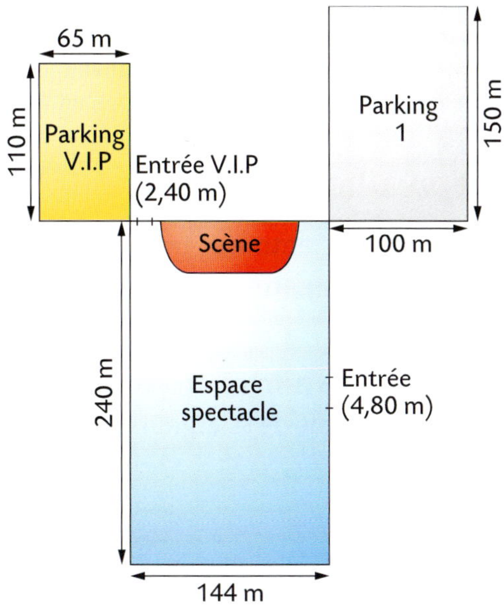

LE RECTANGLE : CALCUL D'UNE DIMENSION

726 Une carte routière rectangulaire mesure 3,64 m de périmètre. Sa largeur étant de 50 cm, quelle est sa longueur ?

727 Une couverture rectangulaire mesure 7,60 m de périmètre. Sa longueur étant de 220 cm, calcule sa largeur.

728 Un jardinier entoure d'un grillage bas un massif de fleurs de forme rectangulaire et dont la largeur mesure 4,80 m. Sachant qu'il a acheté 22,50 m de grillage, calcule la longueur du massif.

729 Au cours de leur échauffement, les joueurs d'une équipe de football font huit fois le tour du terrain et parcourent ainsi 2,960 km. La longueur du terrain de football étant de 110 m, calcule sa largeur.

730 Un parterre de fleurs rectangulaire doit être complètement entouré d'un petit grillage. Le jardinier dispose de 35 m de grillage. Il en utilise 12 m pour une longueur et s'aperçoit qu'il lui en manquera 3 m pour pouvoir terminer le travail. Quel est le périmètre du parterre de fleurs ? Quelle est sa largeur ?

731 Un tableau de forme rectangulaire a un périmètre de 6 m. La longueur mesure 60 cm de plus que la largeur. Quelles sont les dimensions de ce tableau ?

Je travaille seul(e)

corrigé p. 234-235

732 On veut entourer une table qui mesure 1,40 m de long sur 75 cm de large d'une baguette de bois. Quelle longueur de baguette de bois, en m, faut-il acheter ?

733 Maurane a tracé un rectangle de 42 cm de périmètre dont la longueur mesure le double de la largeur. Peux-tu retrouver les dimensions de ce rectangle ?

L'aire du rectangle

Aide-mémoire

Aire du rectangle :
longueur × largeur

Longueur du rectangle :
aire : largeur

Largeur du rectangle :
aire : longueur

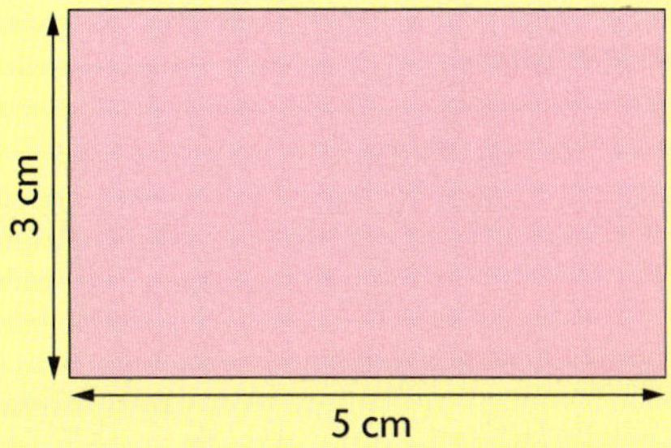

$5 \times 3 = 15$

L'aire de ce rectangle est de 15 cm^2.

Pour commencer

1 Reproduis et complète le tableau.

Longueur du rectangle	48 cm	60 cm	8 cm	...
Largeur du rectangle	31 cm	17,2 cm	...	6 m
Aire du rectangle	...	...	36 cm^2	49,2 m^2

2 Reproduis et complète le tableau.

Longueur du rectangle	5,7 m	4 m	17 cm	...
Largeur du rectangle	3 m	2,21 m	...	47 cm
Aire du rectangle	...	...	212,5 cm^2	2 538 cm^2

3 Reproduis et complète le tableau.

Longueur du rectangle	16 m	...	42 mm	...
Largeur du rectangle	...	60 cm	1,4 cm	150 m
Aire du rectangle	56 m^2	498 cm^2	...	4,875 ha

Travail oral

1 Une salle de classe mesure 12 m sur 8 m. Quelle est son aire ?

2 Une entreprise de peinture doit peindre le sol d'un entrepôt de 30 m de longueur sur 15 m de largeur. Quelle est la superficie à peindre ?

3 Lors d'une foire à la brocante, Louis et son père disposaient d'un emplacement de 12 m^2. L'emplacement ayant une profondeur de 3 m, quelle était la longueur de leur emplacement ?

4 Les Masson montent un garage en bois de 5 m de longueur représentant une surface de 15 m^2. Quelle est la largeur de ce garage ?

Problèmes

734 Un terrain de basket mesure 28 m de longueur et 15 m de largeur. Quelle est son aire ?

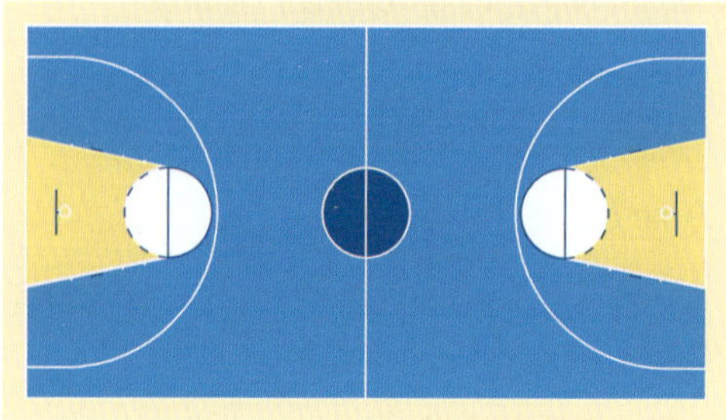

735 Un salon mesure 3,70 m de longueur et 2,80 m de largeur. Quelle est son aire ?

736 La cour d'une école a la forme d'un rectangle de 58,5 m de long et 18,25m de large. Calcule l'aire de cette cour.

737 Un parc rectangulaire, qui mesure 320 m de longueur, a une aire de 56 320m^2. Quelle est sa largeur ?

738 Madame Nguyen achète 27 930 € un terrain rectangulaire de 42 m de long et 35 m de large. Quel est le prix de vente au mètre carré ?

739 Pour réaliser un dessus-de-lit en patchwork*, Isabelle assemble 198 rectangles de tissus divers, mesurant chacun 24 cm de longueur et 12 cm de largeur. Quelle sera l'aire du dessus-de-lit obtenu ?

740 Monsieur Lopez veut carreler le plan de travail rectangulaire de la cuisine. Le plan de travail mesure 1,70 m de longueur sur 60 cm de largeur. Il veut utiliser des carreaux d'une surface de 100 cm^2. Combien de carreaux doit-il commander ?
Choisis la bonne réponse :
a) un peu plus de 50 carreaux ;
b) un peu plus de 100 carreaux ;
c) un peu plus de 200 carreaux.

741 Henry veut repeindre les plafonds de la salle de séjour et de deux chambres ; il relève les dimensions suivantes :
– salle de séjour : longueur = 6,40 m, largeur = 4,80 m ;
– première chambre : longueur = 3,75 m, largeur = 2,70 m ;
– seconde chambre : longueur = 4 m, largeur = 2,70 m.
Il veut passer deux couches de peinture. Quelle est la surface totale à peindre ? Un pot de peinture permet de couvrir 38 m^2. Henry a prévu d'acheter trois pots. Est-ce suffisant ?

742 Le père de Margaux a vendu un terrain rectangulaire au prix de 23 712 €. Le prix de vente du mètre carré étant de 13 € et la longueur du terrain mesurant 76 m, calcule sa largeur.

743 Dans un terrain rectangulaire de 180 m de longueur, on élève 45 chevaux. Pour qu'ils puissent s'ébattre librement, il faut 300 m^2 par cheval. Calcule la largeur de ce terrain.

744 Sur une page de 32 cm sur 24 cm, Emeline doit coller trois photos de format 11 × 15 (en cm). Calcule la surface qui ne sera pas recouverte par les photos.

Je travaille seul(e)

corrigé p. 235

745 Pour construire leur maison, les parents de Virginie achètent un terrain rectangulaire dont les mesures sont les suivantes : L = 46,5 m, ℓ = 28 m. Le prix au mètre carré étant de 32 €, calcule le prix d'achat de ce terrain.

746 La chambre de Pauline a la forme d'un rectangle de 4 m de long. La moquette neuve a coûté 234 €, à raison de 18 € le mètre carré. Quelle superficie de moquette a-t-on achetée ? Quelle est la largeur de la chambre ?

Le périmètre du carré

Aide-mémoire

Périmètre du carré :
côté $\times$ 4

Côté du carré :
périmètre $\times$ 4

3,8 $\times$ 4 = 15,2
Le périmètre de ce carré est de 15,2 cm.

Pour commencer

1 **Calcule le périmètre de ces deux carrés.**

2 **Reproduis et complète le tableau.**

Mesure du côté	5,8 cm	6,9 m	85 cm	…
Périmètre du carré	…	…	…	14,4 cm

3 **Reproduis et complète le tableau.**

Mesure du côté	4,1 m	…	1,06 m	…
Périmètre du carré	…	592 cm	…	94,8 hm

Travail oral

1 Le côté d'un échiquier mesure 20 cm. Quel est son périmètre ?

2 Le bureau où travaille Estelle a la forme d'un carré de 4 m de côté. Calcule son périmètre.

3 Un livret carré a 60 cm de périmètre. Quelle est la mesure de son côté ?

4 Un boîtier carré pour CD a 48 cm de périmètre. Combien mesure son côté ?

Problèmes

747 La cour d'une école a la forme d'un carré de 27 m de côté. Quel est son périmètre ?

748 Une table de salon, de forme carrée, a un périmètre de 3,20 m. Quelle est, en cm, la mesure d'un côté ?

749 Pour Noël, un commerçant entoure la vitrine carrée de son magasin d'une frise décorative longue de 10,20 m. Quelle est la largeur de la vitrine ?

750 Une pendule de forme carrée a un périmètre de 92 cm. Quelle est la mesure de son côté ?

751 Un samedi soir, huit personnes se retrouvent autour d'une table carrée ; chacune dispose de 65 cm. Quel est le périmètre de la table ? Quelle est la longueur de son côté ?

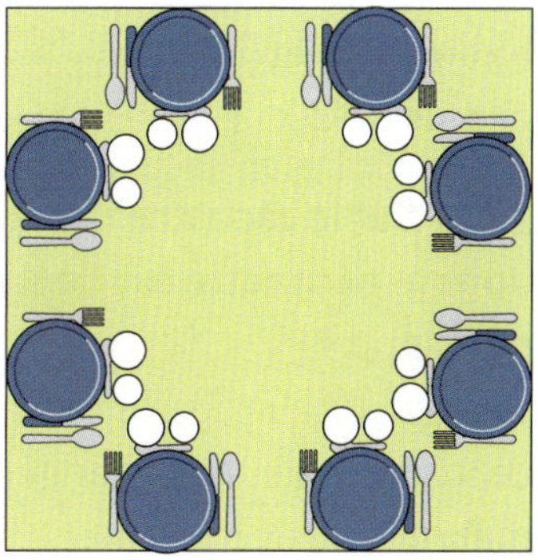

752 Un rectangle de 24 cm de long sur 18 cm de large a le même périmètre qu'un carré. Quelle est la mesure du côté de ce carré ?

753 Pour entourer un tableau carré de 50 cm de côté d'une moulure dorée, un artisan demande 80 €. La main-d'œuvre étant de 53 €, quel est le prix d'un mètre de moulure ?

754 Karine veut poser une plinthe*, coûtant 4,95 € le morceau de 2 m, autour de la salle de séjour carrée de 4,25 m de côté. La pièce a une porte de 80 cm de large et une porte-fenêtre de 2,20 m. Combien dépensera Karine ?

755 Nicolas élève une barrière de sécurité autour de sa piscine carrée. La dépense, à raison de 29 € le mètre, portillon d'accès compris, est de 928 €. Quel est le périmètre de la piscine ? Quelle est la longueur d'un côté de la piscine ?

756 Madame Rossi a acheté, pour protéger la véranda du soleil, une toile carrée d'une valeur de 22,85 € et l'a entourée d'un galon. Elle a payé en tout 31,65 €. Calcule la longueur du côté de cette toile, sachant que le mètre de galon vaut 2 €.

757 Des artisans refont, sur le toit d'un immeuble carré de 35,70 m de côté, un joint imperméable qui coûte, pose comprise, 109 € le mètre. S'il y a 84 copropriétaires* dans l'immeuble, quelle part chacun devra-t-il payer ?

758 Un verger carré de 90 m de côté est entouré de trois rangées de fil de fer barbelé coûtant 27 € le rouleau de 100 m. On garde une entrée de 8 m pour le passage des engins agricoles, et on y met une double-barrière valant 284 €. Quelle a été la dépense pour clôturer ce verger ?

759 Un bac à douche carré de 3,80 m de périmètre est recouvert sur deux côtés, et sur une rangée, de carreaux de faïence de 15 cm de côté. Combien de carreaux ont-ils été nécessaires ? Choisis la bonne réponse.
a) entre 10 et 15 ;
b) entre 15 et 20 ;
c) plus de 20.

760 Sur le cadastre* à l'échelle 1 / 2 500, un terrain est représenté par un carré dont le périmètre est de 4 cm. Quelle est la dimension réelle, en m, du côté de ce champ ?
Un agriculteur disposant de 9 rouleaux de 25 m de fil de fer pourra-t-il clôturer ce champ de trois rangées superposées ? Sinon, combien de rouleaux lui manquera-t-il ?

Je travaille seul(e)

corrigé p. 235

761 On entoure un jardin carré, de 28 m de côté, d'une clôture coûtant 19 € le mètre (pose comprise) en laissant une entrée de 2 m de large. Quel est le périmètre du jardin ? Quel est le prix de la clôture ?

762 Un artisan-encadreur fabrique sept cadres carrés identiques de 30 cm de côté. Il utilise pour trois cadres une baguette valant 9,50 € le mètre et pour les autres cadres une baguette valant 14 € le mètre. Calcule le coût total des encadrements.

L'aire du carré

Aide-mémoire

Aire du carré :
côté × côté

3,5 × 3,5 = 12,25
L'aire du carré est de 12,25 cm².

Pour commencer

1 **Calcule l'aire du carré.**

2 **Reproduis et complète le tableau.**

Mesure du côté	27 cm	43 mm	36 m
Aire du carré	...	...	...

3 **Reproduis et complète le tableau.**

Mesure du côté	4,2 cm	18 m	103 cm
Aire du carré	...	...	...

Travail oral

1 Marina accroche au mur de sa chambre un poster carré de 80 cm de côté. Quelle est son aire ?

2 Le garage de la maison est carré et mesure 5 m de côté. Calcule son aire.

3 Madame Breton a acheté un abri de jardin carré de 3 m de côté. Quelle est son aire ?

4 Un livre de photographies de format carré mesure 20 cm de côté. Quelle est l'aire maximale d'une photo imprimée dans ce livre ?

Problèmes

763 Quelle est l'aire d'un échiquier composé de 64 cases de 3,5 cm sur 3,5 cm ?

764 Un CD est rangé dans une pochette cartonnée de 125 mm de côté. Quelle est, en cm^2, l'aire de cette pochette ?

765 Dans un album de photographies, sur une page blanche carrée de 35 cm de côté, Antoine colle quatre photos carrées de 8 cm de côté. Calcule l'aire de la surface blanche non utilisée.

766 Un terrain carré mesure 43,5 m de côté. Quelle est son aire ?
Il est vendu 99 € le mètre carré. Quel est son prix ?

767 Mon oncle a un jardin carré de 25 m de côté. Combien de jours lui faudra-t-il pour le bêcher* entièrement s'il retourne 125 m^2 par jour ?

768 Une salle de classe a la forme d'un carré de 8 m de côté. Quelle est l'aire de la classe ? On estime que le maître et chaque élève doivent disposer de 2 m^2. Combien cette classe peut-elle contenir d'élèves au maximum ?

769 Ce panneau routier québécois signifie « Présence potentielle d'animaux sauvages, présence d'orignaux ». On peut le trouver dans les dimensions suivantes :

Dimensions (en mm)				
300 × 300	600 × 600	750 × 750	900 × 900	1 200 × 1 200

Calcule, dans chaque cas, l'aire du panneau en cm^2.

770 Un agriculteur cultive un champ carré de 175 m de côté. Sa surface est consacrée à la culture de la pomme de terre avec un rendement* de 2,5 t à l'hectare (1 ha = 10 000 m^2). Quelle sera la récolte, en tonnes, de pommes de terre ?

771 Un terrain carré de 29 m de côté doit être entièrement semé de gazon. Quelle est l'aire de ce terrain ? On doit utiliser un kilogramme de gazon pour 35 m^2. Combien de kilogrammes de gazon faut-il prévoir ?

772 Véronique peint le plafond carré d'une chambre dont le côté mesure 3,70 m et passe deux couches de peinture valant 15,35 € le pot. Quelle sera la dépense s'il faut un pot pour peindre 10 m^2 ?

773 Deux frères, Michel et Guy, ont hérité chacun d'un terrain carré. Le terrain de Michel fait 27 m de côté et vaut 53 € le mètre carré ; celui de Guy a 15,50 m de côté, mais vaut 88 € le mètre carré. Lequel des deux frères a hérité du terrain le plus cher ? Combien devra-t-il donner à l'autre pour que le partage soit équitable ?

774 La cour de récréation de forme carrée a un périmètre de 160 m. Calcule le nombre d'enfants pouvant y jouer, sachant que l'on prévoit 8 m^2 par enfant.

775 Une classe de cours moyen réalise un petit jardin japonais constitué de trois carrés de 1,60 m de côté. Le sol de chaque carré est recouvert de petits galets blancs vendus en sacs de 25 kg au prix de 18,90 € le sac. On utilise deux sacs pour couvrir un mètre carré. Calcule le coût total des galets.
La maîtresse a également acheté un tissu à placer sous les galets pour empêcher les herbes de pousser et quelques plantes pour un prix total de 62 €. Calcule le prix de revient total du jardin japonais.

La moitié du coût est financée par la mairie, l'autre moitié par l'association des parents d'élèves. Quel sera le montant payé par chacun ?

776 La cour intérieure carrée d'une usine mesure 60 m de côté. Son aire se trouve réduite par la construction d'un parc de 25 places occupant chacune 11 m^2. Quelle est la nouvelle aire de la cour ?

777 Madame Chalon veut changer la moquette de sa chambre à coucher carrée qui mesure 3,80 m de côté. Elle choisit une moquette vendue en rouleau de 4 m de largeur et en commande une longueur de 4 m. Quel est le prix de l'achat si le mètre carré vaut 7,80 € ? Quelle sera, en m^2, l'aire du morceau de moquette perdu ?

778 Pascal veut carreler le sol de l'entrée carrée, ayant un périmètre de 12 m, avec des carreaux de 12 cm sur 12 cm. Ceux-ci sont vendus par cartons de 25, au prix de 20,50 € le carton. Quelle sera sa dépense ?

Je travaille seul(e)

corrigé p. 235

779 Dans un jardin carré engazonné de 25 m de côté, on construit une piscine carrée de 4,25 m de côté. Quelle sera l'aire de la piscine ? Quelle surface restera alors engazonnée ? Arrondis au centième par défaut.

780 Un lotissement est composé de 11 terrains carrés mesurant 17,50 m de côté et de 7 autres terrains carrés de 13,60 m de côté. Quelle est l'aire totale de ce lotissement* ? Le mètre carré de terrain étant vendu 118 €, quel prix le lotisseur tirera-t-il de toutes ces parcelles* ?

L'aire du triangle

Aide-mémoire

Aire du triangle :
(base × hauteur) : 2

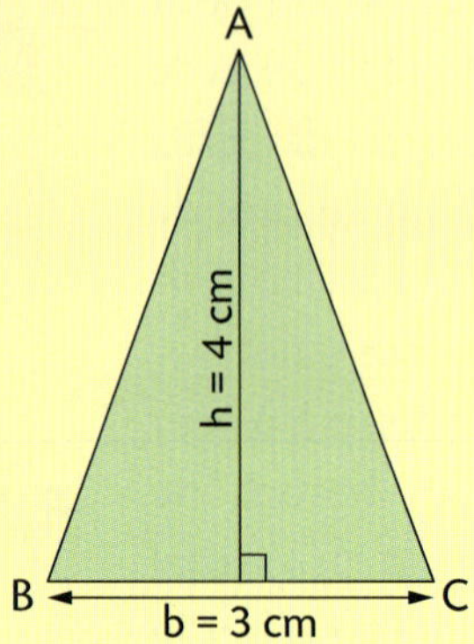

$(3 \times 4) : 2 = 6$
L'aire du triangle ABC est de 6 cm^2.

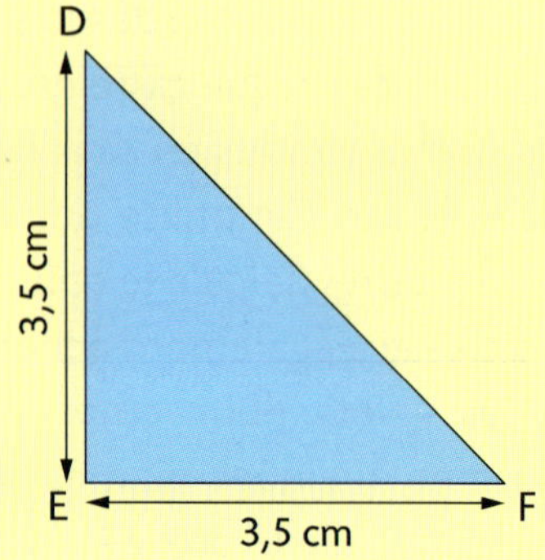

$(3{,}5 \times 3{,}5) : 2 = 6{,}125$
L'aire du triangle rectangle DEF est de 6,125 cm^2.

Pour commencer

1 **Calcule l'aire de ce triangle.**

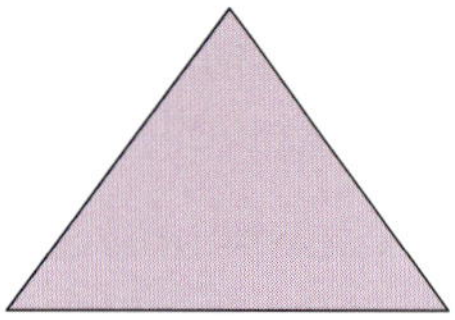

2 **Dessine un triangle de base 9 cm et de hauteur 6,8 cm, puis calcule son aire.**

3 **Calcule l'aire de ces triangles.**

Triangle	**Base** (en cm)	**Hauteur** (en cm)	**Aire** (en cm^2)
ABC	4	7	
DEF	15	18	
GHI	3,8	5,4	

Travail oral

1 Calcule l'aire d'une cour ayant la forme d'un triangle de 4 m de base et 10 m de hauteur.

2 Calcule l'aire d'un drapeau de forme triangulaire mesurant 8 dm de base et 9 dm de hauteur.

3 Un champ a la forme d'un triangle de 80 m de base et 60 m de hauteur. Quelle est son aire ?

4 Une table basse a la forme d'un triangle de 70 cm de base et 70 cm de hauteur. Quelle est son aire ?

Problèmes

781 Dans la commune de Verzy, un parc ayant la forme d'un triangle de 36 m de base et 29 m de hauteur est aménagé pour les enfants. Quelle est l'aire de ce parc ?

782 Le sol d'une salle de spectacle a la forme d'un triangle rectangle de 34 m de base et 82 m de hauteur. Quelle est la superficie de cette salle ?

783 Sur un terrain triangulaire de 48 m de base et 35 m de hauteur, on construit une maison rectangulaire de 18,5 m de long et 12 m de large. Le reste du terrain est ensemencé en pelouse. Quelle sera l'aire de cette pelouse ?

784 Au salon du Livre, le stand des éditions *Tire-Lire* a la forme d'un triangle de 8,20 m de base et 5,40 m de hauteur. Quelle est l'aire de ce stand ?

785 Les panneaux triangulaires signalent un danger. Saurais-tu identifier chaque danger annoncé ?

Un panneau mesure 700 mm de base et 600 mm de hauteur. Calcule son aire en cm^2.
Le matériau pour fabriquer ces panneaux est au prix de 12,50 € le m^2. Quel est le prix de revient pour ces quatre panneaux ?

786 Une parcelle* de terrain triangulaire a 30,5 m de base. La hauteur mesure le double de la base. Cette parcelle est vendue au prix de 19 € le mètre carré. Quel est le prix de vente de ce terrain ?

787 Les surfaces vitrées d'un petit immeuble ont la forme de triangles de 1,60 m de base et 1,20 m de hauteur. À chaque étage, on compte 12 vitres identiques.
Sachant que cet immeuble comporte trois étages et un rez-de-chaussée ayant quatre vitres de moins qu'un étage, quelle est la surface vitrée totale de cet immeuble ?

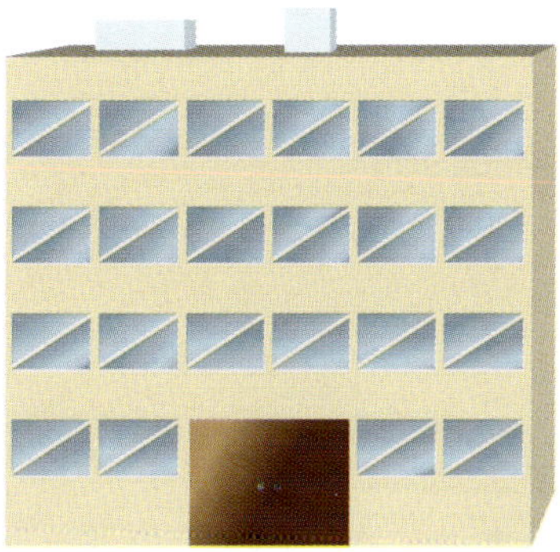

788 Sur un terrain triangulaire de 160 m de base et 65 m de hauteur, Jean souhaite planter des arbres fruitiers. Il estime à 25 m^2 la superficie nécessaire à la croissance de chaque arbre. Combien d'arbres devra-t-il acheter ?

789 Un jardin a la forme d'un triangle rectangle ; un des côtés de l'angle droit mesure 25 m ; l'autre côté de l'angle droit mesure 3 m de plus. Quelle est l'aire de ce jardin et sa valeur, à raison de 8 € le m^2 ? Fais un croquis.

790 La figure ci-dessous représente un terrain partagé en deux parties par une clôture. La superficie totale étant de 1 122 m^2, calcule la longueur de la partie rectangulaire.

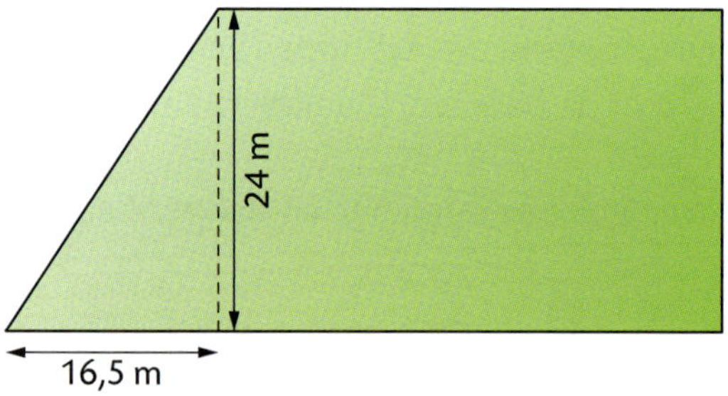

Je travaille seul(e)

corrigé p. 235

791 Un massif de fleurs a la forme d'un triangle rectangle de 6 m de hauteur et 4 m de base. Quelle est l'aire de ce massif ?

792 Monsieur Chevalier fabrique une petite table en forme de triangle rectangle pour occuper un coin de sa salle de séjour. Les deux côtés de l'angle droit mesurent chacun 0,6 m. Il recouvre cette table d'une plaque de verre valant 22 € le mètre carré. À combien lui revient la plaque de verre ?

Le périmètre du cercle

Aide-mémoire

Périmètre du cercle : **diamètre × 3,14**
Diamètre = **rayon × 2**
Le nombre 3,14 est une valeur approchée du nombre π (se lit *pi*), défini pour la première fois par Archimède (287–212 av. J.-C.).
Le symbole π est la première lettre du mot grec περιμετρο qui signifie périmètre.

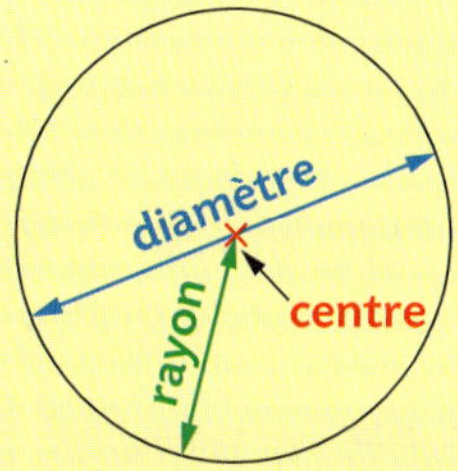

Pour commencer

1 **Calcule le périmètre de ce cercle.**

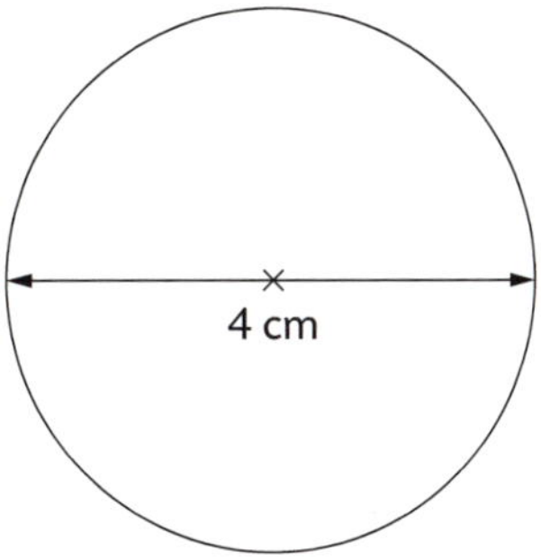

2 **Reproduis et complète le tableau.**

Rayon du cercle	3 cm	...	...
Diamètre du cercle	...	9 cm	11 cm
Périmètre du cercle	...	...	...

3 **Reproduis et complète le tableau.**

Rayon du cercle	...	...	4,5 cm
Diamètre du cercle	...	27 cm	...
Périmètre du cercle	314 mm	...	...

4 **Reproduis et complète le tableau.**

Rayon du cercle	7 cm	...	...
Diamètre du cercle	...	18 dm	...
Périmètre du cercle	...	...	15,7 cm

5 **Reproduis et complète le tableau.**

Rayon du cercle	...	5 cm	...
Diamètre du cercle	...	...	19 cm
Périmètre du cercle	6,28 cm	...	...

Problèmes

793 Une terrasse circulaire a un diamètre de 9 m. Calcule son périmètre.

794 Les rayons d'une bicyclette mesurent 27 cm. Quel est le périmètre de chacune des roues ?

795 On veut entourer de grillage un puits circulaire de 1,15 m de rayon. Quelle longueur de grillage faudra-t-il acheter ?

796 Un panneau de signalisation routière a la forme d'un cercle de 27,5 cm de rayon. Calcule, en mètres, son périmètre.

797 Un rond-point de 17 mètres de diamètre est entouré d'un trottoir. Quelle est la longueur de ce trottoir ?

798 Dans le jardin d'un château, une pelouse circulaire de 4,5 mètres de rayon est entourée d'une petite haie de buis. Quelle est la longueur de cette haie ?

799 Une roue du vélo de Tom mesure 55 cm de diamètre. Calcule son périmètre. Quelle distance, en m, aura été parcourue après 100 tours, puis 500 tours de roue ?

800 On remplace le galon sur les deux cercles d'un abat-jour. Quelle sera la longueur de galon nécessaire si les diamètres des cercles sont respectivement de 30 cm et 35 cm ?

801 La Terre a un diamètre, au niveau de l'équateur, de 12 761 km. Calcule, au kilomètre près par excès, la circonférence de l'équateur.

802 Un tronc d'arbre a un diamètre de 0,8 m à un mètre du sol. Calcule sa circonférence.

803 Dans un parc public, des massifs identiques sont entourés d'une bordure. Quelle longueur de bordure faut-il prévoir ?

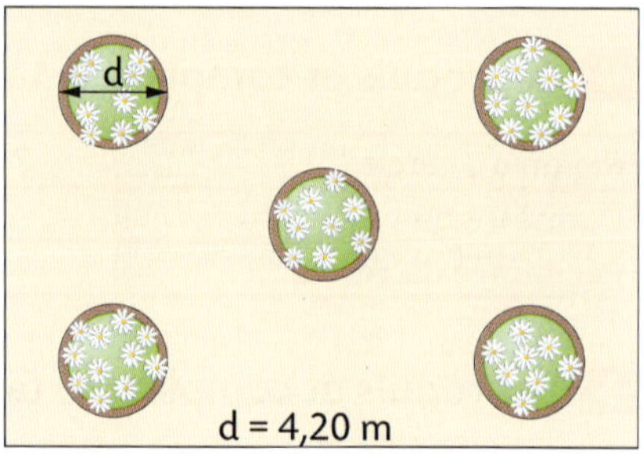

804 Éva joue avec un cerceau de 80 cm de diamètre. Combien de tours complets le cerceau a-t-il effectués si elle l'a lancé sur une distance de 21 m ?

805 Calcule le périmètre du cercle ci-contre.

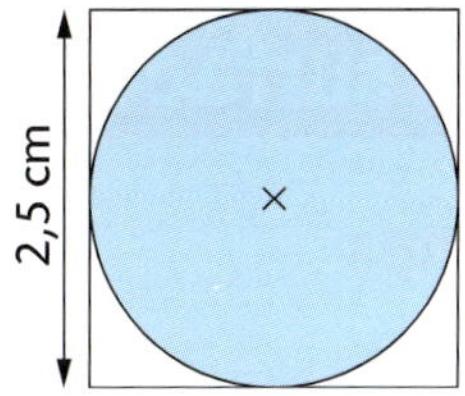

Pour résoudre les problèmes suivants, utilise ta calculatrice.

806 Le tronc d'un épicéa géant, âgé de 180 ans, a un pourtour de 3,30 m à un mètre du sol. Quel est, au centimètre près par défaut, le diamètre de ce tronc ?

807 Un cercle a un périmètre de 47,1 cm. Quel est son rayon ?

808 Un dresseur, placé au centre d'un manège circulaire, tient un cheval par une corde tendue et le fait tourner en suivant les barrières. Après 15 tours de piste, le cheval a parcouru 612,30 m. Quelle est la longueur de la corde ?

809 On entoure un bassin circulaire d'un grillage situé à 50 cm du bord. La longueur du grillage étant de 14,13 m, quel est le diamètre de ce bassin ?

810 Le dessin ci-contre représente l'enseigne lumineuse de la discothèque *Le Discovosges*. Le nombre 88 est en néons*, ainsi que le grand cercle dont la longueur est de 6,908 m. Calcule la longueur totale du nombre 88. Calcule le diamètre du grand cercle.

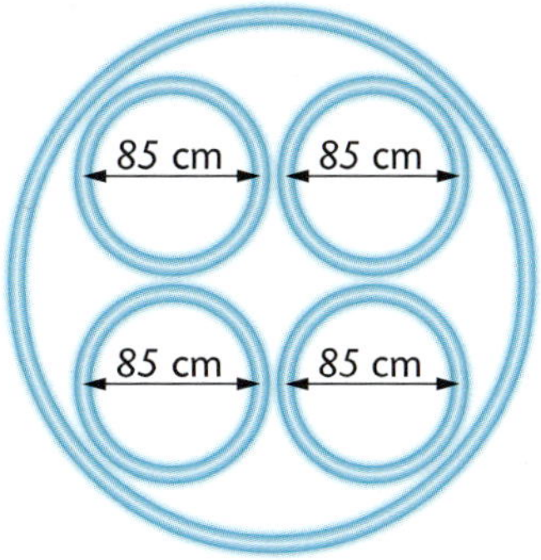

Je travaille seul(e)

corrigé p. 235

811 Le dessin ci-contre représente un massif de fleurs qui doit être entouré d'un petite haie de buis. Calcule la longueur de cette haie.

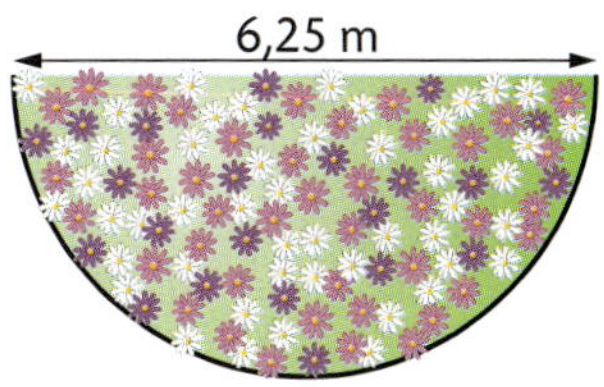

812 Ma bicyclette a des roues de 65 cm de diamètre. Combien de tours chaque roue a-t-elle effectués lorsque j'ai parcouru 1 km ? (Arrondis à l'unité près par excès.) Utilise ta calculatrice.

Aire de surfaces décomposables

Problèmes

813 Sur l'enseigne* lumineuse d'un magasin, on voit la lettre représentée ci-contre. Calcule son périmètre en mètres, puis son aire en mètres carrés.

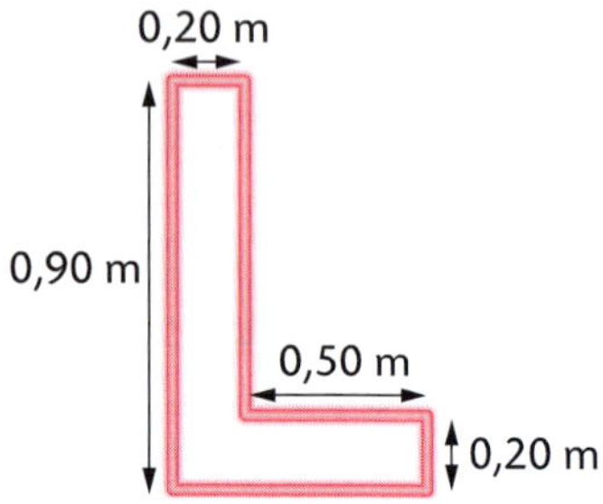

814 Observe la figure ci-dessous, puis calcule les aires des parties A, B et C. Vérifie que les trois aires additionnées correspondent à l'aire de la figure initiale, soit 960 m^2.

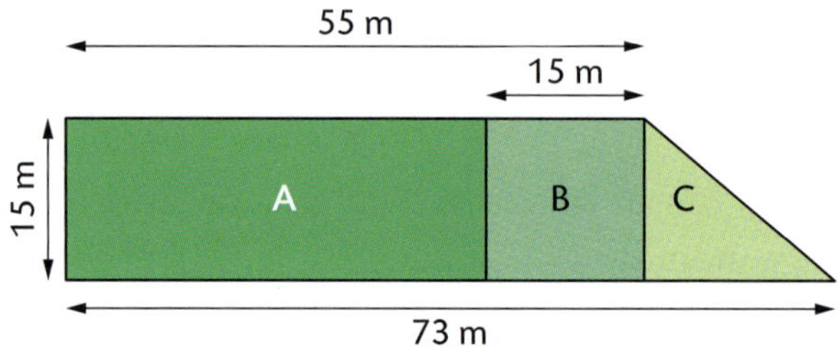

815 La surface totale du terrain de sport représenté ci-dessous est de 146,24 ares. Quelle est l'aire, en m^2, de chaque demi-cercle ?

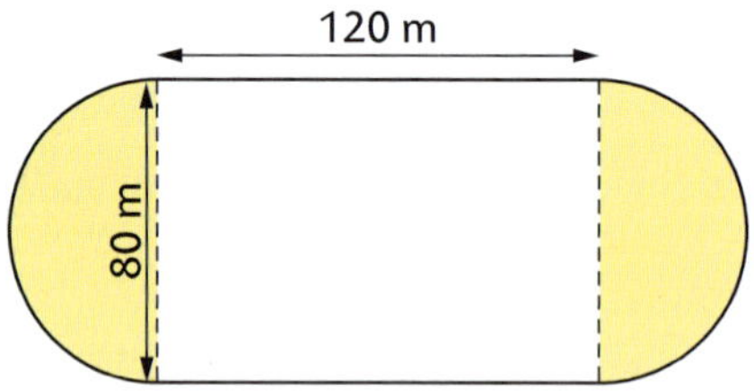

816 Voici le plan d'une école. Calcule l'aire de la cour.

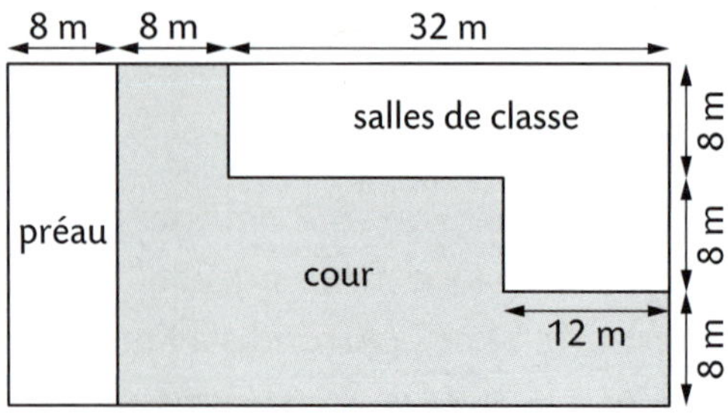

817 Voici le plan d'une propriété. Calcule l'aire de la pelouse.

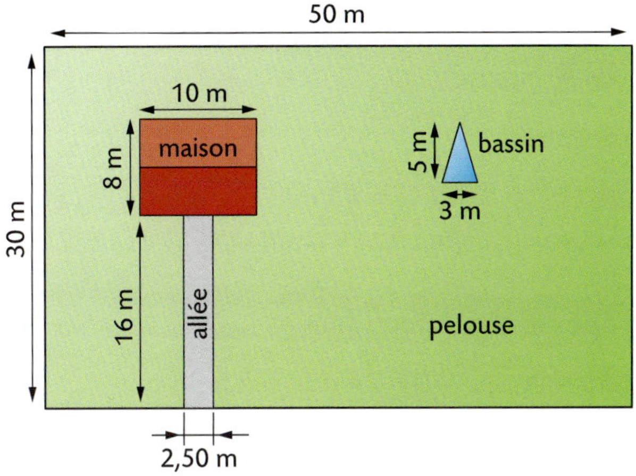

818 Un agriculteur vend son champ qui a la forme de la figure ci-dessous. Combien vaut ce terrain, à raison de 5 340 € l'hectare ?

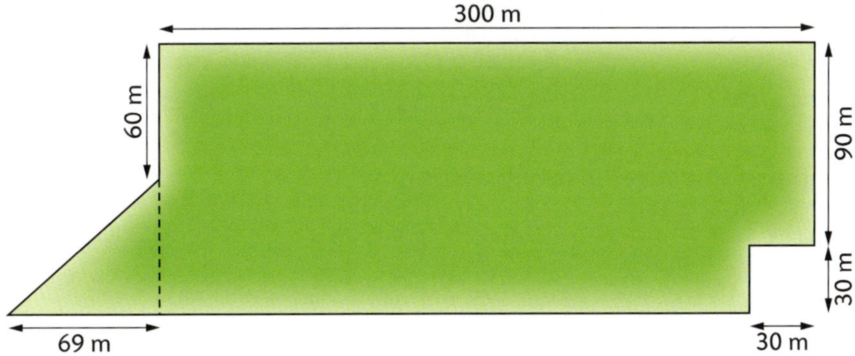

819 Une grande agglomération projette de construire un aérodrome ; elle achète pour cela le terrain représenté ci-dessous, au prix de 14 € le mètre carré. Quel budget devra-t-elle prévoir pour l'acquérir ?

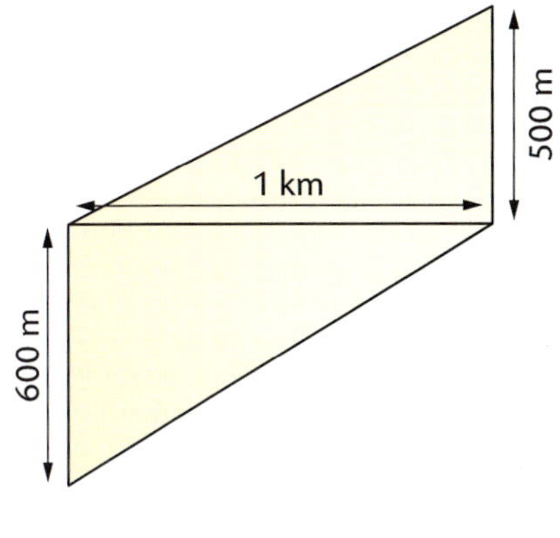

Synthèse

Pour commencer

1 Recopie et complète.

4 min et 35 s = ... s
2 h et 45 min = ... min
2 j et 5 h = ... h
86 h = ... j et ... h
425 s = ... min et s
227 min = ... h et ... min

2 Effectue les opérations demandées.

4 h 15 min + 2 h 53 min
10 h 24 min – 2 h 38 min
7 h – 3 h 15 min

3 Recopie et effectue les conversions.

170 cm = ... dm
5 m et 5 cm = ... cm
3 km et 2 hm = ... m
4 720 mm = ... cm
8 km et 400 m = ...m
10 000 m = ... km

4 Recopie et effectue les conversions.

279 cm = ... m
6 m et 6 cm = ... m
1 km et 20 m = ... m
583 mm = ... cm
85 cm = ... m
1 m et 58 cm = ... mm

5 Recopie et effectue les conversions.

859 g = ... kg
10 g et 5 cg = ... cg
4 kg et 300 g = ... g
950 g = ... kg
2 kg et 50 g = ... hg
1 975 kg = ... t

6 Recopie et effectue les conversions.

320 cL = ... L
7 L et 3 cL = ... mL
9 L et 200 mL = ... mL
215 mL = ... cL
2 hL et 40 L = ... L
3 700 mL = ... L

7 Reproduis et complète le tableau.

Longueur du rectangle	8,4 cm	61 m	...	56 cm
Largeur du rectangle	7 cm	24,5 m	13 m	...
Périmètre du rectangle	...	...	...	167 cm
Aire du rectangle	...	...	312 m^2	...

8 Reproduis et complète le tableau.

Côté du carré	82 m	...	...	68 cm
Périmètre du carré	...	225,6 cm	...	...
Aire du carré	...	...	4 m^2	...

9 **Reproduis et complète le tableau.**

Rayon du cercle	...	16 cm	...
Diamètre du cercle	41 cm	...	...
Périmètre du cercle	...	...	31,4 m

10 **Reproduis et complète le tableau.**

Longueur du pavé droit	9 cm	1 m	12 cm
Largeur du pavé droit	3,2 cm	0,5 m	...
Hauteur du pavé droit	12 cm	...	12 cm
Volume du pavé droit	...	0,35 m^3	288 cm^3

Problèmes

820 **Recopie et complète.**

Le premier télescope a été construit par Isaac Newton en 1671. Depuis cette date, il s'est écoulé ... siècles, ... décennies et ... ans.

821 Un groupe d'alpinistes européens prévoit une expédition en Himalaya pour tenter l'ascension du Baruntse qui culmine à 7 220 m. Le départ de Paris doit avoir lieu le 28 septembre au matin avec un retour le 2 novembre au soir. Calcule la durée prévue pour cette expédition.

822 En 1718, les Français fondent La Nouvelle-Orléans, capitale de la Louisiane. En 1803, Napoléon vend la Louisiane aux États-Unis : elle forme le dix-huitième État en 1812.

– En 2010, combien d'années se sont écoulées depuis la fondation de La Nouvelle-Orléans ?

– Pendant combien de temps la ville de La Nouvelle-Orléans est-elle restée française ?

– Depuis combien d'années la Louisiane est-elle un État américain ?

823 Lors d'une course, un navigateur solitaire est resté 109 heures en mer. Exprime cette durée en jours et en heures. S'il a pris le départ de l'épreuve le dimanche à 15 h, quel jour et à quelle heure a-t-il franchi la ligne d'arrivée ?

824 Une horloge avance de 15 secondes par heure. On la met à l'heure à 20 h. Quelle heure marquera-t-elle le lendemain quand il sera précisément 20 h ?

825 Olivia, qui est née le 16 mai 1996, dit à ses amies : « Aude, je suis plus âgée que toi de 6 mois et 3 jours, mais toi, Léa, tu es mon aînée de 2 mois et 12 jours. » Quelles sont les dates de naissance d'Aude et de Léa ?

826 La finale d'un grand tournoi d'échecs a débuté à 19 h 45 et s'est terminée à 22 h 02. Quelle a été la durée de la partie ? Le vainqueur ayant eu besoin de 1 h 17 min pour jouer ses coups, quel a été le temps utilisé par le second joueur ?

827 En juin 1895 eut lieu la première course automobile officiellement contrôlée : *Paris-Bordeaux-Paris*. Le plus rapide à parcourir les 1 178 km de l'épreuve fut Émile Levassor en 48 h 47 min 30 s avec une panne de 22 min. Avec un départ le 11 juin à midi, calcule son jour et son heure d'arrivée.
En arrondissant à 49 heures la durée de la course, calcule la vitesse moyenne réalisée par Émile Levassor.

828 Calcule les distances :
- Paris – Bourges ;
- Bourges – Saint-Flour ;
- Orléans – Montluçon ;
- Montluçon – Saint-Flour ;
- Orléans – Clermont-Ferrand ;
- Paris – Clermont-Ferrand.

Si le compteur kilométrique de la voiture indique 53 068 km au passage à Montluçon, que marquait-il au départ de Paris ?

829 L'entreprise artisanale *Sud-Ouest Tradition* expédie 36 boîtes de 750 g de confit de canard, 144 boîtes de 200 g de pâté de canard aux olives et 90 boîtes de 60 g de foie gras de canard. Indique, en kg, la masse totale expédiée.

830 En expédition dans le Pacifique sud, le commandant Rousseau observe aux jumelles une colonie de morses composée d'un mâle et de cinq femelles. Il estime le poids du mâle à 1,3 t et le poids de chaque femelle à 550 kg. Quelle masse, en tonnes, représente cette colonie de morses ?

831 Lors d'un carnaval, les boissons sont vendues dans des gobelets en carton recyclable d'une contenance de 30 cL. Pendant les trois jours du carnaval, 70 800 gobelets ont été utilisés. Calcule, en hL, la consommation de boisson au cours de ce carnaval.

832 Dans un collège, un distributeur d'eau de source fonctionne avec des bidons de 5 litres. On a commandé six bidons. Calcule combien de gobelets d'une capacité de 12 cL il est possible de remplir avec ces bidons.

833 Un terrain de 41 m de longueur sur 23 m de largeur est entouré d'une clôture valant 14 € le mètre. Calcule le prix de revient de cette clôture sachant qu'on a laissé une entrée de 3 m de largeur ?

834 Calcule le volume de la boîte ci-contre.

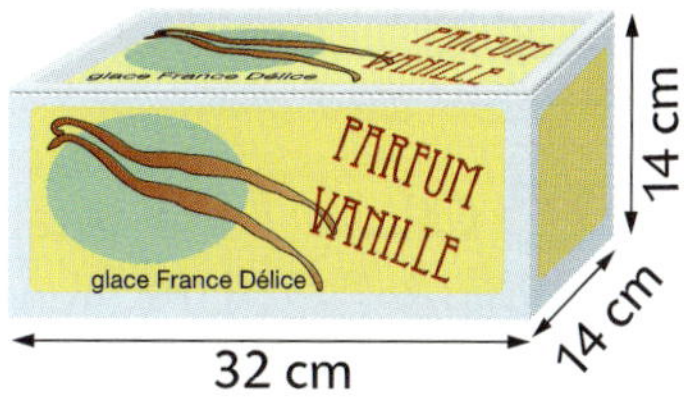

835 Un jardin a une longueur de 23,50 m et une largeur de 18 m. Quelle longueur de grillage faut-il prévoir pour l'entourer si on laisse une entrée de 2,75 m ?

836 Deux terrains ont le même périmètre : l'un est carré, l'autre est rectangulaire (L = 35 m, ℓ = 25 m). Calcule la différence de leurs aires.

837 Une salle de classe rectangulaire mesure 12 m de longueur et 8,50 m de largeur. Une plinthe* de bois recouvre le bas des murs. La classe est accessible par deux portes de 82 cm de largeur. Quelle est la longueur de la plinthe ? Quelle est l'aire de cette salle de classe ?

838 Romain prépare un sous-verre carré de 24 cm de côté. Quelle sera l'aire de la plaque de verre que son père va faire découper ?

839 On veut carreler une pièce de 13,50 m de longueur sur 6,30 m de largeur avec du carrelage revenant à 17 € le mètre carré. La main-d'œuvre* coûtant 880 €, calcule la dépense totale.

840 Dans le jardin de la mairie (L = 35 m, ℓ = 23 m), les jardiniers ont planté des fleurs sur deux massifs circulaires de 4,5 m de rayon, bordés chacun d'un muret de pierres. Calcule la longueur d'un muret. Autour des massifs, le jardin est ensemencé en pelouse. Chaque massif représentant une aire de 63,5 m², calcule l'aire ensemencée en pelouse.

841 Le schéma ci-dessous représente deux poulies dont les axes sont distants de 72 cm. Le diamètre des poulies est de 9 cm. Calcule, au centimètre près par excès, la longueur de la courroie qui les relie.

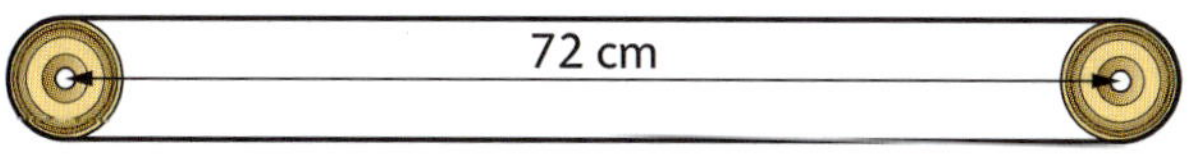

842 À l'intérieur d'une porte rectangulaire de 2 m de hauteur et 82 cm de largeur, Franck pose une baguette distante de 15 cm des bords de la porte. Quelle sera la longueur de baguette nécessaire ? Fais un croquis.

843 Un agriculteur veut clôturer deux champs : l'un carré de 135 m de côté, l'autre rectangulaire de 180 m de largeur et dont l'aire est le double de celle du terrain carré. Calcule les périmètres de ces deux champs.
L'agriculteur les entoure de cinq rangées de fil de fer barbelé, vendu en rouleaux de 75 m valant chacun 18 €. Quelle sera la dépense ? (On ne tiendra pas compte des entrées.)

844 Calcule l'aire totale de cette enseigne* lumineuse, sachant que chaque lettre a une hauteur de 1,20 m, une largeur de 0,60 m et une épaisseur de 20 cm.

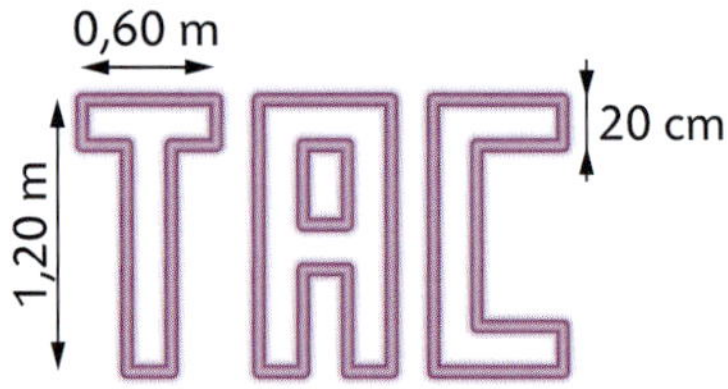

845 Monsieur Lemaire possède un terrain carré de 145 m de côté. Pour l'agrandir, il achète une parcelle rectangulaire longeant l'un des côtés de son terrain (regarde le schéma). La longueur de sa nouvelle propriété est maintenant de 174 m. Calcule le périmètre et l'aire de son ancien terrain. Calcule les dimensions de la parcelle achetée. Calcule le périmètre et l'aire de sa nouvelle propriété. Quelle aire peut-on encore calculer ? (Il y a deux méthodes.)

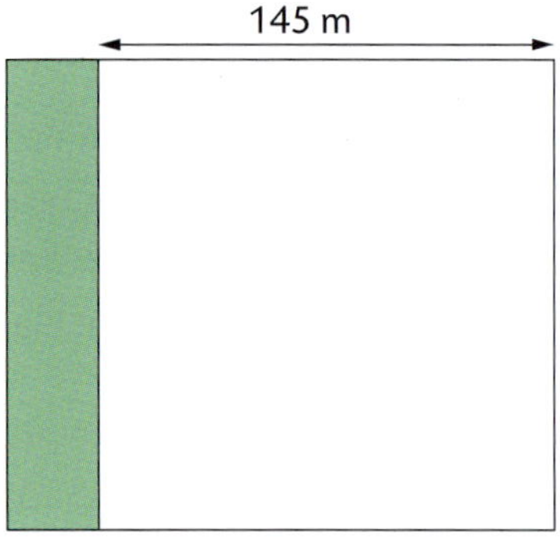

846 Vladimir possède un champ carré. Il achète un terrain voisin, d'une aire de 1 875 m^2 et d'une largeur de 25 m (regarde le schéma). Calcule le périmètre du nouveau champ de Vladimir.

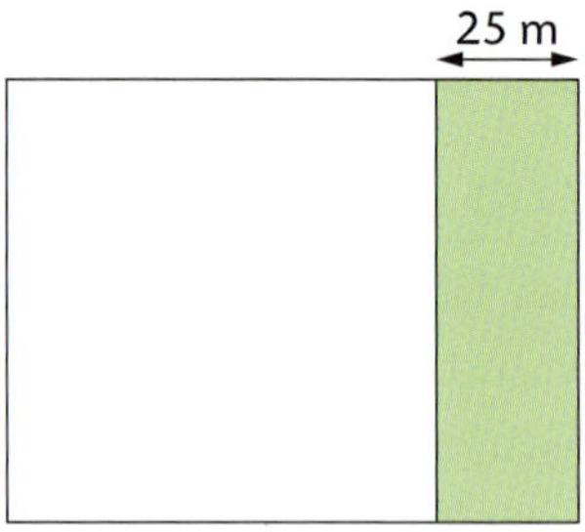

847 Une commune possède un terrain rectangulaire de 100 m de longueur sur 45 m de largeur. Elle fait construire une route large de 10 m dans le sens de la largeur du terrain, de façon à obtenir deux parcelles* carrées identiques. Fais un croquis. Calcule l'aire d'une parcelle.
Chaque parcelle est divisée en lots de 506,25 m^2 vendus 48 780 € chacun. Combien la vente des lots rapportera-t-elle à la commune ?

848 Un terrain rectangulaire a 60 m de longueur et son périmètre est la moitié de celui d'un terrain carré de 84 m de côté. Quelle est la largeur du terrain rectangulaire ?

849 L'aire du disque jaune, représenté ci-contre, est de 0,5 m^2. Peux-tu calculer l'aire de la surface coloriée en orange ?

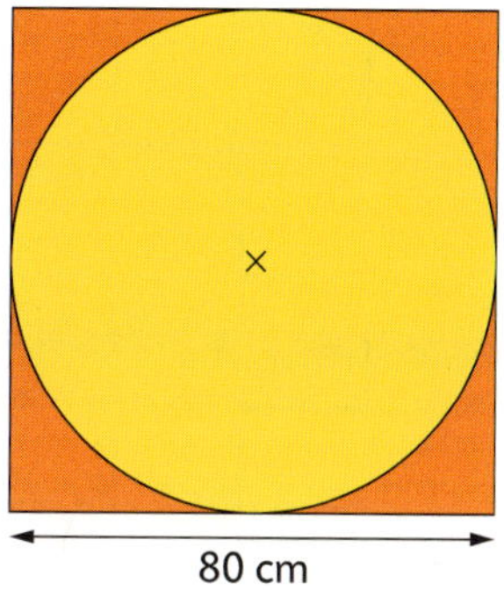

850 On entoure un jardin ayant la forme d'un triangle équilatéral avec une clôture valant 11,50 € le mètre. Un côté du jardin mesure 39 m. Quel est le prix total de la clôture ?

851 Ce voilier est équipé de deux voiles triangulaires. Calcule l'aire totale de la voilure.

852 Deux frères héritent de 22 700 €, d'un terrain rectangulaire (L = 23 m, ℓ = 17 m) et d'un terrain triangulaire (b = 22 m, h = 15 m). Ils vendent les terrains à raison de 54 € le mètre carré et se partagent équitablement la somme totale. Quelle sera, en euros, la part d'héritage de chacun des deux frères ?

853 Calcule le périmètre de cette figure.

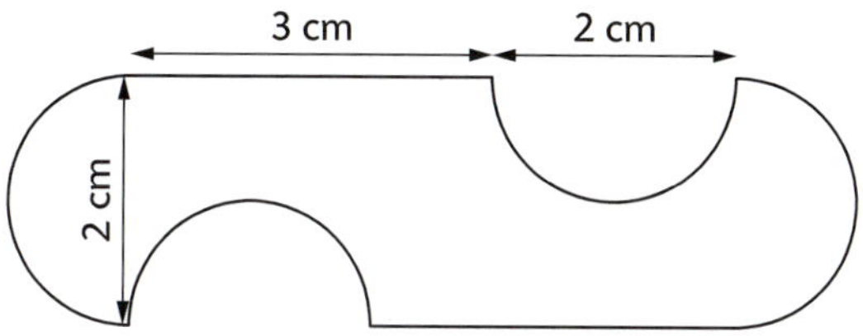

854 Calcule l'aire de la figure ci-dessous.

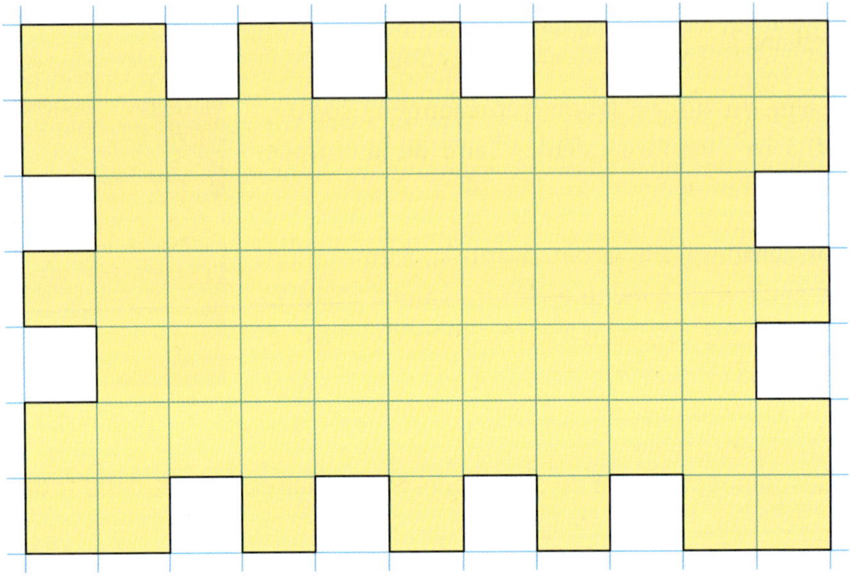

855 Le supermarché représenté ci-contre a la forme d'un trapèze. Une partie du magasin, en forme de triangle rectangle, est utilisée comme réserve (R). Calcule l'aire de la réserve, puis l'aire de la partie réservée à la vente.

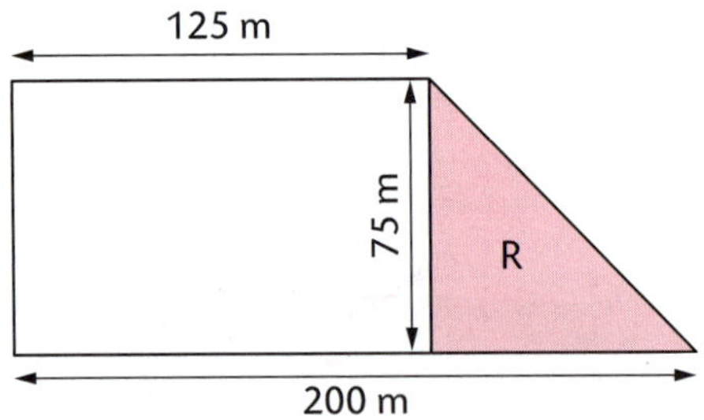

856 La figure ci-dessous représente une pelouse d'un jardin public. Cette pelouse est entourée d'un petit grillage. Quelle est la longueur de celui-ci ?

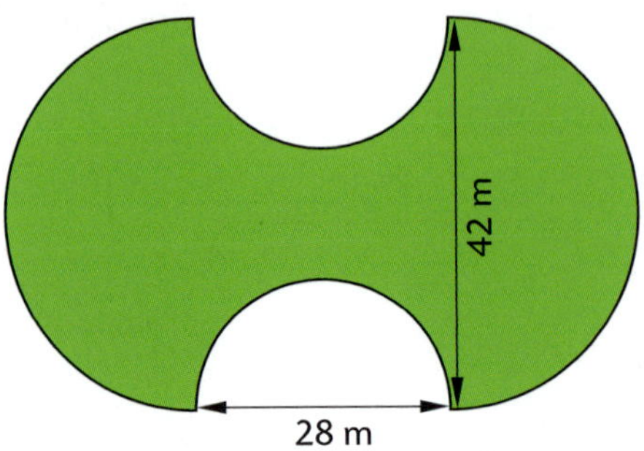

IV
ORGANISATION ET GESTION DE DONNÉES

Proportionnalité

Aide-mémoire

4 pots de confiture identiques pèsent 1 500 g. Quelle serait la masse de 5 de ces pots ? de 15 pots ?

La masse des pots est **proportionnelle** à leur nombre.

- On peut chercher la valeur d'une unité ; on calcule donc la masse d'un pot : 1 500 : 4 = 375.
- À partir de la valeur d'une unité, on peut calculer la valeur de 5 unités : (1 500 : 4) × 5 = 1 875

La masse de 5 pots est de 1 875 g.

Pour calculer la masse de 15 pots, on peut également multiplier par 3 la masse de 5 pots...

Nombres de pots	Masse (en g)
4	1 500
1	375
5	1 875
15	5 625

Pour commencer

1 Plusieurs écoles achètent des ballons identiques. Le tableau ci-dessous t'indique combien l'école Pasteur a payé pour son achat. Reproduis et complète ce tableau.

	École Pasteur	École Giono	École Matisse	École Pagnol	École Mistral	École Monet
Nombre de ballons achetés	4	8	12	2	6	3
Prix payé (en €)	28	...	...	...	...	...

2 Reproduis et complète ces tableaux de proportionnalité.

Nombre de seaux	3	9
Quantité d'eau (en L)	24	...

Nombre de savons	7	6
Prix des savons (en €)	35	...

Nombre de repas	3	5
Prix total (en €)	84	...

Nombre de livres	4	...
Prix des livres (en €)	48	60

3 Reproduis et complète ce tableau de proportionnalité.

Quantité de poires (en kg)	3	1	4	6	...	...
Prix total (en €)	6,75	...	...	...	15,75	20,25

4 Résous ce problème sans chercher à calculer la valeur d'un scooter.

Un magasin spécialisé a acheté trois scooters identiques pour un coût total de 2 436 €. Il expédie une nouvelle commande de six de ces scooters. Quel sera le montant de cette commande ?

Travail oral

1 Une voiture consomme, en moyenne, 6 L d'essence aux 100 km. Combien consommera-t-elle, en moyenne, pour parcourir 300 km ? 50 km ?

2 Lætitia prépare une crème anglaise. Sur sa recette, les quantités sont indiquées pour 6 personnes : un demi-litre de lait ; 70 g de sucre ; 6 jaunes d'œufs.
Lætitia veut préparer sa crème pour 3 personnes. Quelle quantité de lait, de sucre et de jaunes d'œufs devra-t-elle utiliser ?

3 Madame Dupuis achète un filet de 3 kg d'oranges pour 6,15 €. À combien revient un kilogramme d'oranges ?

4 Trois éléphants avalent environ 450 kg de feuilles par jour. Quelle est, en kg, la consommation moyenne journalière d'un troupeau de 10 éléphants ?

Problèmes

857 Samuel achète un chausson aux pommes au prix de 1,45 €. Combien paiera-t-il pour trois chaussons ? pour cinq chaussons ?

858 Fanny achète deux pots de confiture identiques. Ceux-ci pèsent ensemble 780 g. Quelle masse, en kilogrammes, représente un carton de six pots ?

859 Romain achète un rouleau de fil de fer d'une longueur de 100 m au prix de 27 €. Son voisin lui en demande 25 m. À quel prix Romain va-t-il lui vendre les 25 m de fil de fer pour n'avoir ni bénéfice ni perte ?

860 Monsieur Lavigne commande 42 bouteilles de vin à une coopérative* viticole. Le carton de 6 bouteilles est vendu 20,50 €. Quel est le montant de la commande de monsieur Lavigne ?

861 Au Japon, on vend 570 exemplaires de journaux quotidiens* pour 1 000 habitants. La population du Japon étant environ de 127 millions d'habitants, estime le nombre d'exemplaires de journaux vendus chaque jour.

862 À la poissonnerie, les crevettes roses étaient affichées 1,90 € les 100 g. Maman en a acheté 230 g. Combien a-t-elle payé ?

863 Dans sa camionnette, un livreur a déjà chargé 12 colis représentant une masse de 87 kg. Il a au total 48 colis à charger. Quelle sera la masse de l'ensemble du chargement ?

864 Pour faire 3 km, un promeneur a marché durant 36 minutes. En continuant à la même allure, combien de temps lui faudrait-il pour parcourir 12 km (en minutes, puis en heures et minutes) ?

865 Aglaé a acheté trois bouteilles d'eau minérale pour 2,40 €. Quel est le prix d'une bouteille ? Combien aurait-elle payé pour l'achat de 4 bouteilles ? de 7 bouteilles.

866 Une lessive est vendue, au même prix au kilogramme, en baril de 5 kg ou en baril de 8 kg. Le baril de 5 kg est vendu 9 €. Quel est le prix du baril de 8 kg ?

867 Ali a acheté 3 kg de pommes pour 6,57 €. Quel prix aurait-il payé pour 5 kg ?

868 Un spot publicitaire à une heure de grande écoute peut coûter 70 000 € les 30 secondes ! Calcule combien rapporte à la chaîne un espace publicitaire de 3 minutes.

869 Sur sa pommeraie, monsieur Le Normand a récolté cette année 4 700 kg de pommes à cidre. 100 kg de pommes donnant environ 60 L de cidre, quelle sera la quantité de cidre obtenue ?

870 Un poulet fermier de 1,4 kg est vendu 9,96 €. Combien vaut celui pesant 1,5 kg ?

871 Il faut 15 arrosoirs pour remplir un tonneau de 165 L. Combien en faudrait-il pour remplir une citerne de 5 500 L ?

872 À l'aide d'une pelle mécanique, un terrassier a creusé une tranchée de 84 mètres en 3 heures. Combien de temps lui faudrait-il pour creuser une tranchée de 70 m ?

873 **Choisis la bonne réponse.**

Cinq Français consomment environ 60 grammes de sel par jour. La consommation nécessaire à notre organisme étant de 2 grammes par jour et par personne, notre consommation est donc :

a) 3 fois trop élevée b) 5 fois trop élevée c) 6 fois trop élevée
d) 10 fois trop élevée e) 30 fois trop élevée

874 Un professeur reçoit 4 livres qui restaient à livrer sur une commande de 28 exemplaires identiques. Ces 4 livres sont facturés 50 €. Quel est le coût de l'ensemble de la commande ?

875 Justin a payé 19,50 € pour 3 billets d'entrée au Musée des céréales. Combien aurait-il payé pour 2 billets ?
Peux-tu trouver deux façons différentes pour connaître le prix de 5 billets ? le prix de 6 billets ?

876 Une machine peut fabriquer en moyenne 963 pièces en 3 heures. Combien de pièces fabriquera-t elle en 6 jours si elle fonctionne 7 heures par jour ?

877 **Reproduis et complète le tableau.**

	Nombre de calories dans un verre de 25 cL	Nombre de calories dans une bouteille d'un litre
Eau plate	0	...
Jus de fruits frais	...	240
Boisson sucrée	125	...
Vin	...	700

878 Sébastien ne dispose que de deux œufs. Pour combien de personnes peut-il préparer une mousse au chocolat ?
Sébastien veut préparer une mousse au chocolat pour 10 personnes. Quelle quantité de chaque ingrédient devra-t-il utiliser ?

879 Un coureur à pied a parcouru 18 km en 1 h 30 min. Combien de temps lui faudrait-il pour parcourir à la même allure une distance plus longue de 6 km ?

Je travaille seul(e)

corrigé p. 235

880 À la boulangerie, Juliette achète trois pains au chocolat et paie 3,90 €. Sa camarade Laura en demande cinq. Combien va-t-elle payer ?

881 6 000 kg de blé fournissent le pain annuel de 120 Français. Calcule la quantité de blé nécessaire, en tonnes, pour produire le pain d'une année pour une ville de 18 000 habitants.

Proportionnalité : les pourcentages

Aide-mémoire

Un pourcentage est une fraction d'un nombre dont le dénominateur est 100.

$$12\ \% \text{ (douze pour cent)} = \frac{12}{100}$$

$$5\ \% \text{ (cinq pour cent)} = \frac{5}{100}$$

Une remise de 5 % sur un prix de 80 € équivaut à 4 €.
$(80 \times 5) : 100 = 400 : 100 = 4$

Pour commencer

1 Calcule.

5 % de 96 euros — 15 % de 350 mètres — 25 % de 650 litres

2 Calcule.

7 % de 240 euros — 10 % de 825 kilogrammes — 17 % de 5 000 euros

Travail oral

1 Un radiateur sèche-serviettes, qui était au prix de 190 €, bénéficie d'une réduction* de 10 %. Quel est le montant de la réduction ? À quel prix est maintenant vendu le radiateur ?

2 Une cuisinière grande largeur, vendue 1 500 € en magasin, est 5 % moins chère sur Internet. Quelle somme économise-t-on en commandant sur Internet ?

3 60 % des 200 membres d'une association de randonnée pédestre sont des femmes. Quel est le nombre de marcheuses inscrites dans cette association ?

4 Une assistante de direction qui gagnait mensuellement 1 700 € a obtenu une augmentation de salaire de 2 %. Quel est son nouveau salaire mensuel ?

5 Des parapluies à 20 € pièce sont soldés à – 20 %. Pauline a 15 € . A-t-elle suffisament d'argent pour s'acheter un parapluie ?

Problèmes

882 En 2000, le nombre d'exploitations agricoles était, en milliers, de 1 157. En 2007, ce nombre avait baissé de 24 %. Quel était, en milliers, le nombre d'exploitations agricoles en 2007.

883 Un grand magasin affiche : « – 25 % sur tous les luminaires ». Quel sera le nouveau prix d'une lampe de chevet qui valait 46 € ?

884 Un abonnement d'un an à un hebdomadaire est proposé avec une réduction* de 45 % par rapport au prix de vente au numéro ; le prix de vente au numéro est de 2,60 €. Pose les questions et donne les réponses.

885 Quel poids d'engrais biologique pour potager contient ce paquet ?

886 En 2009, les femmes représentaient 34,9 % des 736 députés européens. Indique le nombre de femmes du Parlement européen en 2009. (Tu arrondiras à l'unité près par excès.)

887 Pour acquérir une maison valant 244 850 €, M. et Mme Lesueur doivent payer 24 % de frais (taxes + frais de notaire). À combien s'élèvent les frais ? Quel est le coût total de l'acquisition* ?

888 Un concessionnaire auto reprend à un particulier une voiture d'occasion d'une valeur de 3 240 €. Après lui avoir fait subir divers contrôles, il la revend 15 % plus cher. Quel bénéfice réalise-t-il ?

889 Une entreprise fournissant des balais d'essuie-glace a vu sa production annuelle de 430 000 unités augmenter de 12 %. Calcule la nouvelle production.

890 Combien Aurélien va-t-il payer cette paire de rollers ?

891 Une citerne pour récupérer l'eau de pluie, d'une capacité de 800 litres, était pleine. Elle a perdu 15 % de son contenu avant que l'on ne s'en aperçoive. Quelle quantité d'eau reste-t-il ?

892 Lors d'un examen, 68 % des 1 200 candidats ont été reçus. Quel est le nombre de reçus ?

893 Sur environ 5 400 espèces de mammifères, 25 % sont menacées de disparition. Calcule le nombre d'espèces de mammifères menacées.

894 En 2006, 16 % des 16-24 ans contre seulement 2 % des plus de 60 ans indiquaient être allés au cinéma plus de 12 fois dans l'année.
Calcule la valeur de ces pourcentages pour une population de 1 000 personnes comportant 25 % de 16-24 ans et 20 % de plus de 60 ans.

895 Les Inuits représentent 2 % des 5 000 000 de personnes vivant sur les terres arctiques (Groenland, Sibérie, etc.). Calcule combien de personnes représente la population inuit.

896 En 2009, il y aurait dans le monde près de 774 millions d'adultes analphabètes, dont environ 64 % seraient des femmes. Trouve deux questions et donne les réponses.

897 80 % des 7 700 000 km^2 de l'Australie sont désertiques. Calcule l'étendue des déserts australiens.

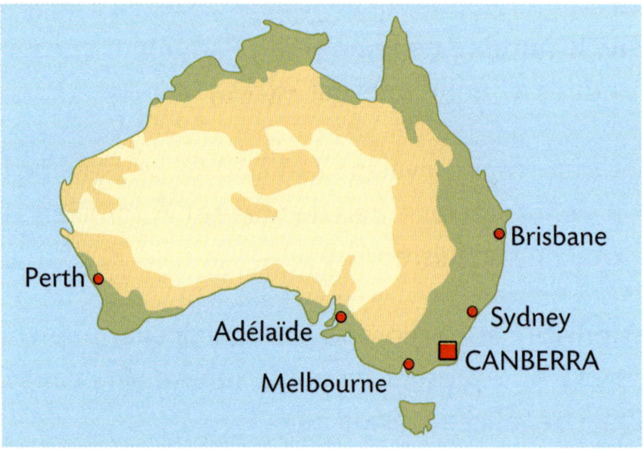

898 En 2007, la flotte de pêche française comptabilisait 5 187 navires. En 2008, ce nombre avait baissé de 4 %. Calcule, à l'unité près par défaut, le nombre de navires de pêche français en 2008.
Seulement 14 % de ces bateaux mesuraient plus de 16 mètres de long. Calcule, à l'unité près par défaut, le nombre de bateaux de pêche français de plus de 16 mètres en 2008.

899 En France, en 2007, on a produit 47,6 milliers de tonnes de cerises mais 45 fois plus de pommes. 84 % de ces pommes étaient des pommes de table.
Calcule, en milliers de tonnes près par défaut, la production de pommes de table en France en 2007.

900 Des jeux vidéo sont proposés au prix de 24 € l'unité. Si l'on en achète trois, le magasin propose une réduction de 20 % sur l'ensemble. Combien paiera-t-on alors les trois jeux ? Dans ce cas, à quel prix revient chacun de ces jeux ?

901 Le 15 septembre, mes parents ont commandé un canapé à 690 € qui leur sera livré dans 2 mois. Pour le réserver, ils ont versé des arrhes*, soit 10 % du prix. Combien leur reste-t-il à payer ? Ils paieront cette somme en trois fois : d'abord 40 % fin septembre, puis 30 % fin octobre et enfin le solde* le jour de la livraison. Quel sera le montant de chaque versement ? (Fais une vérification finale.)

902 Sur les 10 000 nouvelles espèces animales découvertes chaque année, on ne compte que 0,07 % de mammifères. Combien de nouvelles espèces de mammifères ce pourcentage représente-t-il ?

Je travaille seul(e)

corrigé p. 235-236

903 Un couple fait construire un pavillon. Cela lui coûte 205 900 €.
Le paiement s'établit ainsi :
- signature du contrat : 5 % ;
- délivrance du permis de construire : 13 % ;
- fondations terminées : 4 % ;
- premier plancher en cours : 20 % ;
- couverture : 15 % ;
- plâtres : 20 % ;
- sols : 10 % ;
- menuiserie : 7 % ;
- remise des clés : 6 %.

Que peut-on calculer ? Donne les réponses.

904 Un professeur de CM2 passe la commande suivante :
- 14 livres d'histoire à 13,40 € l'un ;
- 25 livres de géographie à 14 € l'un ;
- 11 livres de mathématiques à 9,10 € l'un.

Le libraire consent* une remise* de 5 % sur les livres d'histoire, de 3 % sur les livres de géographie et de mathématiques. Que peut-on calculer ? Donne les réponses.

Proportionnalité : les échelles

Aide-mémoire

Sur une carte à l'échelle 1/100 000, 1 cm sur la carte correspond à 100 000 cm, soit 1 km en réalité.

Quelle sera la longueur d'un mur de 27 m de longueur sur un plan à l'échelle 1/1 000 ?

Dimension réelle : 27 m, soit 2 700 cm

2 700 : 1 000 = 2,7

Dimension sur le plan : 2,7 cm

Quelle est la longueur réelle d'un mur représenté sur un plan à l'échelle 1/200 000 par un trait de 7 cm ?

7 × 200 000 = 1 400 000

Dimension réelle : 1 400 000 cm, soit 14 km

Travail oral

1 Quelle est la longueur réelle, en m, d'un mur représenté sur un plan à l'échelle 1/100 par un trait de 5 cm ?

2 Quelle est la longueur réelle, en m, d'un tableau représenté sur un plan à l'échelle 1/50 par un trait de 2 cm ?

3 Quelle sera, en cm, la longueur d'une rue de 500 m de longueur sur un plan à l'échelle 1/1 000 ?

4 Quelle sera, en cm, la longueur d'une piscine de 25 m de longueur sur un plan à l'échelle 1/1 000 ?

5 Quelle est la longueur réelle, en m, d'une allée représentée sur un plan à l'échelle 1/250 par un trait de 4 cm ?

Problèmes

905 Mesure le segment et calcule la distance réelle.
Échelle : 1/5 000 000

906 Mesure le segment et calcule la distance réelle.
Échelle : 1/4 000 000

907 Mesure le segment et calcule la distance réelle.
Échelle : 1/4 000 000

908 Calcule les dimensions réelles du parterre de fleurs et du potager.

Échelle 1/100

Échelle 1/250

909 Deux villes sont distantes l'une de l'autre de 3,5 cm sur une carte au 1/200 000. Quelle est la distance réelle, en km, entre les deux villes ?

910 Guillaume a fait une randonnée de 20 km dans le Jura. Le soir, il retrace sur une carte au 1/50 000 le trajet qu'il a parcouru dans la journée. Que représente cette distance, en cm, sur le plan ?

911 Sur une carte à l'échelle 1/50 000, un tronçon* de route mesure 4,8 cm. Quelle est la longueur réelle de ce tronçon en kilomètres ?

912 Un concurrent du rallye Paris-Dakar se prépare pour l'étape du jour, soit 25 cm sur une carte au 1/2 000 000. Quelle distance réelle va-t-il parcourir ?

913 Fais le plan, à l'échelle 1/500, d'une cour rectangulaire ayant les dimensions suivantes : $L = 46{,}50$ m, $\ell = 31$ m.

914 Les cartes IGN au 1/25 000 sont éditées dans un format utile de 56 cm sur 80 cm. Quelles sont, sur le terrain, les dimensions du rectangle représenté ?

915 Amandine mesure sur une carte au 1/25 000 les différents tronçons* du parcours de son jogging hebdomadaire*. Elle note ainsi les dimensions suivantes (en cm) : 4 – 2,5 – 6,8 – 0,4 – 3 – 5,5 – 1 – 4,2 – 2. Quelle distance, en km, court-elle chaque semaine ?

916 Sur une carte au 1/5 000 000, la France mesure 20 cm du nord au sud et 18 cm d'est en ouest. Que peut-on calculer ? Donne les réponses.

917 Un champ est représenté ci-dessous à l'échelle 1/2 500. Quelles sont ses dimensions réelles ? Quelle est son aire, en m^2 ?

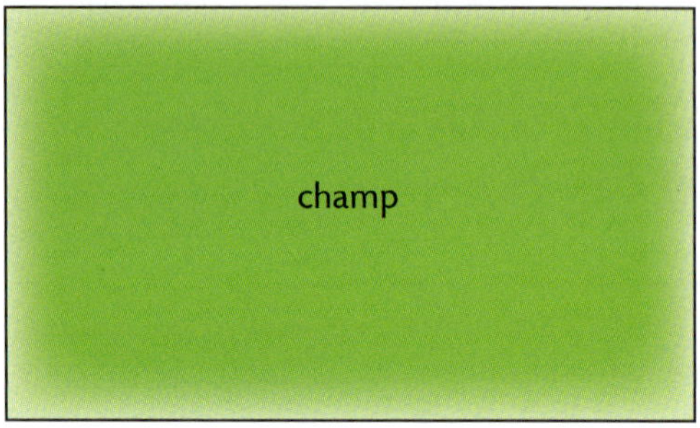

918 Pourrait-on construire une maison de 11,30 m de façade sur un terrain à bâtir carré de 6 cm de côté sur un plan à l'échelle 1/250 ? Que peut-on encore calculer ?

919 Un facteur regarde sur un plan au 1/80 000 le trajet qu'il effectue chaque jour pour faire sa tournée ; celui-ci représente 18,75 cm. Calcule la distance réelle qu'il parcourt chaque année pour distribuer le courrier, s'il a 2 jours de repos par semaine et 7 semaines de congés par an (jours fériés compris) ?

920 Voici, sur un plan à l'échelle 1/500, le terrain, la maison et la piscine des Lemaître. Calcule les dimensions réelles de la maison, du terrain et de la piscine.

921 Sur la carte d'Europe Michelin n° 920 à l'échelle 1/3 000 000, la distance à vol d'oiseau de Paris à Madrid est de 0,35 m. Quelle est la distance réelle, en km, à vol d'oiseau, entre Paris et Madrid ?
Sur la même carte, quelle sera la longueur du trait, en cm, reliant, à vol d'oiseau, Paris à Londres, villes distantes de 345 km ?

Je travaille seul(e)

corrigé p. 236

922 Le segment rouge représente la distance à vol d'oiseau entre les villes de Cordes-sur-Ciel et Cahuzac-sur-Vère, à l'échelle 1/125 000. Quelle est la distance réelle en kilomètres, à vol d'oiseau, entre ces deux villes ?

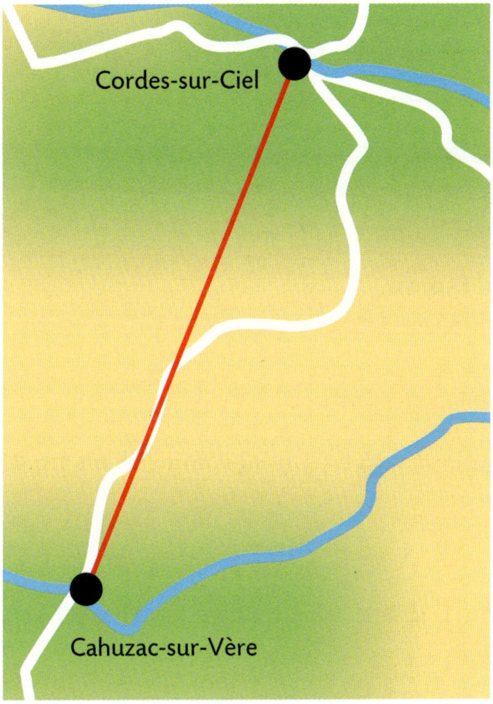

923 Sur un tableau de contrôle de la SNCF, le trafic ferroviaire* est à l'échelle 1/500 000. La longueur de la ligne TGV entre Paris et Bellegarde est représentée par un segment de 810 mm. Quelle est, en km, la distance de Paris à Bellegarde ?

Proportionnalité : vitesse - durée - distance

Aide-mémoire

Vitesse = distance : temps
Quelle est la vitesse moyenne d'un cycliste qui parcourt 54 km en 3 heures ?
54 : 3 = 18. **Sa vitesse moyenne est de 18 km/h.**

Durée = distance : vitesse
Combien de temps mettra un cycliste pour faire 54 km s'il roule à 18 km/h ?
54 : 18 = 3. **Il mettra 3 heures.**

Distance = vitesse × temps
Un cycliste roule 3 heures à la vitesse moyenne de 18 km/h. Quelle distance va-t-il parcourir ?
18 × 3 = 54. **Il va parcourir 54 km.**

Attention ! 1 h 15 min = 1,25 h ; 1 h 30 min = 1,5 h ; 1 h 45 min = 1,75 h.

Travail oral

1 Un piéton parcourt 15 km en 3 heures. Quelle est sa vitesse moyenne, en kilomètres par heure ?

2 Un avion relie deux villes distantes de 1 500 km en 2 heures. Quelle a été, en kilomètres par heure, sa vitesse moyenne ?

3 Pour rejoindre leur lieu de vacances, Les Robert ont roulé à la vitesse moyenne de 80 km/h durant 7 heures. Quelle distance sépare leur domicile de leur lieu de vacances ?

4 Jean-Claude court à une vitesse moyenne de 11 km/h. Quelle distance moyenne va-t-il parcourir en 2 heures ? en 30 minutes ?

Problèmes

924 Dans une usine, une machine produit 25 pièces à l'heure. Combien de temps fonctionnera la machine pour fabriquer 425 pièces ?

925 À l'arrivée d'une course automobile d'une durée de 12 heures, on note que la voiture classée première a roulé à la vitesse moyenne de 172 km/h. Quelle distance a-t-elle ainsi parcourue ?

926 Une étape du Tour de France se court sur 205 km. Le vainqueur de l'étape a roulé à la vitesse moyenne de 41 km/h. Combien de temps a-t-il passé sur son vélo ?

927 Un train direct relie deux villes distantes de 420 km en 3 heures. À quelle vitesse moyenne a-t-il roulé ?

928 Un promeneur, marchant à la vitesse moyenne de 5 km/h, est sorti de 14 h à 17 h. Quelle distance a-t-il parcourue ?

929 La fusée Ariane parcourt 9 750 km en 15 minutes. Calcule sa vitesse moyenne en km/h.

930 Marion met 30 minutes, à la vitesse moyenne de 50 km/h, pour se rendre à son travail. Combien de kilomètres a-t-elle à parcourir ?

931 La Terre tourne autour du Soleil à la vitesse incroyable de 107 136 km/h. Combien de kilomètres la Terre parcourt-elle en une révolution (une année) ?

932 Un TGV roule à la vitesse moyenne de 230 km/h. Combien de temps mettra-t-il pour parcourir 575 km s'il n'a aucun arrêt à effectuer ?

933 Un cyclotouriste* se rend de Rouen à Dieppe, villes distantes de 58 km, en 2 h 30 min. Quelle a été sa vitesse moyenne ? (2 h 30 min = 2,5 h)

934 Un marcheur part en randonnée à 7 h 30. Il rentre à 12 h 45, ne s'étant accordé que trois pauses de 5 minutes chacune. À la lecture de sa carte, il constate qu'il a parcouru environ 22,5 km. Calcule à quelle vitesse moyenne il a marché, en km/h.

935 Un piéton, un cycliste et un automobiliste quittent en même temps Saintes pour se rendre à Cognac, villes distantes de 26 km. La vitesse moyenne du piéton est de 4 km/h, celle du cycliste de 26 km/h et celle de l'automobiliste de 78 km/h. Calcule, pour chacun, la durée du trajet.

936 Carla part en promenade à bicyclette à 14 h 45 et rentre à 17 h 15. Sachant qu'elle a parcouru 52,500 km, calcule sa vitesse moyenne. Utilise la calculatrice.

Je travaille seul(e)

corrigé p. 236

937 Un automobiliste doit se rendre de Rouen à Perpignan, soit 1 050 km. S'il roule à la vitesse moyenne de 70 km/h, quelle sera la durée de son voyage ?

938 Un avion, volant à la vitesse moyenne de 800 km/h, décolle à 8 h 15 et se pose à 9 h 45. Quelle distance a-t-il parcourue ?

Proportionnalité : synthèse

Problèmes

939 Monsieur Girard achète un rôti de veau de 0,8 kg au prix de 16 €. Combien aurait-il payé pour un rôti de 1,1 kg ?

940 Pendant ses vacances, Jules devait travailler 22 jours pour un salaire de 1 276 €. Ayant été souffrant, il s'est absenté les cinq derniers jours, qui ne lui ont pas été payés. Quel a été effectivement le montant de son salaire ?

941 Un terrain de 6 120 m^2 est planté de pommes de terre. On en a récolté 555 kg sur 300 m^2. Estime, en tonnes, la masse totale de la récolte.

942 Durant un salon réunissant des collectionneurs de cartes téléphoniques, Patricia revend 14 cartes pour une valeur totale de 77 € et en achète 19 autres de la même valeur unitaire que celles qu'elle a vendues. Quel est le prix total des 19 cartes ? Quelle somme Patricia a-t-elle en fait dépensée pendant ce salon ?

943 Madame Joly achète un salon de jardin en teck composé d'une table valant 257 € et de six chaises. Elle paie 527 € pour l'ensemble. Quel est le prix des six chaises ? Son voisin achète le même salon mais il ne désire que quatre chaises. Combien va-t-il payer son salon de jardin ?

944 Une veste qui valait 125 € est vendue avec une réduction de 12 %. Quel est son nouveau prix de vente ?

945 Une association recevait 2 000 € de subvention annuelle. Cette année, cette subvention allouée a augmenté de 5 %. Combien l'association a-t-elle reçu ?

946 Une ville comptait 14 260 habitants, il y a 10 ans. En dix années, sa population a augmenté de 30 %. Quelle est la population actuelle de cette ville ?

947 Le prix d'un magazine qui valait 4,50 € a augmenté de 12 %. Quel est le nouveau prix du magazine ?

948 Deux agences proposent à peu près le même voyage : la première au prix de 480 €, la seconde 6 % moins cher. Quel est le prix du voyage dans la seconde agence ?

949 Benjamin avait acheté une console de jeux au prix de 148,50 €. Deux ans plus tard, il propose à son cousin : « Si ma console t'intéresse, je te la revends avec une réduction* de 60 %. » À quel prix Benjamin se dispose-t-il à revendre sa console ?

950 Un fromage qui valait 9,50 € le kg a subi une augmentation de 2 %. Quel est son nouveau prix au kilo ?

951 Lors d'un examen, 1 200 candidats se présentent. Le pourcentage de réussite est de 68 %. Calcule le nombre de candidats reçus et le nombre de candidats recalés. Quel est le pourcentage d'échec à cet examen ?

952 L'itinéraire de la promenade de Catherine et Olivier mesure 30 cm sur une carte au 1/25 000. Quelle distance, en km, ont-ils réellement parcourue ?

953 Sur une carte de France à l'échelle 1/1 000 000, la distance à vol d'oiseau entre Biarritz et Perpignan est de 37 cm. Quelle distance réelle, en km, sépare ces deux villes ?

954 Sur un plan à l'échelle 1/2 500, une rue mesure 33,6 cm. Quelle est la longueur réelle, en m, de la rue ?

955 Sur une carte au 1/50 000, deux cyclistes mesurent, à l'aide d'un curvimètre*, leur sortie du dimanche et totalisent 116 cm. Combien de kilomètres ont-ils à parcourir ?

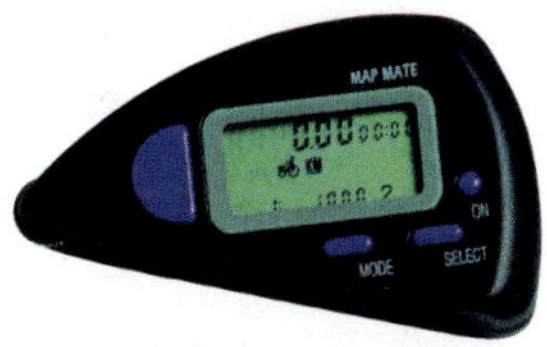

956 La distance, à vol d'oiseau, entre Calais, en France, et Douvres, en Angleterre, est de 45 km. Que représente cette distance, en cm, sur une carte à l'échelle 1/100 000 ?

957 Quelles sont les dimensions réelles du parc de la mairie, du marché couvert et de la rue Jean-Jaurès.

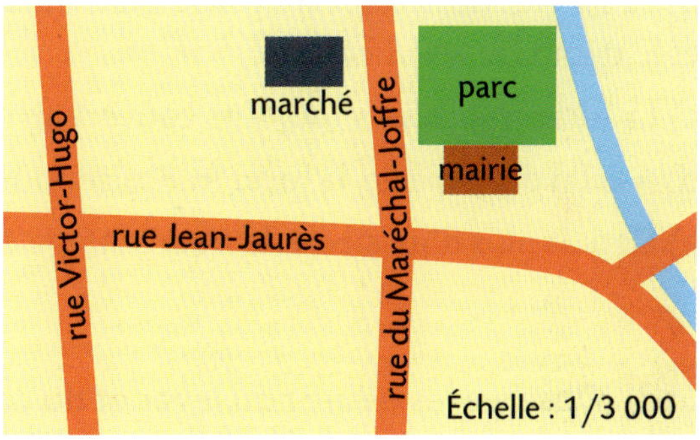

958 Au cours d'un marathon, un coureur passe à la mi-course dans un temps de 1 h 35 min. S'il parvient à conserver la même vitesse, en combien de temps aura-t-il couru son marathon ?

959 Madame Henry effectue un déplacement en voiture. Après 3 heures de route, elle a parcouru 225 km. Quelle a été sa vitesse moyenne en km/h ? Elle arrive à destination après 4 h 30 min de route, en ayant conservé la même vitesse moyenne. Quelle distance a-t-il parcourue ?

960 Un promeneur a mis 2 h 30 min pour parcourir 10 km. À quelle vitesse moyenne a-t-il marché ?

Lecture de données

Problèmes

961 Observe la courbe ci-dessous.

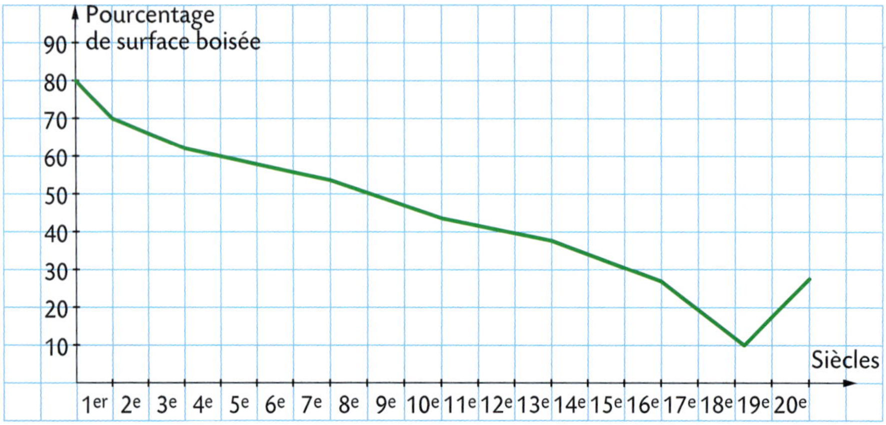

Vrai ou faux ?

a) La forêt française était plus étendue à la fin du XXe siècle qu'elle ne l'était à la fin du XVIIe siècle.

b) La surface de la forêt française a diminué de moitié entre le début du Ier siècle et le début du XIIIe siècle.

c) La forêt française a toujours couvert au moins 20 % de notre territoire.

d) À la fin du Xe siècle, la forêt française couvrait plus de 40 % de notre territoire.

e) Depuis plus d'un siècle, le pourcentage de surface boisée augmente.

962 Observe les heures du lever et du coucher du soleil.

7e jour de l'année	lever : 7 h 45 coucher : 16 h 09
8e jour de l'année	lever : 7 h 44 coucher : 16 h 11
9e jour de l'année	lever : 7 h 44 coucher : 16 h 12

a) Calcule, pour le 8 janvier, la durée du jour et la durée de la nuit.

b) Fais la même chose pour le 9 janvier. Que remarques-tu ? Que peux-tu encore calculer ?

963 **Voici les températures moyennes (en degrés Celsius) relevées dans un village, au cours des douze derniers mois.**

janv.	fév.	mars	avril	mai	juin	juil.	août	sept.	oct.	nov.	déc.
3°	2°	6°	8°	14°	18°	22°	24°	19°	15°	9°	4°

Reproduis le graphique ci-dessous sur ton cahier et trace la courbe annuelle des températures.

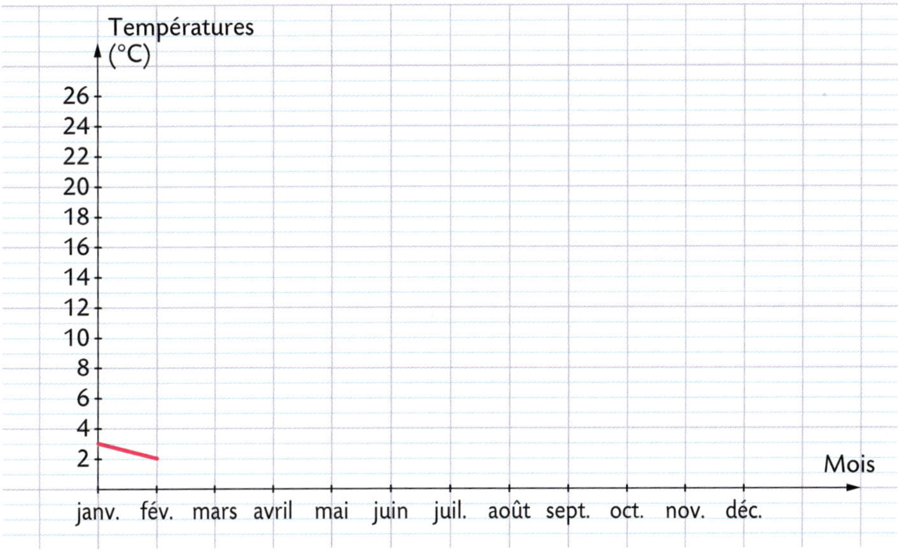

964 **a)** Un organisateur de course pédestre consulte le tarif ci-dessous. Il souhaite acheter 1 000 tee-shirts du modèle *First* et 250 du modèle *Top*. Calcule le montant total de sa commande, hors taxes.
Il doit payer en plus 19,6 % de TVA*. Calcule le montant total de sa commande, toutes taxes comprises.
b) Un club de voile commande 100 tee-shirts du modèle *Médio*. Quel est le montant, TVA à 19,6 % comprise, de la commande ?

	Prix unitaire en € hors taxes pour...				
	100 ex.	**250 ex.**	**500 ex.**	**1 000 ex.**	**2 500 ex.**
Modèle *First*	3,35	3,15	3,00	2,90	2,80
Modèle *Médio*	4,15	3,95	3,75	3,60	3,45
Modèle *Top*	5,25	5,05	4,95	4,85	4,70

965 **Trois élèves de CM1 ont relevé leurs notes de dictée du premier trimestre et ont établi le graphique ci-contre.**

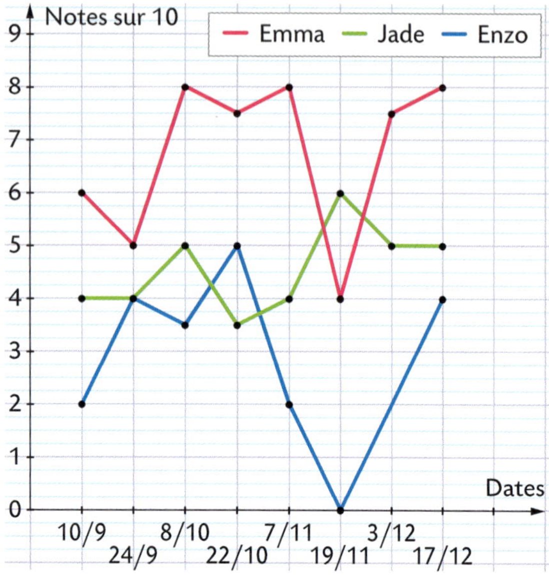

Vrai ou faux ?

a) Aucun de ces trois élèves n'a eu de note supérieure à 8.

b) Aucun de ces trois élèves n'a eu de note inférieure à 2.

c) Au cours du trimestre, jamais les trois courbes ne montent ou ne baissent en même temps.

d) C'est toujours Enzo qui a eu la moins bonne note.

e) Une seule fois, Emma n'a pas eu la meilleure note.

Réponds aux questions.

a) Quelle note Jade a-t-elle obtenue à la dictée du 22 octobre ?

b) Le 3 décembre, combien de points séparaient la note d'Enzo de celle d'Emma ?

c) À quelle date des élèves ont-ils obtenu la même note ? Cite leurs prénoms.

d) Qui a obtenu la meilleure note le 19 novembre ?

e) Quel est l'élève qui a le plus petit écart entre sa meilleure et sa moins bonne note ?

966 **Observe la publicité d'un vendeur de cheminées.**

Calcule le nouveau prix de chacun des modèles présentés.

967 **Observe le tableau ci-dessous.**

Nombre de jours de pluie par an												
Villes	Mois											
	J	F	M	A	M	J	J	A	S	O	N	D
Helsinki (Finlande)	18	16	14	12	12	13	12	16	16	17	19	19
Lisbonne (Portugal)	13	12	14	12	9	5	2	2	6	11	13	14
Athènes (Grèce)	12	11	11	9	7	4	3	3	4	9	12	13

a) Laquelle de ces trois villes connaît les mois les plus humides ?

b) Dans laquelle de ces villes pleut-il le moins entre octobre et janvier ?

c) Comptabilise, pour chacune de ces villes, le nombre de jours de pluie annuel, puis calcule la moyenne mensuelle des jours de pluie. (La moyenne mensuelle est égale au nombre des jours de pluie de l'année divisé par le nombre de mois.)

d) Trace sur du papier quadrillé un graphique où tu représenteras, par une ligne brisée d'une couleur différente pour chaque ville, le nombre de jours de pluie au cours de chaque mois de l'année.

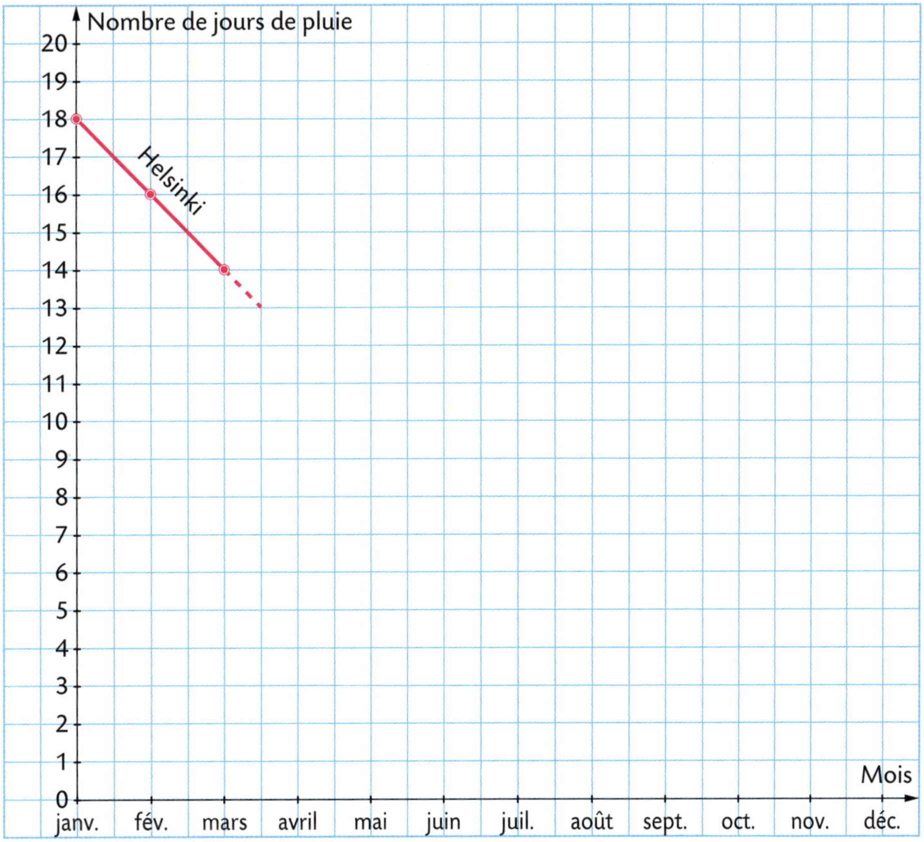

968 **Observe la recette de la tarte Perrette, puis réponds aux questions.**

La tarte Perrette

(pour 6 à 8 personnes)

préparation : 15 mn
Repos de la pâte : 30 mn
Cuisson : 1 h

Pour la pâte :

- 200 g de farine + farine pour le moule et le plan de travail
- 100 g de beurre ramolli + beurre pour le moule
- 1 cuillerée à soupe de sucre en poudre
- 1 œuf
- 1 cuillerée à soupe d'huile
- 1 pincée de sel

Pour la garniture :

- 4 œufs
- 25 cL de crème fraîche
- 50 cL de fromage blanc à 20 % de matière grasse
- 1 cuillerée à soupe de farine
- 60 g de sucre en poudre
- le jus d'un demi-citron

a) Combien d'œufs sont nécessaires à la préparation de la tarte ?

b) Pour préparer cette recette, 60 g de sucre en poudre suffisent-ils ?

c) Sacha souhaite servir sa tarte pour 13 h 30. À quelle heure, au plus tard, doit-il commencer à la préparer ? (Il faut prévoir un temps de refroidissement de 20 minutes.)

d) Sacha veut préparer deux tartes. Il a noté qu'il devait acheter 1 L de fromage blanc à 40 % de matière grasse. Est-ce exact ?

969 **Observe cet horaire d'autobus, puis réponds aux questions.**

Stations	Horaires					
Gare routière	6 h 50	7 h 25	7 h 49	9 h 15	10 h 00	11 h 20
Hôpital	7 h 00	7 h 35	7 h 59	9 h 25	10 h 10	11 h 30
Collège	7 h 10	7 h 45	8 h 09	9 h 35	10 h 20	11 h 40
École Georges-Brassens	7 h 14	7 h 49	8 h 13	9 h 39	10 h 24	11 h 44
Stade	7 h 21	7 h 56	8 h 20	9 h 46	10 h 31	11 h 51
Rue des Haies	7 h 24	7 h 59	8 h 23	9 h 49	10 h 34	11 h 54
École Claude-Monet	7 h 29	8 h 04	8 h 28	9 h 54	10 h 39	11 h 59

a) Inès est scolarisée à l'école Georges-Brassens. La classe commence à 8 h 30. Elle prend le bus à la gare routière. Quel bus doit-elle prendre pour être juste à l'heure à l'école ?

b) Corentin est élève du collège et habite près de l'hôpital. Le matin où il commence à 10 h 30, à quelle heure doit-il prendre le bus ?

c) Marie est scolarisée à l'école Claude-Monet et commence à 8 h 30. Elle habite à côté du stade. À quelle heure doit-elle prendre le bus pour être juste à l'heure à l'école ?

d) Madame Richard habite près du collège. Elle a rendez-vous à sa banque, située près de l'école Claude-Monet, à 10 h. À quelle heure va-t-elle prendre le bus ?

e) Benjamin a rendez-vous avec un ami, à 8 h, près du stade. À quelle heure va-t-il prendre le bus à la gare routière ? Il veut ensuite se rendre à l'école Claude-Monet pour 10 h. À quelle heure reprendra-t-il le bus au stade ?

f) Pour une personne prenant le bus à l'hôpital, quelle est la fréquence des bus durant la matinée ?

Exemple : 7 h 00 $\xrightarrow{+35 \text{ min}}$ 7 h 35 $\xrightarrow{\dots}$ 7 h 59

970 **Le directeur d'une école récapitule l'évolution du nombre de livres de la bibliothèque. Observe ce tableau, puis réponds aux questions.**

	2005	2006	2007	2008	2009
Ouvrages de référence	36	47	59	56	67
Ouvrages documentaires	309	394	462	519	638
Romans	317	408	515	493	618

a) Un seul type d'ouvrages a vu son nombre régulièrement augmenter en cinq ans. Lequel ? Calcule, pour ce type d'ouvrages, l'augmentation d'année en année (de 2005 à 2009...). Entre quelles années cette augmentation a-t-elle été la plus faible ?

b) Pour chaque année, quel est le nombre total d'ouvrages dans la bibliothèque ?

c) Observe le graphique. Quel type d'ouvrages représente chaque courbe ?

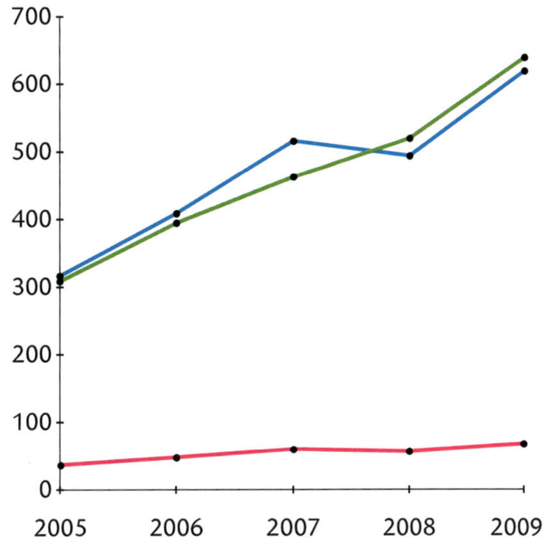

971 À l'aide de ce tableau des distances entre quelques grandes villes, réponds aux questions de la page 183.

réponds aux questions de la page 183.

	Amiens	Angers	Biarritz	Bordeaux	Brest	Calais	Cherbourg	Cl. -Ferrand	Dijon	Genève	Grenoble	Le Havre	Lille	Lyon	Marseille	Montpellier	Nancy	Nantes	Nice	Paris	Perpignan	Reims	Rennes	Rouen	St-Étienne	Strasbourg	Toulouse	Tours	Vichy
Amiens		399	862	679	619	159	366	524	417	614	674	180	113	587	910	880	358	489	1067	130	1043	167	411	117	660	498	827	352	485
Angers	399		518	335	371	494	290	402	498	636	644	297	503	538	842	692	602	90	999	303	762	454	126	282	530	742	552	106	399
Biarritz	862	518		183	817	997	808	555	815	889	820	800	975	735	697	534	1001	512	879	744	445	885	618	785	705	1141	308	510	609
Bordeaux	679	335	183		634	814	625	369	632	713	655	617	792	549	662	499	818	329	844	561	460	702	435	602	515	958	250	327	442
Brest	619	371	817	634		714	402	752	812	988	996	468	723	890	1194	1048	886	305	1351	581	1094	734	285	502	900	1026	884	456	761
Calais	159	494	997	814	714		461	672	556	753	840	275	109	753	1076	1046	469	584	1233	274	1209	278	506	212	800	609	967	487	633
Cherbourg	366	290	808	625	402	461		647	661	858	874	215	470	768	1072	998	655	310	1229	340	1068	481	204	249	860	795	858	351	639
Cl. -Ferrand	524	402	555	369	752	672	647		280	334	286	586	613	180	463	367	472	469	620	382	464	463	507	498	145	574	389	296	59
Dijon	417	498	815	632	812	556	661	280		197	284	542	471	197	520	490	192	588	677	323	653	278	567	454	240	309	664	392	220
Genève	614	636	889	713	988	753	858	334	197		147	739	668	154	435	405	355	726	484	520	568	475	743	651	210	382	654	530	295
Grenoble	674	644	820	655	996	840	874	286	284	147		776	755	106	277	286	476	713	337	557	499	562	751	688	140	505	535	538	265
Le Havre	180	297	800	617	468	275	215	586	542	739	776		284	676	980	950	511	357	1137	211	1062	320	269	88	710	651	852	290	547
Lille	113	503	975	792	723	109	470	613	471	668	755	284		668	991	961	384	593	1148	223	1124	193	515	221	736	524	940	465	574
Lyon	587	538	735	549	890	753	768	180	197	154	106	676	668		323	293	389	607	480	470	456	475	645	588	57	434	542	432	159
Marseille	910	842	697	662	1194	1076	1072	463	520	435	277	980	991	323		163	712	911	197	793	326	798	949	892	330	757	412	736	457
Montpellier	880	692	534	499	1048	1046	998	367	490	405	286	950	961	293	163		682	743	345	763	163	768	818	862	323	727	249	647	427
Nancy	358	602	1001	818	886	469	655	472	192	355	476	511	384	389	712	682		692	869	308	845	191	659	423	460	140	856	491	412
Nantes	489	90	512	329	305	584	310	469	588	726	713	357	593	607	911	743	692		1068	393	789	544	106	372	607	832	579	196	466
Nice	1067	999	879	844	1351	1233	1229	620	677	484	337	1137	1148	480	197	345	869	1068		950	508	955	1106	1049	427	842	594	893	614
Paris	130	303	744	561	581	274	340	282	323	520	557	211	223	470	793	763	308	393	950		926	155	360	123	517	448	681	234	343
Perpignan	1043	762	445	460	1094	1209	1068	464	653	568	449	1062	1124	456	326	163	845	789	508	926		931	895	974	481	890	210	717	590
Reims	167	454	885	702	734	278	481	463	278	475	562	320	193	475	798	758	191	544	955	155	931		511	232	537	331	806	375	424
Rennes	411	126	618	435	245	506	204	507	567	743	751	269	515	645	949	818	659	106	1106	360	895	511		294	712	299	685	211	516
Rouen	117	282	785	602	502	212	249	498	454	651	688	88	221	588	892	862	423	372	1049	123	974	232	294		640	563	764	275	459
St-Étienne	660	530	705	515	900	800	860	145	240	210	140	710	736	57	330	323	460	607	427	517	481	537	712	640		705	545	472	145
Strasbourg	498	742	1141	958	1026	609	795	574	309	382	505	651	524	434	757	727	140	832	842	448	820	331	799	563	705		976	631	514
Toulouse	827	552	308	250	884	967	858	389	664	654	535	852	940	542	412	249	856	579	594	681	210	806	685	764	545	976		507	443
Tours	352	106	510	327	456	487	351	296	392	530	538	290	465	432	736	647	491	196	893	234	717	375	211	275	472	631	507		293
Vichy	485	399	609	442	761	633	639	59	220	295	265	547	574	159	457	427	412	466	614	343	590	424	516	459	145	511	443	293	

La distance Lille – Clermont-Ferrand est de 613 km.

a) Quelle est la distance Lille – Nice ?

b) Quelle est la distance Brest – Strasbourg ?

c) Quel est le trajet le plus long : Paris – Clermont-Ferrand ou Lille – Rouen ?

d) Un transporteur routier a effectué le trajet suivant : Reims – Dijon – Lyon – Grenoble. Quelle distance a-t-il parcourue après avoir accompli un aller-retour ?

e) Une caravane publicitaire* part de Strasbourg et fait successivement étape dans les villes suivantes : Dijon, Lyon, Marseille, Montpellier, Toulouse, Bordeaux, Nantes, Rennes, Le Havre, Rouen, Amiens, Paris et Nancy, avant de rentrer à Strasbourg. Quelle est la distance totale parcourue par la caravane publicitaire ?

972 **Observe ce tarif de petites annonces commerciales, puis calcule le prix que chaque personne va payer pour son annonce.**

Nombre de semaines de parution	1	2	3	4
Tarif pour une ligne (en €)	4,35	7,85	11,95	15

Sélectionnez vos journaux	**Calculez votre prix**	
☐ *Les Nouvelles du Finistère*	prix de la ligne	....
☐ *Les Nouvelles du Morbihan*	nombre de lignes	× ....
☐ *Les Nouvelles des Côtes-d'Armor*	nombre de journaux	× ....
☐ *Le Courrier breton*	PRIX TOTAL	....
☐ *La Semaine de l'Ouest*		

a) Monsieur Gueguen veut passer une annonce de trois lignes, pour une semaine, dans *Le Courrier breton* et *La Semaine de l'Ouest*.

b) Monsieur Cloarec souhaite passer une annonce de quatre lignes, pour trois semaines, dans *Les Nouvelles du Finistère*.

c) Madame Madec veut faire paraître une annonce de cinq lignes, durant deux semaines, dans *Les Nouvelles des Côtes-d'Armor*, *Le Courrier breton* et *Les Nouvelles du Morbihan*.

973 **Voici une page de catalogue de vente par correspondance et un bon de commande.**

Madame Roussel a choisi plusieurs des articles ci-dessous et a rempli son bon de commande. Mais certaines informations ont été effacées. Reproduis ce bon de commande et retrouve les informations manquantes.

Tee-shirt – 100 % coton
Taille unique
2 coloris au choix

blanc	Réf : 0327 H
rouge	Réf : 0627 R

Prix : 15,99 €

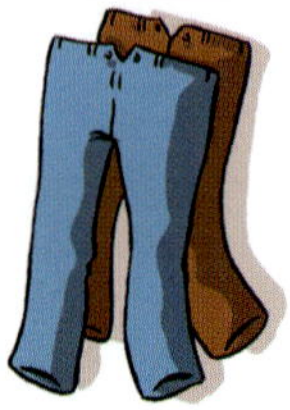

Pantalon détente
2 coloris au choix

	marron	jean
36/38	2136 D	2257 R
40/42	2446 S	2539 A
44/46	2656 T	2863 Z

Prix : 38 €

Pull coton
coloris vert

Taille 38	5328 L	**46,80 €**
Taille 40	5746 V	**46,80 €**
Taille 42	5103 E	**48,20 €**
Taille 44	5724 N	**48,20 €**

Veste sport – 70 % coton-30 % viscose
2 coloris au choix

	gris	beige	
M	04816 A	06315 J	**69 €**
L	04927 B	06618 N	**71 €**
XL	04118 R	06224 W	**73 €**

Tee-shirt *Bio* – 100 % coton
3 coloris au choix

	écru	bleu	gris
M	3117	3927	3421
L	3463	3863	3614
XL	3556	3636	3788

Prix : 25,90 €

BON DE COMMANDE

Désignation article	Référence	Quantité	Prix unitaire	Prix total
Pantalon détente	2539 A	1	…	…
....	5746 V	1	…	…
Veste sport grise	…	…	…	71 €
....	0327 H	…	…	15,99 €
Tee-shirt *Bio* bleu Taille L	…	1	…	…
			Participation aux frais de port	2,75 €
			TOTAL	…

974 **Observe le tableau ci-dessous qui présente les sommets les plus élevés de chaque continent (ou d'une partie d'un continent).**

Europe de l'Ouest	Asie	Amérique du Nord	Afrique	Amérique du Sud	Europe de l'Est	Antarctique
Mont Blanc	Mont Everest	Mont McKinley	Mont Kilimandjaro	Mont Aconcagua	Mont Elbrouz	Mont Vinson
4 808 m	8 846 m	6 194 m	5 892 m	6 959 m	5 642 m	5 140 m

a) Sur quel continent se trouve le sommet le plus élevé de la planète ?

b) Quelle est la différence d'altitude entre les points culminants de l'Amérique du Sud et de l'Amérique du Nord ?

c) Quelle est la différence d'altitude entre le sommet le plus élevé de l'Europe de l'Ouest et le sommet le plus élevé de l'Europe de l'Est ?

d) 752 m représente la différence d'altitude entre deux sommets. Lesquels ?

e) Observe le graphique ci-dessous. Quel sommet représente chaque lettre ?

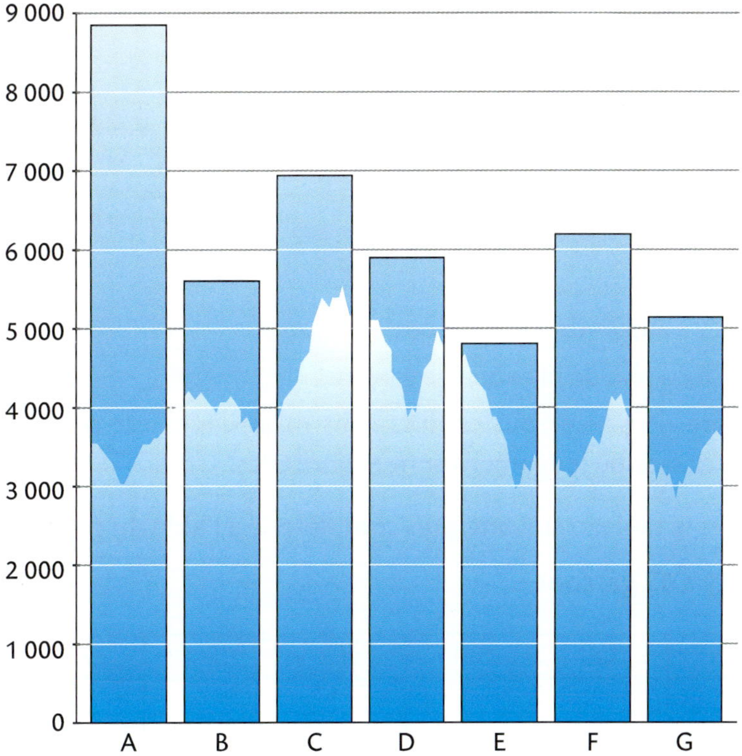

975 **Observe le graphique ci-dessous qui représente la répartition des élèves d'une école.**

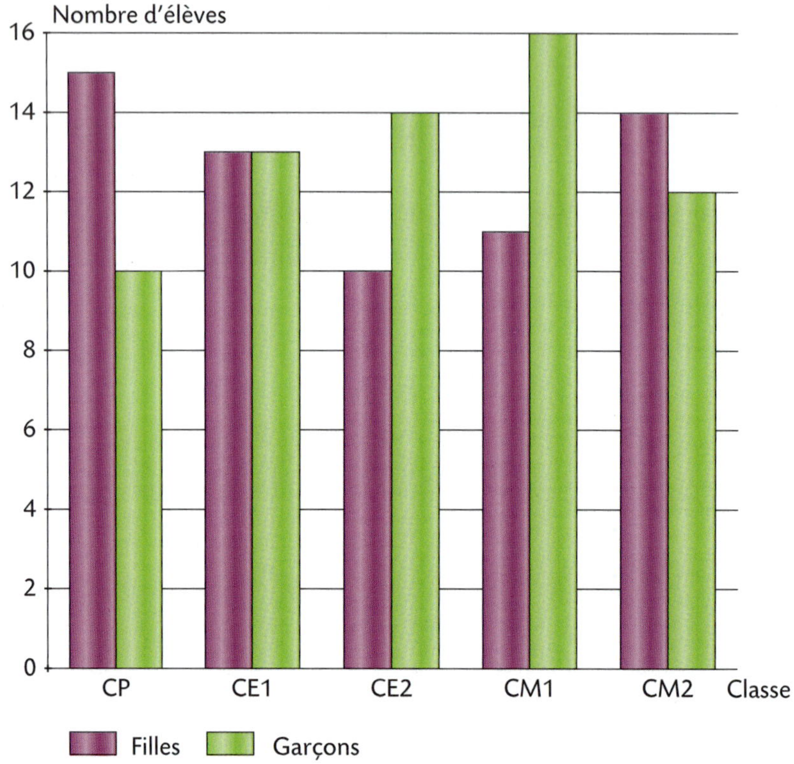

1. Vrai ou faux ?

a) Au CE1, il y a autant de garçons que de filles.

b) Au CM2, il y a plus de filles que de garçons.

c) Le nombre de classes où les filles sont majoritaires est plus élevé que le nombre de classes où les garçons sont majoritaires.

2. Reproduis le tableau suivant, puis complète-le à l'aide du graphique.

Au CM2, il y a 12 garçons.

Classes	CP	CE1	CE2	CM1	CM2	
Filles						
Garçons					12	
Effectif total						

Indique ce que représente le nombre que tu as noté dans chacune des cases bleues.

976 **Observe le tableau ci-dessous.**

Espérance de vie (en années)								
Pays	**Brésil**	**Chine**	**États-Unis**	**France**	**Inde**	**Japon**	**Nigeria**	**Royaume-Uni**
Hommes	65,7	69,6	74,6	77,6	60,1	78	48	75,8
Femmes	72,3	72,7	79,8	84,5	62	84,7	49,6	80,5

1. Vrai ou faux ?

a) L'espérance de vie des hommes est plus importante en France qu'aux États-Unis.

b) L'espérance de vie des hommes et des femmes est plus grande en France qu'au Royaume-Uni.

c) Pour tous les pays, l'espérance de vie des hommes est inférieure à celle des femmes.

d) Le pays où l'espérance de vie est la plus longue pour les hommes est aussi celui où l'espérance de vie est la plus courte pour les femmes.

e) Le pays où l'espérance de vie est la plus courte pour les hommes est aussi celui où l'espérance de vie est la plus courte pour les femmes.

2. Calcule :

a) Pour chacun de ces pays, l'écart entre l'espérance de vie des hommes et celle des femmes. Pour quel pays l'écart est-il le plus important ?

b) Pour chacun de ces pays, l'espérance de vie moyenne (c'est l'espérance de vie des hommes + l'espérance de vie des femmes divisées par 2).

977 **Observe cet extrait de catalogue d'une agence de voyages.**

WEEK-END À DUBLIN EN AVION			3 jours/2 nuits
PRIX AVEC HÉBERGEMENT PAR PERSONNE			
	HÔTEL CATÉGORIE C	**HÔTEL CATÉGORIE B**	**HÔTEL CATÉGORIE A**
Jusqu'au 28 mars			
en chambre individuelle	294 €	331 €	374 €
en chambre double	244 €	278 €	296 €
en chambre triple	201 €	219 €	239 €
À partir du 2 avril			
en chambre individuelle	308 €	350 €	385 €
en chambre double	267 €	289 €	309 €
en chambre triple	240 €	264 €	289 €

■ départs : chaque vendredi ■ retours : chaque dimanche

Monsieur et madame Fontaine veulent se rendre à Dublin pour le week-end du 10 avril, avec leurs trois enfants. Ils retiennent donc une chambre double pour eux et une chambre triple pour les enfants, en hôtel de catégorie B. Calcule le prix du voyage (hébergement compris).

978 **Observe le graphique suivant, puis réponds aux questions.**

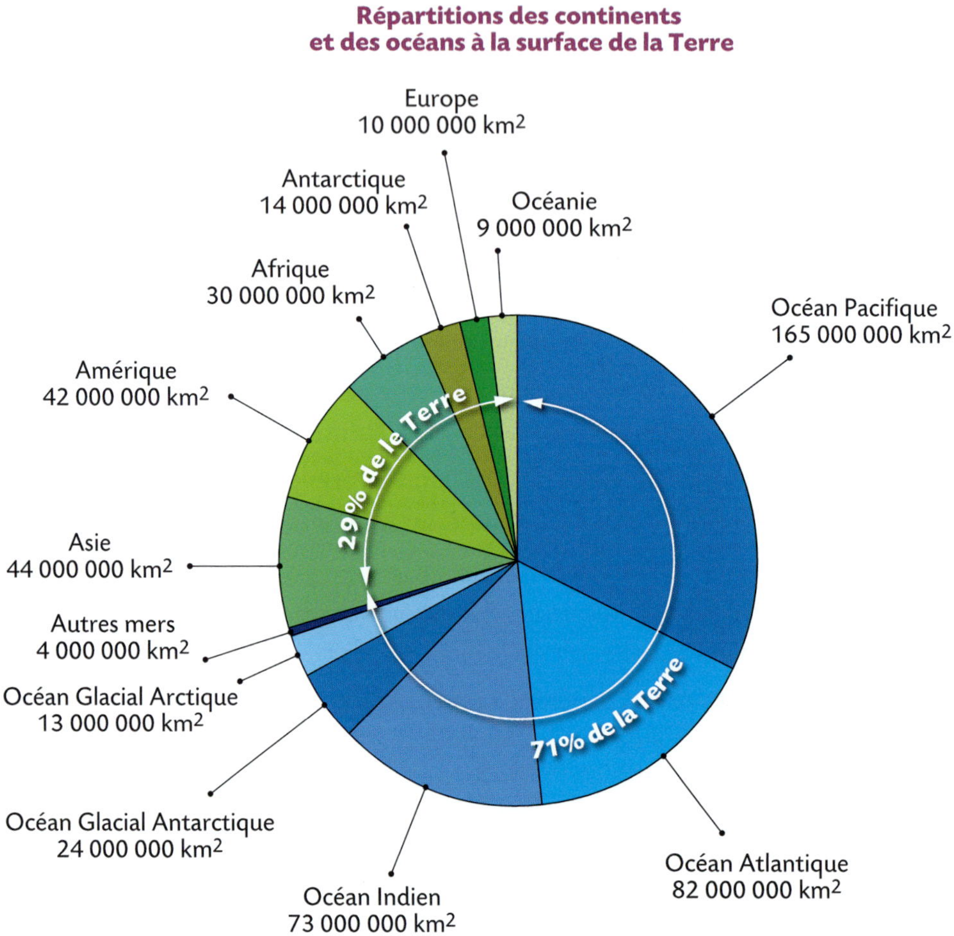

1. Vrai ou faux ?

a) La superficie de l'océan Pacifique est un peu plus du double de celle de l'océan Atlantique.

b) L'Afrique et l'Antarctique réunis n'égalent pas la superficie de l'Asie.

c) L'Amérique du Nord, couvrant un peu plus de 22 000 000 de km², est donc plus étendue que l'Amérique du Sud.

d) L'Europe est le plus petit des continents.

e) Si les continents couvraient deux fois plus de superficie, ils seraient plus étendus que les océans. (Attention ! Réfléchis bien avant de répondre...)

2. Écris les continents dans l'ordre croissant de leur superficie.

3. Quelle est la superficie totale des continents ?

4. Quelle est la superficie totale des mers et des océans ?

5. Quelle est la superficie totale de la planète ?

979 **Observe cette page d'un programme de télévision.**

	6.00	Les marins – *série*
	6.30	**Journal**
E	**6.45**	Le clown fait son cirque
	7.30	La plage et les galets – *série*
	8.25	Notre pays – *magazine*
	9.15	Le détective – *série*
	10.00	Vallées de France – *magazine* : « Névache, la vallée préservée »
	10.25	Cuisine du terroir : la pintade au chou rouge
	10.50	Inspecteur Evans – *série*
	11.50	**Journal régional**
	12.00	À quoi tu penses ? – *jeu*
	12.35	Gros malin ! – *jeu*
	12.55	Météo
	13.00	**Journal**
	14.00	Un train pour l'Alaska – *série* « Le filon »
	14.50	Chansons, chanteurs – présenté par A. Fauchant : « les années 70 »
	15.45	Visages du monde – *documentaire* : « De Lhassa à Katmandou »
E	**16.40**	Kids : dessins animés
	17.35	Sport-folie – *magazine sportif* : « Le surf sur la côte landaise »
	18.05	L'encyclopédie – *jeu*
E	**18.45**	La légende de Jules Verne : « Le capitaine Nemo »
	19.00	Météo
	19.05	Info circulation
	19.10	Sacrée mamie ! – *série*
	19.40	Le nain rouge – *jeu*
	20.00	**Journal**
	20.40	Météo
	20.45	La Rose rouge – *film français* (1981)
	22.20	Boxe, en direct de Levallois : *championnat d'Europe* Rosa/Picock
	23.15	**Journal de la nuit**
	23.25	Noires légendes – *série*

E Émissions pour enfants

a) Calcule la durée totale des émissions destinées aux enfants.

b) Calcule la durée totale des journaux d'information.

c) Calcule la durée totale des bulletins météo.

d) Quel est le jeu télévisé qui dure le plus longtemps ?

e) Classe ces émissions par ordre croissant de durée :

– Sport-folie
– Info circulation
– Un train pour l'Alaska
– La Rose rouge
– Cuisine du terroir
– La plage et les galets

980 **Observe la carte de la crêperie *Chez mam Coz* et réponds aux questions.**

Crêperie Chez mam Coz

CARTE

Galettes (pâte salée)	
œuf	3,20 €
jambon	3,90 €
fromage	3,45 €
œuf-fromage	4,50 €
complète	5,35 €
oignons	3,80 €
champignons	3,90 €
tomate-fromage	4,10 €
coquilles Saint-Jacques	8,20 €

Crêpes (pâte sucrée)	
sucre	2,20 €
beurre-sucre	2,40 €
confiture ou miel	2,90 €
sirop d'érable	3,10 €
citron	3,40 €
citron-sucre	3,60 €
citron-sucre-chantilly	4 €
chocolat-chantilly	3,80 €
pommes	3,70 €
pommes-amandes	3,90 €

BOISSONS

cidre bouteille 75 cL	7,27 €
cidre pichet 25 cL	2,75 €
eau bouteille	3,30 €
vin bouteille	9,50 €

MENU : 14 €

(tout compris)

- 1 galette champignons
- 1 galette complète
- 1 crêpe citron-sucre (supplément chantilly : 0,75 €)
- 1 pichet de cidre de 25 cL

1. Karine choisit la carte et commande une galette aux champignons, une galette aux coquilles Saint-Jacques, une crêpe chocolat-chantilly et une bouteille d'eau. À combien lui revient son repas ?
Fabrice hésite entre le menu et la carte. Il désire manger une galette aux champignons, une galette complète, une crêpe citron-sucre-chantilly et boire un pichet de cidre de 25 cL. Que vaut-il mieux qu'il choisisse ? Pourquoi ? Quel est le montant total de la note pour le couple ?

2. Monsieur et madame Briand et leurs trois enfants choisissent chacun un menu (sans supplément), mais ils commandent en supplément une crêpe pommes, une crêpe pommes-amandes et une bouteille d'eau. Quel sera le montant de la note pour la famille Briand ?

981 **Observe cet extrait d'horaire de train Paris-Amiens.**

Claire part de Paris pour rendre visite à sa famille, à Amiens, le samedi 11 novembre. Elle compte y rester une semaine et désire emporter sa bicyclette sans payer de supplément.

Numéro de train		76 708	14 320	10 052	76 003	14 400	10 082	14 308
Notes à consulter		2	3	1	7	5	6	4
Paris-Nord	D	06.46	08.03	11.04	14.19	17.28	19.30	21.50
Creil	A	07.12	│	11.38	│	18.03	20.03	│
Creil	D	07.14	│	11.39	│	18.05	20.04	│
Clermont-l'Oise	A	│	│	11.53	│	18.21	20.21	│
Saint-Justen-Chaussée	A	│	09.00	12.10	│	18.40	20.40	│
Longueau	A	07.53	09.36	12.46	15.23	19.18	21.12	22.50
Longueau	D	07.55	09.37	12.47	15.25	19.19	21.12	22.51
Amiens	A	08.00	09.44	12.52	15.30	19.25	21.18	22.56

1. 🚲 Circule tous les jours.
2. Circule tous les jours sauf les dim. et fêtes. ♿
3. Circule les sam. sauf le 11 nov.
4. Circule tous les jours sauf les sam., dim. et fêtes.
5. Circule tous les jours sauf les 24, 31 déc., 7 avr., 17 et 26 mai ; circule le 11 nov. 🚲
6. Circule les sam. sauf le 11 nov. 🚲
7. Circule les dim. et fêtes. 🚲

Symboles
A Arrivée
D Départ
♿ Facilités handicapés
🚲 Vélo transport gratuit

1. Lis les horaires attentivement et indique les numéros des trains qui peuvent intéresser Claire.

2. Elle veut mettre le moins de temps possible ; dans ce cas, quel train choisira-t-elle ?

3. Thierry est parti de Paris-Nord à 17 h 28 pour se rendre à Amiens. Combien de temps a duré son voyage ?

4. Mardi prochain, Steven prendra le train à Creil pour aller à la gare de Longueau où il a rendez-vous à 10 h. Quel train peut-il prendre ? Combien de temps durera son trajet ? Combien de temps devra-t-il patienter jusqu'à l'heure de son rendez-vous ?

982 **Observe la carte ci-dessous.**

1. **Vrai ou faux ?**

a) Le TGV Atlantique met moins de temps pour aller de Paris à Rennes que de Paris à Bordeaux.

b) Pour aller de Nancy à Strasbourg, le TGV Est met plus d'une heure.

c) Le TGV Sud-Est va en Suisse.

d) Pour faire le trajet Lyon-Marseille, le TGV Sud-Est met moins d'une heure.

e) Au départ de Lyon, il faut moins de temps pour aller à Lille qu'à Nice.

2. **Calcule la durée des trajets :**

a) Tours-Bordeaux ;

b) Avignon-Montpellier ;

c) Lyon-Valence ;

d) Avignon-Marseille.

983 **Observe les tarifs de la résidence de vacances *Sport et Montagne*.**

Résidence*** Sport et Montagne			
	Du 15/6 au 15/7	Du 16/7 au 15/8	Du 16/8 au 15/9
Demi-pension	259	357	308
Pension complète	343	469	406
Demi-pension + Forfait sport	379	487	428
Pension complète + Forfait sport	463	599	526

Tarif, en euros, par personne et par semaine.
Enfants de moins de 6 ans : gratuit.
Enfants de moins de 12 ans : demi-tarif

a) La famille Meunier comprend deux adultes et un enfant de 16 ans. Ils souhaitent partir une semaine, à la fin du mois d'août, et prendront tous la demi-pension et le forfait sports. Calcule le coût de leur séjour.

b) La famille Boyer est composée de deux adultes et de trois enfants âgés respectivement de 3 ans, 7 ans et 12 ans. Ils souhaitent partir deux semaines entre le 1er et le 14 juillet, en pension complète. Les adultes prendront également le forfait sports. Calcule le coût de leur séjour.

c) La famille Lefebvre est composée de deux adultes et d'un enfant de 7 ans. Ils souhaitent partir deux semaines en pension complète entre le 15 juin et le 1er juillet. Seul l'un des adultes prendra le forfait sports. Calcule le coût de leur séjour.

d) Pour la réservation, il faut envoyer un chèque représentant 20 % du prix du séjour. Calcule, pour chacune des familles, le montant du chèque à envoyer.

984 **Observe cette page du catalogue *Jeunesse et Loisirs*, puis reproduis et remplis le bon de commande de madame Morel (page ci-contre).**

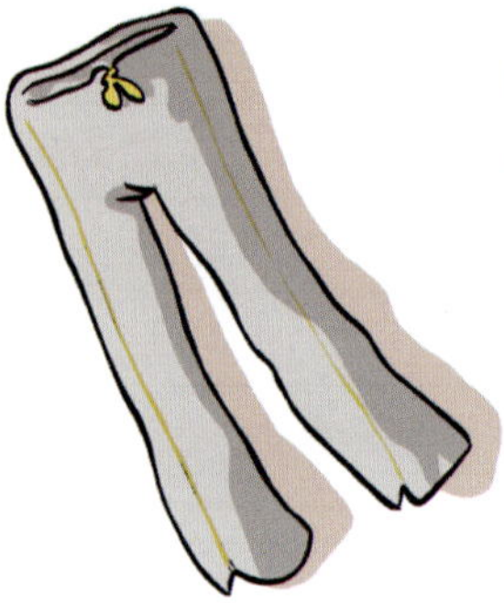

Pantalon de jogging*
41 % coton
59 % polyester

Coloris gris – Réf : 3078 S

8 ans	**28,95 €**
10 ans	**31 €**
12 ans	**33,70 €**
14 ans	**37 €**

Coupe-vent bicolore avec capuche

	gris-rose	gris-bleu	
2 ans	4528 H	4628 L	**39,50 €**
4 ans	4529 H	4629 L	**41 €**
6 ans	4530 H	4630 L	**43,50 €**
8 ans	4531 H	4631 L	**45 €**

Chaussettes

100 % laine		*tennis*	
Réf : 0354 V		Réf : 0894 T	
37/40	**5 €**	37/40	**4 €**
39/41	**5,50 €**	39/41	**4,30 €**
42/44	**6,25 €**	42/44	**4,90 €**

Surchemise

80 % acrylique – 20 % laine

unie bleu		à carreaux	
Réf : 7570 U		Réf : 7970 U	
8 ans	**25 €**	12 ans	**29,80 €**
10 ans	**28 €**	14 ans	**32 €**

Short
(élastiqué à la taille)

écru	rouge	bleu
7425 M	7525 M	7625 M

4 ans	**15 €**	8 ans	**19,50 €**
6 ans	**17,90 €**	10 ans	**16 €**

Gilet polaire
60 % polyester
40 % coton

gris 3002 S – vert 4002 S

4 ans	**25 €**	12 ans	**38 €**
8 ans	**32 €**	14 ans	**44 €**

Madame Morel décide de passer une commande, dans son catalogue *Jeunesse et Loisirs*, pour ses trois enfants, Thibault, Matthieu et Agathe, âgés respectivement de 14 ans, 8 ans et 4 ans.

Pour Agathe, elle commande un short rouge et un gilet polaire gris.

Pour Matthieu, elle commande une surchemise à carreaux et un coupe-vent gris-bleu.

Pour Thibault, elle commande un pantalon de jogging.

Elle ajoute deux paires de chaussettes en laine, taille 37/40 et deux paires de chaussettes de tennis, taille 42/44.

Aide-la à remplir le bon de commande (en le reproduisant sur ton cahier) et à calculer le montant total à payer.

Jeunesse et Loisirs					
BON DE COMMANDE					
Désignation	Référence	Taille	Quantité	Prix unitaire	Montant
				Total	
				Frais de port (gratuit pour plus de 75 € de commande)	4,50 €
				TOTAL	

985 **Voici un bulletin d'abonnement. Lis-le, puis réponds aux questions.**

NOTRE SIÈCLE Abonnez-vous !

Je m'abonne et je choisis :

☐ 1 an (52 nos) pour 143 € au lieu de 182 €, prix de vente en magasin.
☐ 2 ans (104 nos) pour 260 € au lieu de 364 €, prix de vente en magasin.

☐ Je règle ci-joint par chèque bancaire ou postal.

Nom :.. .... Prénom : ....
Adresse : N°.............. Rue : ....
Code postal : .... Ville : ....

a) Quel est le prix au numéro en achetant le magazine *Notre siècle* pendant un an chez le marchand de journaux ?

b) Quel est le prix au numéro en s'abonnant pendant un an ?

c) Combien économise-t-on en s'abonnant pendant un an ?

d) Quel est le prix au numéro en s'abonnant pendant deux ans ?

e) Quelle est l'économie réalisée en s'abonnant pendant deux ans ?

986 **Observe ce tableau et réponds aux questions.**

Récupération de papier-carton, de verre et de plastique (en % de la production)						
Année	**1985**	**1995**	**2000**	**2003**	**2005**	**2007**
Papier-carton récupéré	35,2	38,5	46,6	54,7	57,6	60,3
Verre recyclé	16,7	39,5	49,7	56,8	59,7	61,6
Plastique	nd	5,1	11,2	16,1	19	21,1

1. Vrai ou faux ?

a) En 1995, on ne recyclait qu'un peu plus de 5 % de la production de plastique.

b) Entre 1985 et 1995, le pourcentage de verre recyclé a été multiplié par plus de 2.

c) En 2007, le papier-carton était presque trois fois plus recyclé que le plastique.

d) Entre 1995 et 2007, la récupération des plastiques a été multipliée presque par 4, mais le plastique est encore près de trois fois moins récupéré que le verre ou le papier.

2. Calcule.

a) De combien le pourcentage de recyclage du verre a-t-il augmenté entre 1995 et 2005 ?

b) De combien le pourcentage de recyclage du papier-carton a-t-il augmenté entre 2000 et 2007 ?

987 **Voici des températures, en °C, relevées au cours d'une journée.**

6 h	7 h	8 h	9 h	10 h	11 h	12 h	13 h	14 h	15 h	16 h	17 h	18 h	19 h	20 h
8°	10°	11°	14°	15°	17°	20°	22°	23°	23°	23°	20°	19°	17°	16°

Établis un graphique et sa courbe.
Axe horizontal : les heures.
Axe vertical : les températures (en °C).

988 **Observe le tableau ci-dessous.**

Population en France métropolitaine	
1851	36 452 451
1876	38 437 592
1901	40 681 415
1911	41 479 006
1921	39 209 518
1936	41 911 530
1946	40 506 639
1954	42 777 162
1975	52 655 864
1999	58 518 395
2005	60 963 000
2009	62 449 000

1. **Vrai ou faux ?**

a) Entre 1876 et 1975, la population en France métropolitaine a augmenté de 14 218 092 individus.

b) Entre 1851 et 2009, la population française a diminué à deux reprises.

c) L'augmentation de la population a été plus forte entre 1876 et 1901 qu'entre 1954 et 1975.

2. **Reproduis et complète le tableau ci-dessous en utilisant également les données du tableau précédent.**

Population française en 2009	
Population en France métropolitaine	...
Départements et régions d'Outre-Mer (DROM)	1 855 000
Collectivités d'Outre-Mer (COM)	770 000
TOTAL	...

3. La population totale de la France a augmenté de 366 500 personnes entre 2008 et 2009. Quelle était la population française en 2008 ?

989 **Observe ce tableau.**

Qualité des eaux de baignade (en nombre total de points classés)							
	1998	2000	2002	2004	2006	2007	2008
Eau douce							
de bonne qualité	814	639	707	642	635	590	609
de qualité moyenne	672	649	641	692	614	648	669
momentanément polluée	59	83	70	...	63	78	55
de mauvaise qualité	8	8	7	4	6	21	10
Toutes catégories	**1 553**	**1 379**	**1 425**	**1 406**	**1 319**	**1 339**	**1 344**
Mer							
de bonne qualité	1 155	1 192	1 134	1 250	1 355	1 364	1 387
de qualité moyenne	598	445	501	541	470	...	526
momentanément polluée	102	67	66	81	67	77	53
de mauvaise qualité	1	0	0	0	0	4	0
Toutes catégories	**1 856**	**1 704**	**1 701**	**1 872**	**1 893**	**1 897**	...

1. Retrouve les nombres qui manquent dans les cases bleues.

2. Le nombre en rouge correspond aux nombres de points de baignade en eau douce classés de bonne qualité en 2002. À quoi correspond le nombre vert ?

3. **Vrai ou faux ?**

a) En 10 ans, le nombre de points de baignade en eau douce classés a baissé alors que le nombre de points classés en eau de mer a augmenté.

b) Depuis 1998, le nombre de points de baignade en eau de mer classés de bonne qualité a augmenté chaque année.

c) En 2008, il y avait plus de points classés en eau douce de qualité moyenne que de bonne qualité.

990 **Observe cet extrait du calendrier d'une association de randonnée pédestre, puis réponds aux questions.**

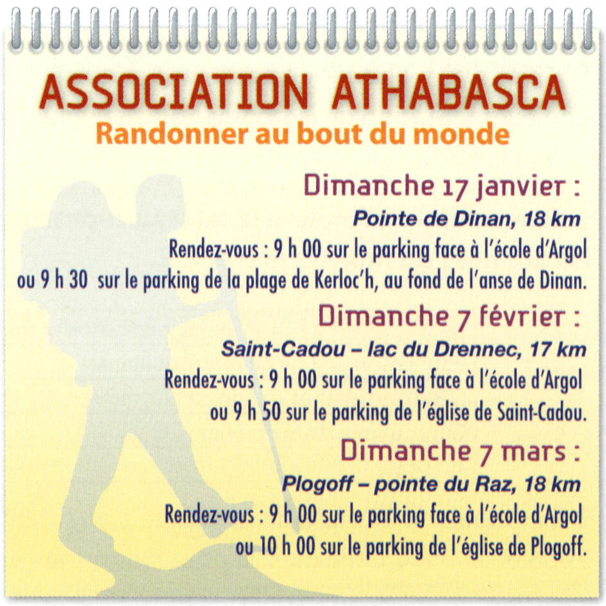
ASSOCIATION ATHABASCA
Randonner au bout du monde

Dimanche 17 janvier :
Pointe de Dinan, 18 km
Rendez-vous : 9 h 00 sur le parking face à l'école d'Argol
ou 9 h 30 sur le parking de la plage de Kerloc'h, au fond de l'anse de Dinan.

Dimanche 7 février :
Saint-Cadou – lac du Drennec, 17 km
Rendez-vous : 9 h 00 sur le parking face à l'école d'Argol
ou 9 h 50 sur le parking de l'église de Saint-Cadou.

Dimanche 7 mars :
Plogoff – pointe du Raz, 18 km
Rendez-vous : 9 h 00 sur le parking face à l'école d'Argol
ou 10 h 00 sur le parking de l'église de Plogoff.

a) Quand et où les marcheurs ont-ils rendez-vous à 10 h 00 ?

b) Combien de jours séparent la randonnée du 07/02 de celle du 07/03 ?

c) Quelle distance totale aura parcourue un marcheur ayant participé aux trois sorties ?

991 **Observe ce tableau.**

Incendies de forêts (en France métropolitaine)		
Années	**Nombre d'incendies**	**Surface sinistrée** (en hectares)
1995	6 549	18 109
1996	6 401	11 400
1997	8 005	21 582
1998	6 600	19 600
1999	4 960	15 905
2000	4 553	24 026
2001	4 258	20 473
2002	4 097	30 160
2003	7 023	73 278
2004	3 775	13 710
2005	4 696	22 133

a) Calcule, en m^2, la surface moyenne d'un incendie en 2005.

b) Quelle année a été la plus dramatique en ce qui concerne le nombre d'incendies de forêts ? Calcule la surface moyenne d'un incendie pour cette année-là.

c) De 1996 à 2005, quelle surface totale a été sinistrée ?

d) Quelles sont les trois années les plus dramatiques au niveau des surfaces sinistrées ?

e) Quelles sont les trois années les plus dramatiques au niveau du nombre d'incendies de forêts ?

Je travaille seul(e)

corrigé p. 236

992 À l'aide de cet extrait d'un guide de randonnée permettant de faire le tour du Piton des Neiges, sur l'île de la Réunion, réponds aux questions.

a) Il faut 2 heures pour aller de Hell-Bourg à Bélouve. Combien de temps faut-il pour aller de la Caverne Dufour à Cilaos ? Pour revenir de La Nouvelle à Marla ?

b) Est-ce que l'on peut trouver : un gîte de montagne à Cilaos ? du ravitaillement à Bélouve ? un restaurant à Grand-Îlet ? un point d'eau à La Nouvelle ? un car à Cilaos ?

Temps (en h et min)		Ressources / Localités	Pages	Hébergements divers	Gîte de montagne	Hôtel	Point d'eau	Ravitaillement	Restaurant	Parking	Cars
Retour	Aller	*Tour du Piton des Neiges* HELL-BOURG	33	•		•	•	•	•	•	•
1.30	**2**	BÉLOUVE	33		•		•				
3.40	**4.20**	CAVERNE DUFOUR	35		•						
6.30	**6**	CILAOS	39	•		•	•	•	•	•	•
6.20	**6.20**	MARLA	45		•		•	•			
4	**3.30**	LA NOUVELLE	49	•	•		•	•	•		
4.45	**4.10**	LE BÉLIER	53				•	•		•	•
1	**0.50**	GRAND-ÎLET	53	•			•	•	•	•	•
4.50	**4.10**	HELL-BOURG	57	•		•	•	•	•	•	•

Hébergements divers — Hôtel — Point d'eau — Parking
Gîte de montagne — Restaurant — Ravitaillement — Cars

993 **Observe ce tableau.**

Principales productions fruitières de la Martinique (en quintal)		
Année	**2006**	**2007**
Cultures fruitières semi-permanentes	2 486 767	1 450 350
Banane fruit	2 457 980	1 436 250
Ananas	27 407	13 280
Cultures fruitières permanentes	65 707	40 834
Agrumes dont : citron	18 910 5 540	10 510 3 324
Orange	8 400	4 200
Autres fruits frais dont : fruit à pain	39 653 2 000	30 380 2 000
Mangue greffée	2 800	2 800
Coco frais	14 060	9 840
Avocat	4 620	3 360
Fruits secs	7 144	7 144

1. Vrai ou faux ?

a) La production de bananes a fortement diminué entre 2006 et 2007.

b) En 2007, la production de citrons représentait la moitié de la production d'agrumes.

c) La production de fruits secs n'a pas varié entre 2006 et 2007.

d) La Martinique a produit environ deux fois moins d'ananas en 2007 par rapport à 2006.

e) Aucune production n'a augmenté entre 2006 et 2007.

2. Calcule :

a) la quantité totale, en tonnes, de coco frais produite en 2006 et 2007 ;

b) la production totale en tonnes, pour 2007, des fruitières semi-permanentes et permanentes ;

c) la baisse de production d'avocats, en tonnes, entre 2006 et 2007.

V
GÉOMÉTRIE

La symétrie

Problèmes

994 Reproduis cette figure, puis trace la figure symétrique par rapport à l'axe rouge.

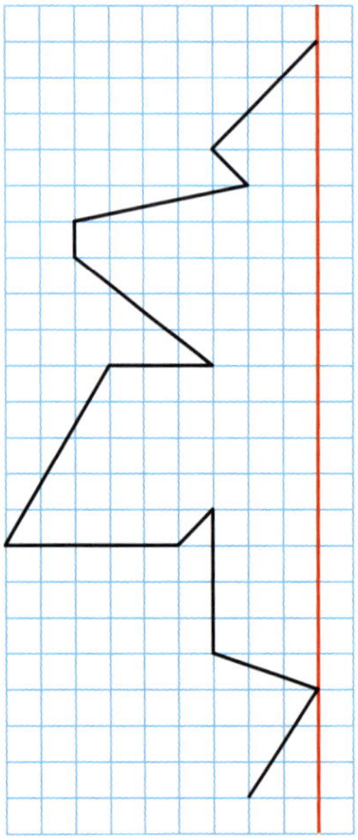

995 Reproduis cette figure, puis trace la figure symétrique par rapport à l'axe rouge (le centre de l'arc de cercle se situe sur le mât du bateau).

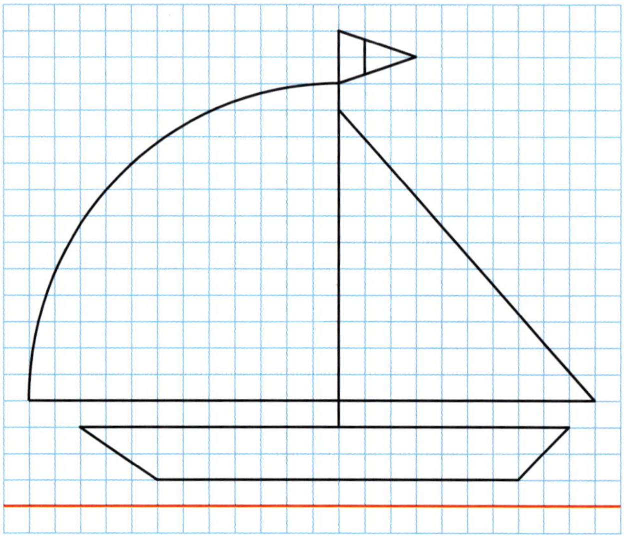

996 Reproduis la figure ci-contre sur ton cahier, puis complète le coloriage des cases afin que les droites rouges soient des axes de symétrie.

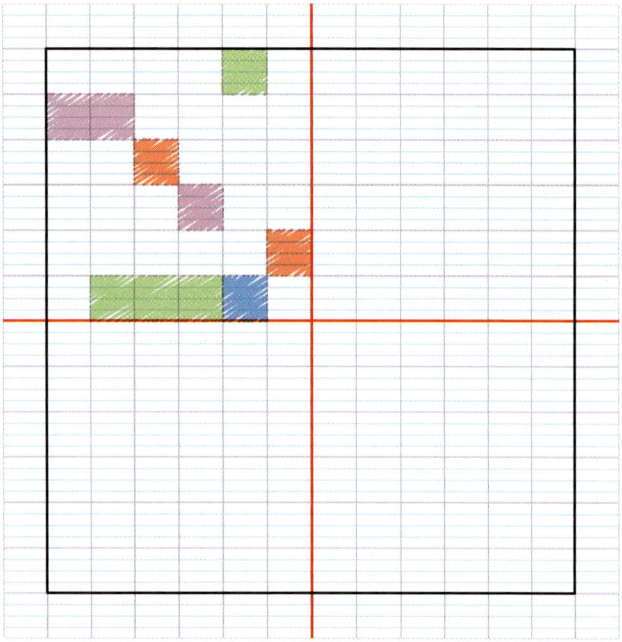

997 Reproduis cette figure sur ton cahier, puis complète le coloriage des cases afin que la droite en rouge soit un axe de symétrie.

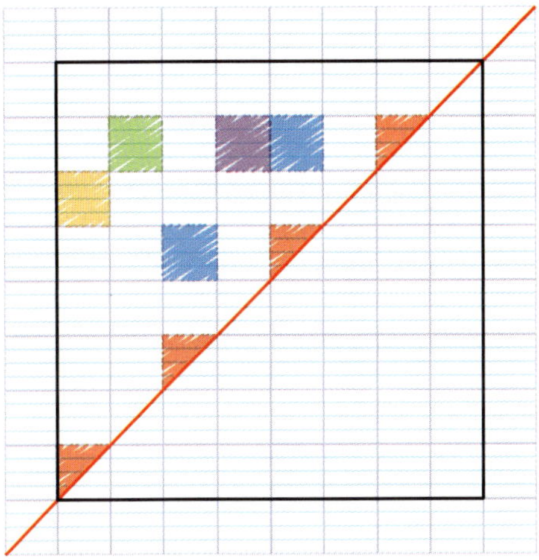

998 Reproduis cette figure sur ton cahier, puis construis la figure symétrique par rapport à l'axe rouge (le centre de l'arc de cercle se situe sur l'axe de symétrie).

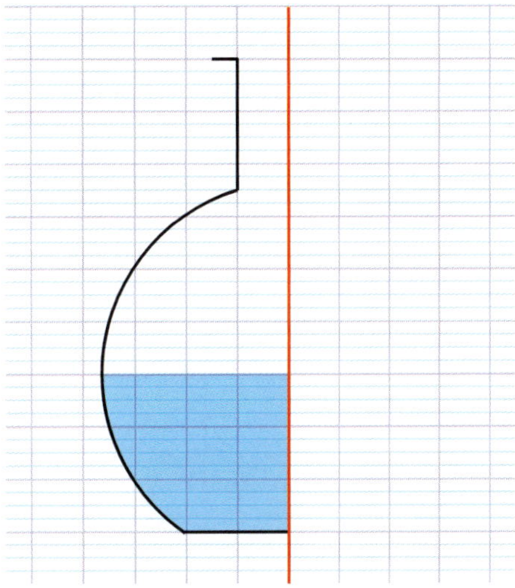

999 Reproduis cette figure, puis construis la figure symétrique par rapport à l'axe rouge. Combien d'axes de symétrie peux-tu trouver sur cette figure ?

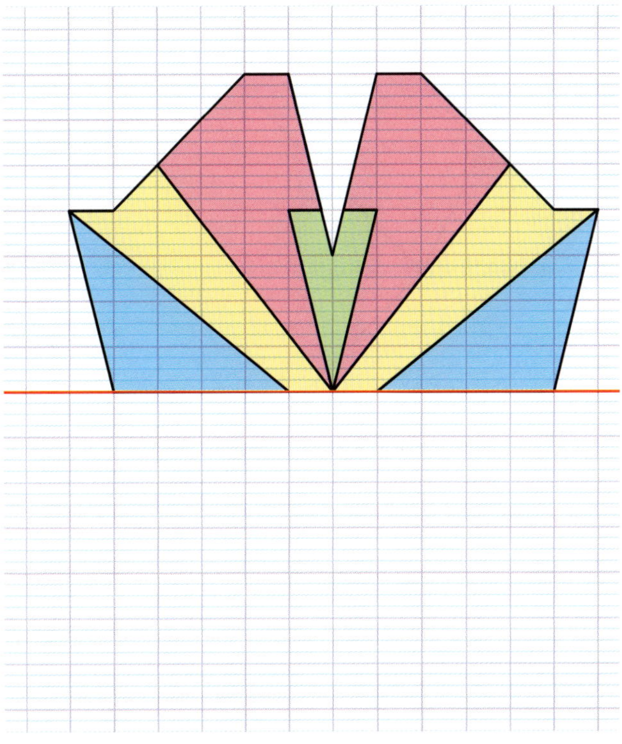

Reproduction et construction de figures

Problèmes

1000 Trace cette figure, en utilisant ta règle, à partir du dessin ci-dessous qui est réalisé à main levée.

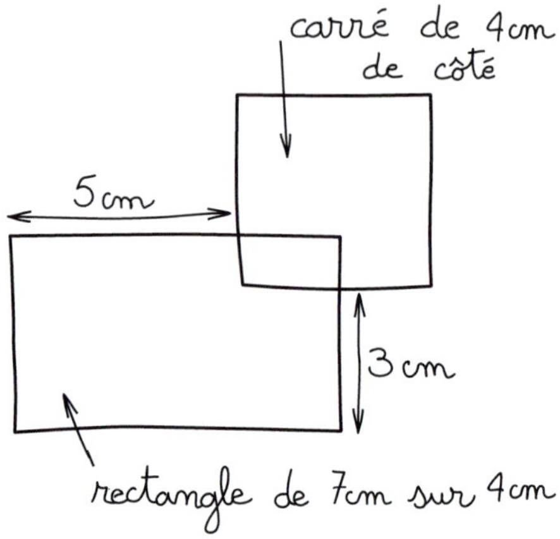

1001 Trace cette figure, en utilisant les outils nécessaires, à partir du dessin ci-dessous qui est réalisé à main levée.

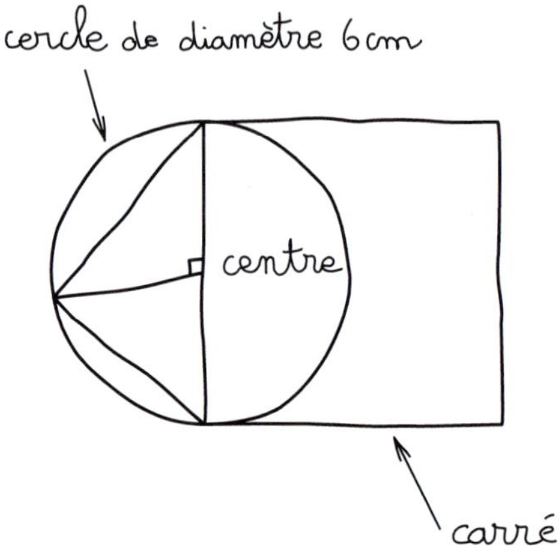

1002 Trace la figure ci-dessous en doublant ses dimensions.

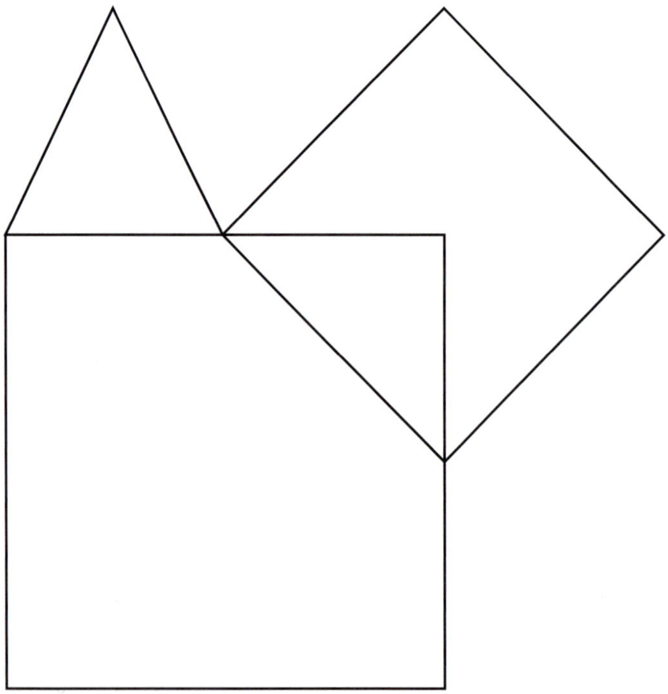

1003 a) Construis un triangle isocèle, puis trace son axe de symétrie.
b) Utilise cet axe de symétrie pour construire un cercle qui passera par deux sommets du triangle.

1004 **Voici trois figures.**

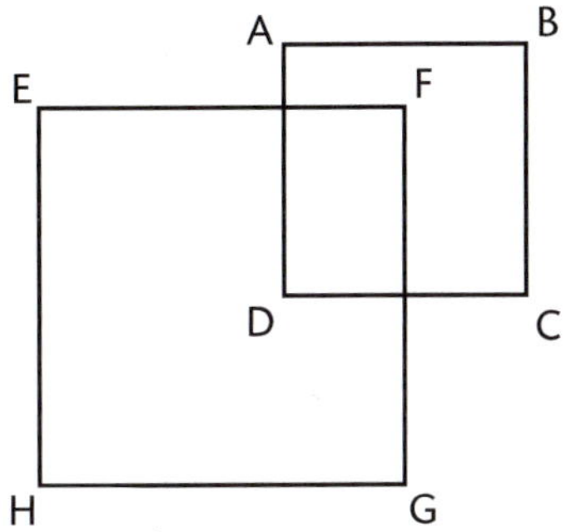

figure A

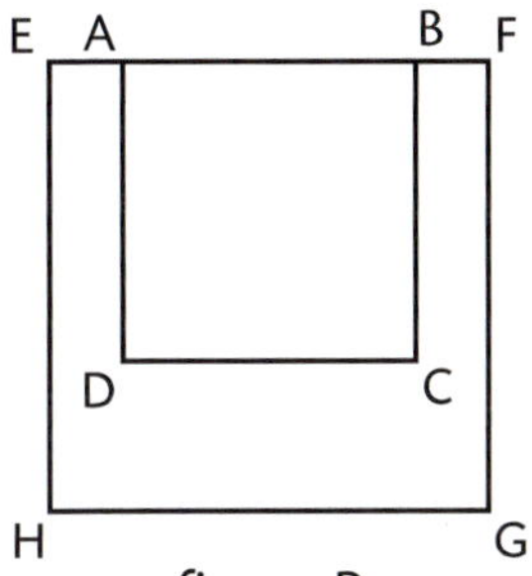

figure B

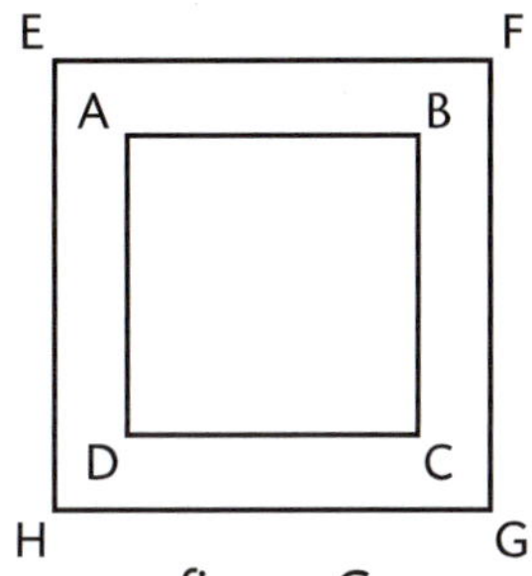

figure C

Quelle figure correspond aux consignes suivantes ?
a) Trace un carré ABCD de 2 cm de côté.
b) Trace un carré EFGH de 3 cm de côté et contenant le 1er carré.
c) Les deux carrés doivent avoir le même centre.

1005 **Trace la figure qui correspond à ce programme.**

a) Sur une feuille de papier blanc, trace un carré ABCD de 5 cm de côté.
b) Trace les demi-cercles allant de A à B, de B à C, de C à D et de D à A.
c) Trace les diagonales du carré afin d'en marquer le centre, puis trace le cercle inscrit.

1006 **Trace la figure qui correspond à ce programme.**

a) Sur une feuille de papier blanc, trace un segment AB de 9 cm et marque le point I, milieu de AB.
b) Trace la droite *d* passant par I et perpendiculaire à AB.
c) Sur la droite *d*, marque un point O, tel que IO = 2 cm.
d) Trace le cercle de centre O passant par A et B.
e) Note E et F les points d'intersection entre la droite *d* et le cercle de centre O tels que IE > IF.
f) Trace les segments EA, EB, AF, BF, AO, BO.
g) Sur AE, marque un point S, tel que ES = 2 cm. Trace le segment OS.
h) Sur BE, marque un point T, tel que ET = 2 cm. Trace le segment OT.
i) Colorie ta figure en prenant la droite *d* comme axe de symétrie.

1007 Quelle figure correspond aux consignes suivantes ?

a) Trace un rectangle ABCD de 5 cm de longueur et 1,5 cm de largeur.
b) Marque un point E tel que AE = 2 cm.
c) Trace le segment EF de 1,5 cm de longueur, parallèle à AD.
d) Trace le cercle de centre E passant par le point F.
e) Trace le segment DE et marque le point H, point d'intersection du segment DE et du cercle de centre E.
f) Trace le segment CE et marque le point I, point d'intersection du segment CE et du cercle de centre E.
g) Trace le segment HI.

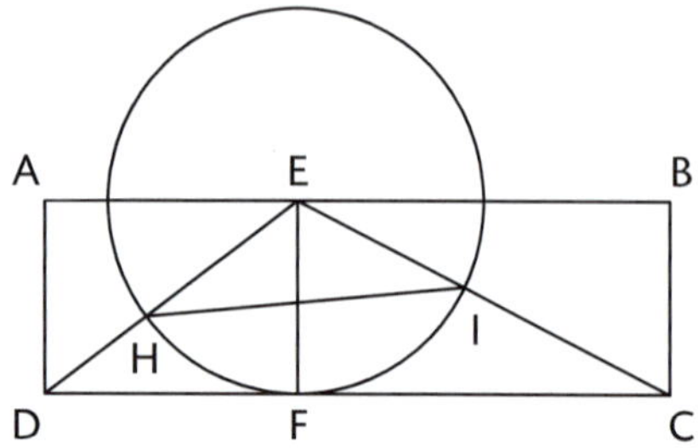

figure A

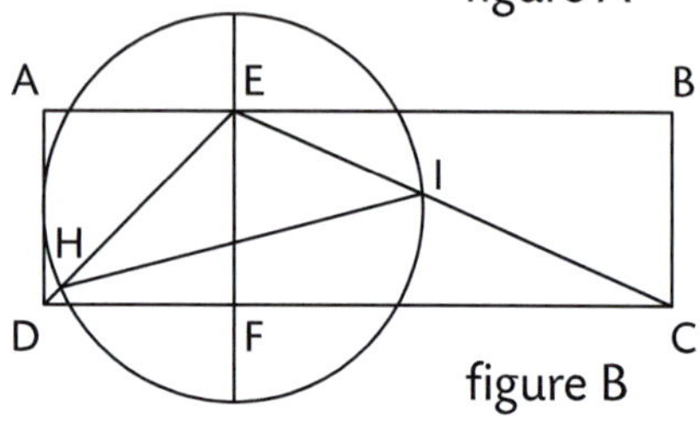

figure B

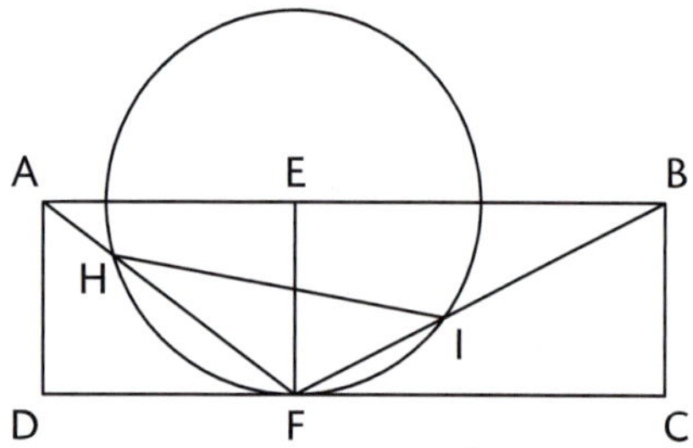

figure C

1008 **Trace la figure qui correspond à ce programme.**

a) Construis un carré de 5 cm de côté et trace ses diagonales.
b) En prenant pour centre le point d'intersection des diagonales, trace le cercle passant par chaque sommet du carré.
c) Choisis deux crayons de couleur puis :
– colorie d'une même couleur les triangles opposés limités par les diagonales et les côtés du carré ;
– colorie ensuite chaque portion de disque limitée par le cercle et un côté du carré de la couleur opposée au triangle qu'elle borde.

1009 **Trace la figure qui correspond à ce programme.**

a) Sur un segment AB de 12 cm, marque un point C tel que AC = 4 cm.
b) Trace le segment CD, perpendiculaire à AB tel que CD = 4 cm.
c) Trace le segment DB et marque son milieu O.
d) Trace le segment AD et marque son milieu I.
e) Trace l'arc de cercle de centre O et reliant C à B en passant par D.
f) Trace l'arc de cercle de centre I et reliant A à C en passant par D.

VI
SYNTHÈSE GÉNÉRALE

Problèmes

1010 En six coups de ciseaux, un ruban a été coupé en morceaux de 40 cm chacun. Quelle était la longueur de ce ruban ? (Tu peux t'aider d'un croquis.)

1011 On coupe en cinq coups de couteau une baguette de pain vendue 0,95 €. À quel prix revient un morceau ?

1012 Amandine a 8 ans. Agathe a trois ans de moins qu'elle, Aude un an de plus qu'Agathe, et l'âge de Julie est la somme des âges d'Agathe et d'Amandine. Quelle est la différence d'âge entre Aude et Julie ?

1013 Mon père a 38 ans. Ma mère a 7 ans de moins. Ils se sont mariés il y a 11 ans. Quel âge avaient-ils à l'époque ?

1014 Samira a 12 ans, Mélinda a 5 ans de plus qu'elle et Rachid a 3 ans de moins que Samira. Quel est l'âge de Mélinda et de Rachid ?
Quel est l'âge de Læticia, sachant qu'elle a autant d'années que les deux plus jeunes enfants réunis ?

1015 Une association organise un stage de parapente d'une durée de 8 jours avec deux formules au choix :
– 640 € avec l'hébergement ;
– 344 € sans l'hébergement.
Quel est le prix de revient de la journée pour chaque formule ?
Quel est le coût de l'hébergement pour une journée ?

1016 Monsieur Dumas hérite de 26 330 €. Il offre 7 600 € à une fondation* et partage le reste équitablement* entre ses quatre enfants. Quelle somme chacun recevra-t-il ?

1017 Une grande marque automobile a vendu en une année 113 880 véhicules d'un modèle. Calcule combien de voitures de ce modèle ont été, en moyenne, vendues chaque jour.

1018 À la boulangerie, Sabrina a acheté deux baguettes à 1,05 € l'une et trois pains au chocolat. Au total, elle a payé 7,80 €. Quel est le prix d'un pain au chocolat ?

1019 Sur un marché, un forain* ne vend que deux articles : des chemises et des polos. Il a acheté les chemises au prix unitaire de 9 € et les polos au prix unitaire de 7,45 €. Il revend les chemises 19 € pièce et les polos 15 € pièce. Ce dimanche, il a vendu 31 chemises et 19 polos. Calcule son bénéfice total.

1020 Combien faut-il de paquets de 20 cahiers pour que les 340 élèves d'un groupe scolaire disposent chacun de 6 cahiers ?

1021 Une usine automobile a fabriqué en moyenne, chaque jour, 329 véhicules d'un modèle, 216 d'un autre, 194 d'un troisième et 95 d'un quatrième. Quelle a été la production totale d'automobiles au mois de janvier dans cette usine, sachant qu'elle n'a pas fonctionné pendant huit jours ?

1022 Parmi les sommets les plus hauts de la Terre, on trouve :
– le mont Everest : 8 846 m ;
– le mont Kilimandjaro : 5 892 m ;
– le mont Aconcagua : 6 959 m.
Quelles sont les différences d'altitude entre ces trois sommets ?

1023 Florian dispose de 154 €. Il souhaite acheter un jeu pour sa console à 69 €, une voiture radiocommandée à 53 € et un jeu de société à 28 €. A-t-il assez d'argent pour tout acheter ?

1024 Une revue automobile propose un abonnement au prix de 33 € pour 12 numéros. Cette revue est vendue en kiosque* au prix de 3,90 € le numéro. Calcule l'économie réalisée en un an si l'on s'abonne.

1025 Un coffret de six tournevis est vendu 15,54 €. Quel est le prix moyen d'un tournevis ?

1026 Un couple désire acheter un salon complet : un canapé à 1 335 €, deux fauteuils à 386 € pièce, une table basse à 724 € et une lampe à 172 €. Il verse 607 € à la commande et le reste en huit mensualités*. Calcule le montant d'une mensualité.

1027 Un jardinier achète un arrosoir à 14,90 €, une bêche à 19,85 €, un pulvérisateur à 64,75 €, un sac d'engrais à 7,60 € et 22 rosiers identiques. Il paie le tout 326 €. Quel est le prix d'un rosier ?

1028 Un cuisinier achète aux halles :
– 15 poulets à 2,68 € l'un ;
– 5 cageots de tomates à 6,40 € l'un ;
– 15 salades à 0,40 € pièce ;
– 50 kg de pommes de terre à 0,49 € le kilogramme.
Il paie avec trois billets de 50 €. Combien lui rend-on ?

1029 Dans une école primaire de 257 élèves, un directeur commande des paquets de 25 cahiers. S'il veut que chaque élève dispose de 8 cahiers, combien de paquets doit-il commander ? Lui restera-t-il des cahiers ? Si oui, combien ?

1030 Dans une ville, la bibliothèque municipale a prêté au cours de l'année 131 200 ouvrages à ses 8 200 abonnés. Calcule, en moyenne, le nombre d'ouvrages lus par chaque abonné.

1031 En France, en 2006, on a dénombré 796 896 naissances. Calcule, à l'unité près par défaut, combien d'enfants sont nés, en moyenne, chaque jour.

1032 Un viticulteur* expédie du vin à des commerçants par cartons de 12 bouteilles :
- 192 bouteilles à Marseille ;
- 432 bouteilles à Vichy ;
- 108 bouteilles à Lille ;
- 300 bouteilles à Brest.

Combien de cartons expédie-t-il dans chacune de ces villes ?

1033 Au cours d'une foire au bricolage, monsieur Renaud est intéressé par ces articles :
- un jeu de trois pinces d'électricien à 5,90 € ;
- un jeu de quatre ciseaux à bois pour 6,75 € ;
- deux rouleaux d'adhésif double face à 4 € ;
- un paquet de chevilles Nylon à 4,10 € ;
- un lot de vis à 4,50 € ;
- un pot d'enduit à reboucher pour 3,25 € ;
- un paquet de colle à papier peint pour 1,95 €.

Quelle somme représente la totalité de ces articles ? Il désire consacrer au plus 20 € à ces achats. Quels articles peut-il choisir pour atteindre exactement 20 € ?

1034 Le chemin de Stevenson est un sentier de grande randonnée, long de 252 km, reliant le Puy-en-Velay à Alès. Florian et Sarah comptent le parcourir en douze jours. Quelle distance moyenne marcheront-ils chaque jour ?

1035 Voici un indicateur de niveau d'essence de voiture. Le réservoir plein contient 66 litres. Quand l'aiguille est sur le zéro, il reste encore 6 litres dans le réservoir. À quelle quantité d'essence correspond chaque graduation ?

1036 La recette* d'un match de football est de 167 128 €. Le prix moyen d'une place étant de 13 €, quel était le nombre de spectateurs ?

1037 Madame Le Bihan réserve un billet d'avion valant 375 €. Elle paie immédiatement un quart du prix du billet. Combien a-t-elle versé ? Combien lui reste-t-il à verser ?

1038 Pour refaire sa salle de bains, monsieur Fontaine achète du carrelage :
- 8 m^2 à 27 € le mètre carré ;
- 9 carreaux à 2,95 € l'un.

Calcule le coût total de son carrelage.

1039 Quelle est la masse d'un chocolat ?

1040 François Ier est né en 1494 et a vécu jusqu'à l'âge de 53 ans. En quelle année est-il mort ?
Il a été couronné roi de France à l'âge de 21 ans et a régné jusqu'à sa mort. Quelle a été la durée de son règne ?

1041 Robespierre a été guillotiné le 28 juillet 1794, à l'âge de 36 ans. En quelle année est-il né ?

1042 On allume à 18 h 30 une bougie qui mesure 25 cm de hauteur ; à 22 h 30, elle ne mesure plus que 15 cm. Quelle est la hauteur de cire consommée en une heure ?

1043 Quand il est midi à Paris, il est 8 h 00 à Cayenne, en Guyane. Un avion part de Paris à 12 h 40 et met 9 h 10 min pour gagner Cayenne. À quelle heure arrive-t-il à Cayenne (heure locale) ?

1044 Bastien part en vacances du 20 juillet au matin au 10 août au soir. Calcule en jours, puis en semaines, la durée de ses vacances.

1045 Jérémy part à bicyclette de chez lui à 7 h 54 afin d'aller acheter le pain. Il arrive à la boulangerie à 8 h 08. Combien de temps a duré son trajet ?

1046 Les premiers hommes à avoir marché sur la Lune ont été les cosmonautes de la mission Apollo XI. Ils ont aluni* le 20 juillet 1969 à 21 h 17 et ont quitté le sol lunaire le 21 juillet à 18 h 54. Combien de temps sont-ils restés sur le satellite de la Terre ?

1047 Un film ayant duré 110 minutes se termine à 22 h 55. À quelle heure a-t-il commencé ?
Paul regarde ensuite le journal télévisé qui dure 15 minutes. À quelle heure se couche-t-il ?

1048 Observe les heures d'ouverture du magasin. Calcule la durée d'ouverture hebdomadaire*.

1049 Une classe de CM 1 va en salle d'informatique deux fois par semaine :
– le lundi de 10 h 15 à 11 h 20 ;
– le jeudi de 13 h 30 à 14 h 45.
Calcule la durée hebdomadaire* consacrée à l'informatique.

1050 Une nouvelle émission mensuelle sur l'environnement commence à 20 h 35 et se termine à 21 h 30. Combien de temps dure-t-elle ? Combien d'épisodes de cette émission puis-je enregistrer sur un DVD de 120 minutes ?

1051 Trente-deux livres de géographie identiques sont empilés. La hauteur de la pile est de 28,8 cm. Trouve la question et donne la réponse.

1052 Dans une camionnette, on a chargé cinq colis pesant chacun 6,4 kg et seize caisses. La camionnette, qui pesait vide 1,35 t, pèse maintenant 1,95 t. Quelle est la masse d'une caisse transportée ?

1053 Une camionnette pesant à vide 1 650 kg est chargée de 12 caisses pesant 155 kg chacune. Pourra-t-elle emprunter un pont dont la charge est limitée à 3,5 t ?

1054 Combien de bouteilles de 25 cL faut-il pour remplir une bouteille de 1,5 L ?

1055 Le gallon américain est une mesure de capacité égale à 3,785 L. Le pétrole est vendu au baril, qui correspond à 42 gallons. Quelle est, en litres, la capacité du baril ?

1056 Au cours d'une année, un éléphant boit environ 29 000 litres d'eau. Calcule, au litre près par excès, sa consommation d'eau journalière.

1057 Sur un terrain rectangulaire de 80,5 m de long et 46 m de large, on veut planter des pommiers. Chaque arbre devant disposer de 25 m^2, combien de pommiers pourra-t-on planter ?

1058 Un champ de 1,292 ha a été divisé en deux parcelles, dont l'une a pour aire 6 423 m^2. Calcule l'aire de l'autre parcelle. Quelle est leur différence d'aire ?

1059 La cour carrée du musée du Louvre mesure 112,50 mètres de côté. Calcule sa superficie, en m^2, puis en ha.

1060 En Chine, à Pékin, le palais impérial mesure 960 m de long et 750 m de large. Exprime sa superficie en m^2, puis en ha.

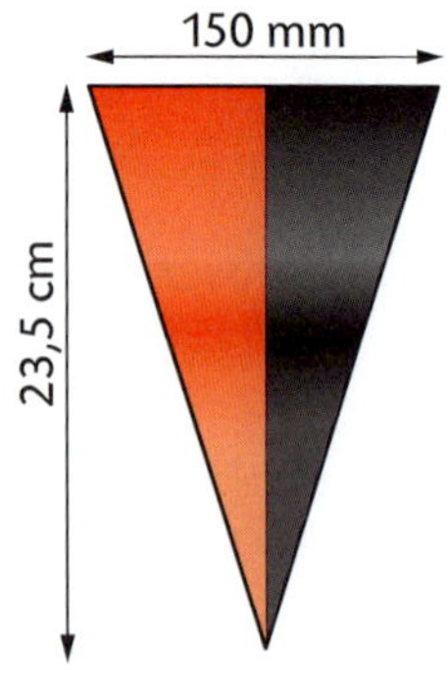

1061 Calcule l'aire du fanion représenté ci-contre, en cm^2.

1062 Un très vieux tilleul a un rayon de 2 m à 1,5 m du sol. Quel est son périmètre à 1,5 m du sol ?

1063 Xavier achète un rôti de bœuf de 1,7 kg au prix de 13 € le kilogramme. Combien va-t-il payer ?

1064 Sur le marché, Lise paie 7,20 € pour des pommes vendues 2 € le kg. Quelle masse de pommes a-t-elle ?
Deux autres personnes en demandent respectivement 500 g et 2,5 kg. Combien chacune devrait-elle payer ?

1065 En moyenne, un Français consomme 5 kg de café par an. Calcule, en tonnes, la quantité de café vendue en un an dans une ville de 12 000 habitants.

1066 Un groupe de dix amis va au cinéma et paie 75 € au total. Combien paieront monsieur et madame Bernard pour voir le même film ? Et la famille Henry qui comprend huit personnes ?

1067 Le globe terrestre a une superficie de 510 millions de km^2. Les océans représentent environ 71 % de cette superficie. Quelle superficie représentent les océans ? Quelle superficie représentent les terres émergées ?

1068 Voici un panneau rencontré en descendant un col de montagne. De quelle altitude descendent les véhicules en parcourant 500 m ? 800 m ? 2 km ?

1069 54 % des 250 candidats ont été reçus à un examen. Combien de candidats ont échoué ?

1070 Un billet de train plein tarif coûte 89 €. Sophie obtient une réduction de 25 %. Quelle économie a-t-elle réalisée ? Quel est alors le prix de son billet ?

1071 Jacques achète une voiture 17 629 €. Il l'équipe de housses à 133 €, d'un coffre de toit à 219 € et d'un attelage* affiché 175 € sur lequel il obtient une réduction de 20 %. Calcule sa dépense totale.

1072 Sur son ordinateur, Kevin s'est amusé à représenter la façon dont il dépensait son argent de poche. Quel pourcentage représente son budget « cadeaux » ?
Sur une somme de 40 €, combien dépense-t-il en livres ? En sucreries ?

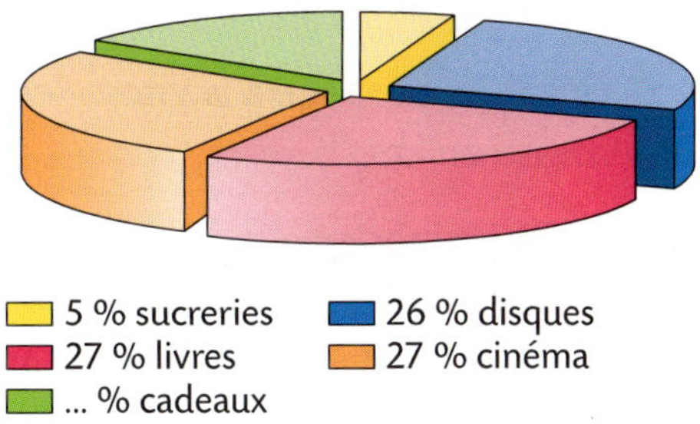

1073 La province du Québec, située à l'est du Canada, compte 7 750 500 habitants, dont 80 % de francophones*. Quel est le nombre de personnes parlant le français au Québec ?

1074 En 2009, le nombre total de logements est estimé à 33 millions en France (métropole et DROM*). Les résidences principales constituent l'essentiel du parc (84 %), les résidences secondaires 10 % et un peu plus de 6 % sont des logements vacants. Calcule pour 2009, en France, le nombre de résidences principales, le nombre de résidences secondaires et le nombre de logements vacants.

1075 À Noël, 30 % des familles achètent un arbre à décorer. Calcule, sur 5 000 familles, le nombre d'arbres achetés.
Un quart des arbres achetés est en pot et sera replanté. Calcule, sur le nombre d'arbres achetés, le nombre d'arbres replantés.

1076 Calcule la masse de la viande contenue dans ce plat de moussaka.

1077 Sur une carte de France à l'échelle 1/1 000 000, la distance séparant Le Mans de Rennes est de 14 cm, celle séparant Rennes de Brest est de 21 cm. Quelles sont les distances réelles entre ces villes ?

1078 Sur un plan à l'échelle 1/2 000, un immeuble mesure 5 cm de long et 3 cm de large. Calcule ses dimensions réelles. Calcule sa superficie au sol.

1079 La base de recherche française Dumont d'Urville est située sur la côte du continent Antarctique. Sur une carte au 1/4 000 000, la distance qui la sépare du pôle Sud est de 6,5 cm. Que représente cette distance, en km, sur le terrain ?

1080 Philéas Fogg, le héros de Jules Verne, a fait le tour du monde, soit 40 000 km, en 80 jours. Quelle est la distance moyenne parcourue chaque jour par Philéas Fogg ?

1081 Une fusée traverse le cosmos* à la vitesse de 39 600 km/h. Calcule sa vitesse en km/min, puis en km/s.

1082 Le son se propage à la vitesse de 330 m/s (mètres par seconde). Exprime cette vitesse en km/h.

1083 Le Transsibérien est un chemin de fer qui relie Moscou à l'océan Pacifique en six jours et demi. Quelle est, en heures, la durée du voyage ?
Le train roulant environ à la vitesse moyenne de 60 km/h, calcule la longueur, en km, approximative de la voie ferrée.

1084 À partir du tableau ci-dessous, établis, sur une feuille à petits carreaux, un graphique de la croissance de cet éléphant.

Âge de l'éléphant	Taille
naissance	1 m
1 an	1,50 m
3 ans	2 m
10 ans	2,50 m
15 ans	3 m
40 ans	3,50 m

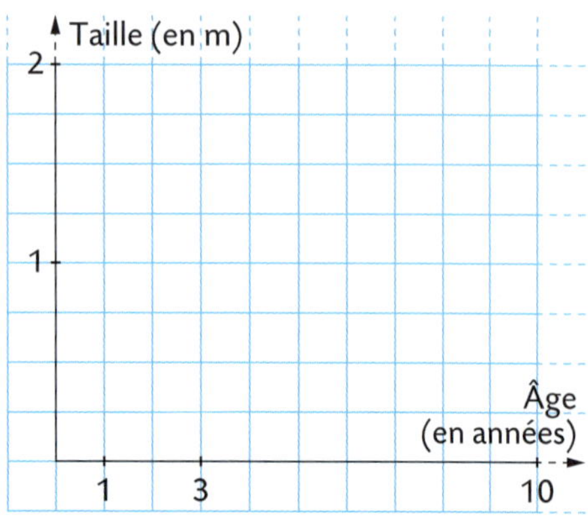

1085 Un athlète court le 10 000 m en 27 min 35 s. Quelle distance parcourt-il en une seconde ?

1086 Observe le graphique ci-contre qui représente les notes de dictée obtenues par trois élèves durant six semaines. Réponds ensuite aux questions.

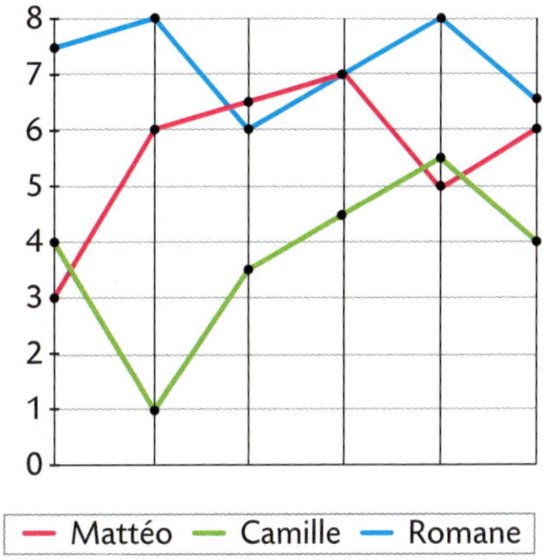

1. Vrai ou faux ?

a) C'est toujours Romane qui a eu la meilleure note.

b) Toutes les notes sont comprises entre 1 et 8 sur 10.

c) Pour la cinquième dictée, Camille a obtenu une note supérieure à celle de Romane.

d) Une seule fois, deux des élèves ont obtenu la même note.

2. Calcule, pour chacun des élèves, sa moyenne de dictée durant ces six semaines (moyenne = total des notes divisé par nombre de notes). Arrondis au centième près par défaut.

1087 **Observe le graphique.**

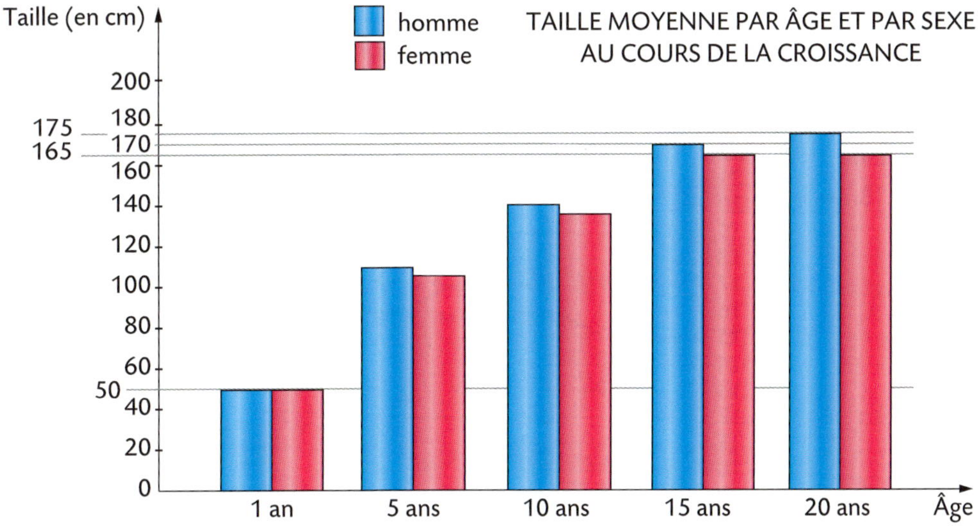

1. Vrai ou faux ?

a) À l'âge d'un an, les tailles des femmes et des hommes sont identiques.

b) Entre 15 et 20 ans, la taille des hommes augmente davantage que celle des femmes.

2. Quelle est la différence de taille entre 1 an et 20 ans pour les femmes et pour les hommes ?

1088 **Observe le tableau.**

Nombre de jours de pluie par an												
Villes / Mois	J	F	M	A	M	J	J	A	S	O	N	D
Bruxelles (Belgique)	15	15	15	16	16	17	16	16	16	17	18	16
Le Caire (Égypte)	3	2	2	1	0	0	0	0	0	0	1	2
Calcutta (Inde)	1	2	2	3	7	13	18	18	13	6	1	0
Mexico (Mexique)	3	4	6	11	15	19	25	24	20	12	6	4
Dakar (Sénégal)	0	0	0	0	0	1	10	14	15	14	1	0
Vienne (Autriche)	7	5	7	8	9	10	10	8	7	8	7	7

1. Vrai ou faux ?

a) Sur le total des mois de novembre, décembre et janvier, il pleut davantage au Caire qu'à Calcutta.

b) Au cours d'une année, il pleut davantage à Calcutta qu'au Caire.

c) À Mexico, le mois le plus pluvieux est le mois de juin.

d) Le Caire est la seule ville où il ne pleut pas six mois de suite.

e) La ville qui connaît le moins d'écart entre le mois le plus humide et le mois le plus sec est Bruxelles.

2. Calcule, pour chacune des villes, le nombre de jours de pluie annuel.

3. Sur une feuille à petits carreaux, reproduis le graphique ci-dessous et complète-le avec chacune des villes (tu prendras une couleur différente pour chaque ville).

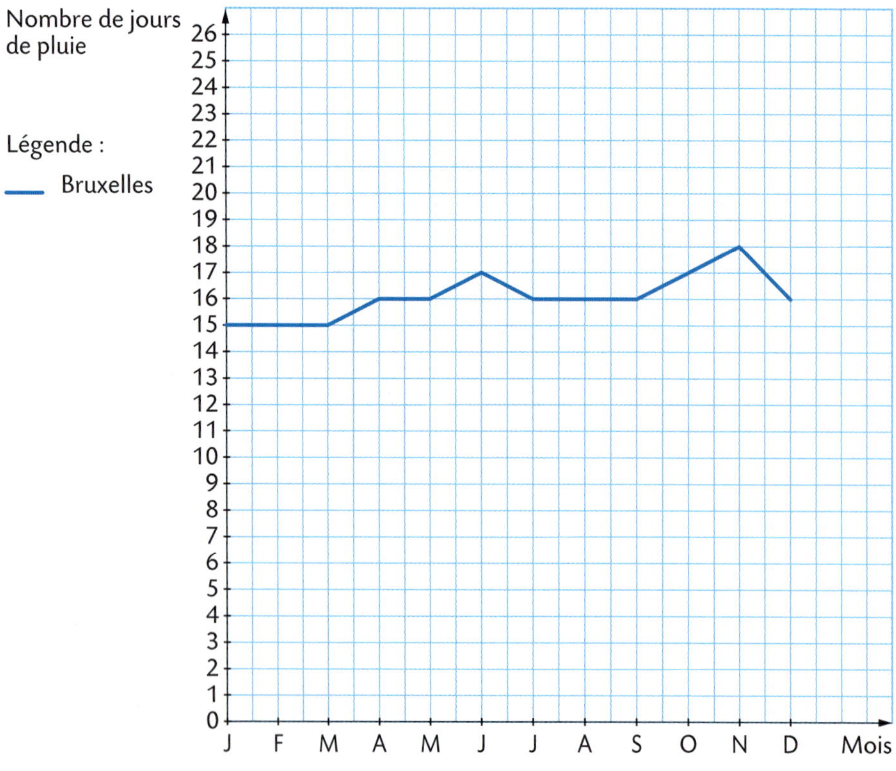

1089 **Sondage :** ***Pour ou contre le café au lait pour les enfants le matin ?***
500 personnes ont été interrogées.
Quel est le nombre de personnes représenté par chaque pourcentage ?

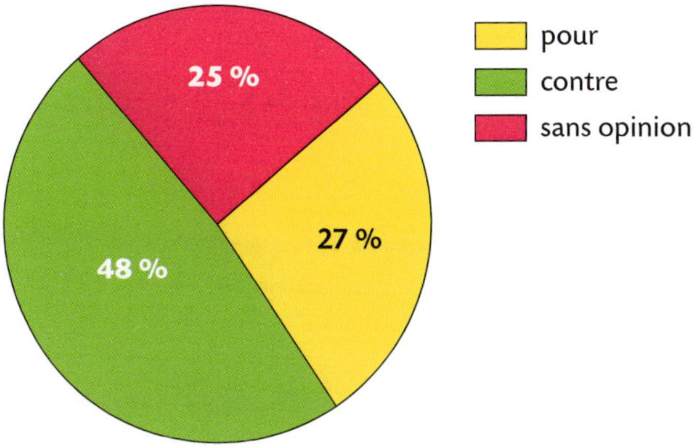

1090 **Observe le tableau.**

Équipement des ménages en voiture selon la catégorie socioprofessionnelle (en %)		
Catégorie socioprofessionnelle	**Une voiture**	**Deux voitures ou plus**
Agriculteurs exploitants	99,4	60,3
Artisans, commerçants, chefs d'entreprise	93,3	48,3
Cadres et professions intellectuelles supérieures	88,6	46,0
Professions intermédiaires	91,4	47,7
Employés	81,1	32,5
Ouvriers (y compris ouvriers agricoles)	88,5	43,9
Retraités	72,8	21,7
Autres inactifs	45,3	5,3

Vrai ou faux ?

a) En France, en 2007, un peu plus d'un tiers des ménages possède au moins deux voitures.

b) Ce sont les personnes inactives qui possèdent le moins de voitures.

c) Les employés possèdent moins de voitures que les ouvriers, mais plus que les retraités.

d) Artisans, commerçants, chefs d'entreprise sont les personnes les plus nombreuses à posséder deux voitures ou plus.

e) 42,6 % des cadres et professions intellectuelles supérieures ne possèdent qu'une seule voiture.

1091 Paul veut repeindre lui-même sa cuisine ; il achète 5 L de peinture à 11,40 € le litre, un rouleau à 4,53 € et pour 11,82 € de fournitures diverses. À combien lui revient la remise en état de sa cuisine ? Un peintre lui avait soumis un devis* de 489 € pour faire ce travail. Quelle économie a réalisée Paul en effectuant le travail lui-même ?

1092 Un commerçant a payé 85 blouses 545,70 €. Quel est le prix d'achat d'une blouse ?
Lors d'une seconde commande, il en achète 17 supplémentaires. Combien a-t-il payé en tout pour les deux commandes ?
En revendant toutes les blouses, il a fait un bénéfice de 731,34 €. Quel a été le prix de vente d'une blouse ?

1093 Raphaël achète au marché 600 g de langoustines affichées 17 € le kg et 250 g de crevettes affichées 1,20 € les 100 g. Il paie avec un billet de 50 €. Combien lui rendra-t-on ?

1094 Sur la facture ci-contre, certains nombres mal imprimés ne sont plus visibles. Retrouve les nombres manquants.

TOUT EST CLAIR

[illegible] ampoules à 2 € pièce	:	6,00 €
5 m de câble à [illegible] € le mètre	:	9,40 €
7 m de câble à 1,70 € le mètre	:	[illegible] €
2 appliques à [illegible] € pièce	:	[illegible] €

		87,20 €
Remise 5 %		[illegible] €
Prix net		[illegible] €

1095 Un professeur d'éducation physique achète 15 maillots à 5,80 € l'un et 12 ballons de basket-ball. Il ne paie en tout que 115,50 €, soit la moitié du coût réel, l'autre moitié étant payée par la mairie. Calcule le prix d'un ballon.

1096 Madame Mercier achète 2,75 m de tissu à 18 € le mètre. Combien paie-t-elle ? Elle achète également 12 petites bobines de fil de couleurs différentes pour 15,84 €. Quel est le prix d'une bobine de fil ?

1097 Trois enfants rassemblent leurs économies afin d'acheter un livre d'une valeur de 35 € pour l'anniversaire d'un petit camarade. Théo donne un quart de la somme, Gaétan donne deux cinquièmes de la somme, Constance donne le reste. Quelle est la somme versée par chacun ?

1098 Michèle a acheté 12 kg d'abricots pour faire de la confiture. Les noyaux représentent un sixième de la masse totale. Quelle est la masse des fruits dénoyautés ?
La quantité de sucre ajoutée représente deux cinquièmes de la masse des fruits dénoyautés. Quelle est la masse des fruits sucrés ?
Michèle fait cuire le mélange. Il ne reste alors que les trois quarts de la masse. Calcule la masse de confiture obtenue et la perte pendant la cuisson.

1099 Un verger est composé de 420 arbres, chacun donnant environ 65 kg de fruits. Cette année, les deux cinquièmes des arbres ont eu une maladie et leurs fruits ont pourri. Le reste a été vendu à raison de 1,30 € le kilogramme. Combien a rapporté la vente de cette récolte ?

1100 Madame Léon achète une voiture neuve valant 12 901 € et finance son achat de la façon suivante : $\frac{1}{7}$ du prix à la commande, $\frac{2}{7}$ à la livraison et le reste en 16 mensualités égales. Quelle somme verse-t-elle à la commande ? Quelle somme verse-t-elle à la livraison ? Quel sera le montant d'une mensualité ?

1101 Des cyclotouristes* sont partis à 8 h 20 pour une sortie de 180 km. Ils s'arrêtent après avoir parcouru un cinquième du trajet. Quelle distance ont-ils alors parcourue ?
Pour se restaurer, ils s'arrêtent ensuite à 12 h 50 aux trois cinquièmes du parcours. Quelle distance ont-ils parcourue entre les deux arrêts ? À quelle vitesse horaire moyenne ont-ils roulé ?

1102 Une épreuve de triathlon* réunissait 322 engagés ; $\frac{2}{7}$ des concurrents abandonnent à la fin du parcours de natation (1 500 m), puis $\frac{2}{5}$ de ceux qui étaient encore en course abandonnent à la fin de l'épreuve cycliste (90 km). Enfin, seulement $\frac{5}{6}$ des concurrents restants franchissent la ligne d'arrivée au terme de la course à pied (20,5 km). Combien y aura-t-il de concurrents classés ? Quelle distance totale auront-ils parcourue ?
Sachant que le départ du triathlon a été donné à 8 h 05 et que le vainqueur a mis 3 h 57 min 48 s pour le terminer, trouve à quelle heure celui-ci a franchi la ligne d'arrivée.

1103 En tennis, lors de la finale d'un tournoi, les deux adversaires ont disputé, en 5 sets*, un match d'une durée de 4 h 28 min. Quelle a été la durée moyenne d'un set ?

1104 Dans une usine automobile, une presse emboutit* deux ailes toutes les 5 secondes. Combien de temps lui faudra-t-il pour emboutir 250 ailes ?
Combien d'ailes seront pressées en 1 h 30 min ? (Il y a plusieurs manières de calculer.)

1105 Virginie, qui mesure 1,42 m, s'est amusée à exprimer sa taille à l'aide d'anciennes mesures de longueur. « Je mesure 4 pieds, 4 pouces ! » dit-elle à son frère. Un pouce étant égal à 27 mm, quelle est la longueur du pied ?

1106 Voici le début du classement d'une épreuve de VTT dont le départ avait été donné à 10 h 30.

Place	Nom et prénom	Équipe	Temps
1	Giraud Christophe	AS. Triel sports	2 h 23 min 57 s
2	Lefèvre Romain	Vélo club Moncy	2 h 24 min 38 s
3	Jaouen Pierre	AS. Vasipoupou	2 h 25 min 00 s
4	Isnard Nicolas	AS. Vasipoupou	2 h 27 min 04 s
5	Giner Stéphane	Vélo club Moncy	2 h 27 min 36 s
6	Duriez Thomas	AS. Triel sports	2 h 30 min 12 s
7	Monnier Edgar	Club Cardri	2 h 30 min 56 s
8	Reaubourg Rachid	Club Cardri	2 h 30 min 59 s

1. À quelle heure est arrivé le vainqueur ?

2. Calcule le temps qui séparait :
– le 1er du 2e ; – le 1er du 3e ; – le 2e du 3e ; – le 1er du 8e.

3. Un classement par équipe est établi en additionnant les temps des deux meilleurs coureurs de chaque équipe. Quelle équipe a remporté ce classement ?

1107 Tous les animaux peuvent-ils embarquer ensemble ? Justifie ta réponse.

1108 Une fuite à la chasse d'eau d'un WC peut entraîner une perte atteignant 1 000 000 de litres par an. Calcule, dans ce cas, la quantité d'eau perdue en une heure (au litre près par défaut). Tu peux utiliser ta calculatrice.

1109 Combien de temps faut-il pour remplir un bac de 1 400 L à l'aide d'un robinet débitant* 140 L toutes les 12 minutes ?

1110 Gaston a acheté, au prix de 127,60 €, un cubitainer* contenant 33 L de vin. Il soutire* ce vin pour le mettre en bouteilles de 75 cL. Combien de bouteilles pleines obtiendra-t-il ? À combien lui reviendra chacune de ces bouteilles ?

1111 Calcule le volume du réfrigérateur ci-contre.

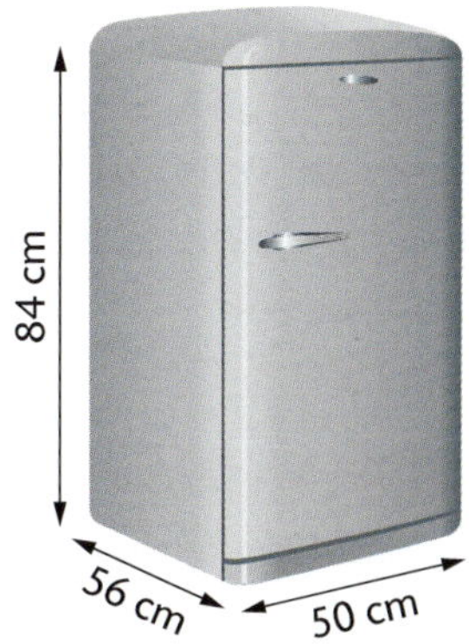

1112 Monsieur Breton veut recouvrir une terrasse carrée mesurant 4,80 m de côté avec des dalles également carrées, mesurant 40 cm de côté. Le prix d'une dalle étant de 6,50 €, calcule le coût de l'ensemble du dallage. Tu peux utiliser ta calculatrice.

1113 Pour faire une nappe et douze serviettes, Monique achète 5 m^2 de tissu. Elle en utilise 2,16 m^2 pour faire la nappe rectangulaire de 1,80 m de longueur. Quelle est la largeur de la nappe ?
Pour confectionner les douze serviettes de 40 cm de largeur chacune, elle utilise 2,04 m^2 de tissu. Quelle est la perte de tissu ? Quelle est l'aire, en cm^2, d'une serviette ? Quelle est la longueur d'une serviette ?

1114 Le terrain A a été vendu 55 986 €. Calcule le prix du terrain B si le mètre carré est au même prix dans les deux cas.

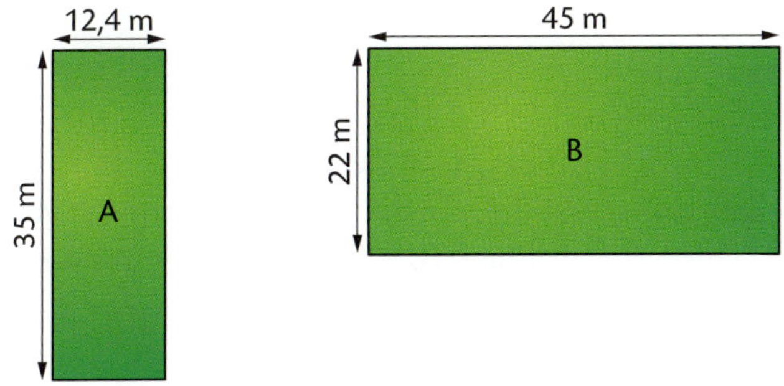

1115 Un champ carré de 51 m de côté est entouré de quatre rangées de fil de fer barbelé. On laisse une ouverture de 4 m pour le portail. (Fais un croquis.)
Quelle est la longueur totale du fil de fer barbelé ? Combien de rouleaux de 100 m faut-il acheter ?

1116 Laquelle de ces deux figures a la plus grande aire ?

1117 Il faut 426 m de fil de fer pour entourer un terrain rectangulaire de trois rangées (croquis ci-contre). Calcule le périmètre de ce terrain, puis sa longueur et son aire.

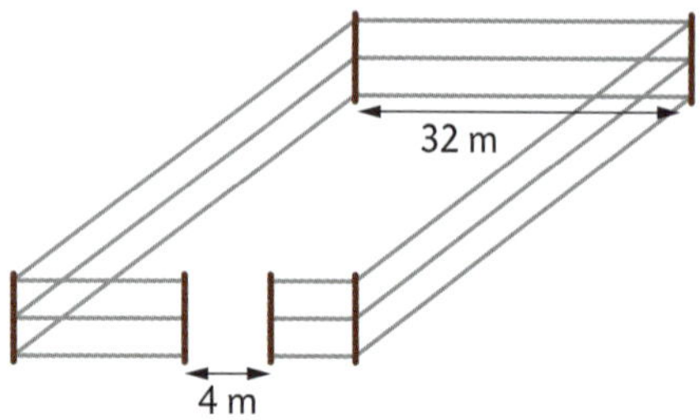

1118 Un maçon construit un muret autour d'un bassin circulaire de 3,10 m de rayon. Quelle sera la longueur du muret ?
Il en a déjà maçonné 4 m en 1 h 45 min. Quelle longueur de muret pose-t-il en 1 heure (au centimètre près par défaut) ? Combien de temps lui faudra-t-il pour maçonner tout le muret ? Réponds en heures par un encadrement. Tu peux utiliser ta calculatrice.

1119 Un terrain rectangulaire de 120 m de long et 80 m de large est partagé en quatre parcelles égales par deux allées en croix de 1 m de large. Calcule l'aire de chaque parcelle de terrain obtenue.

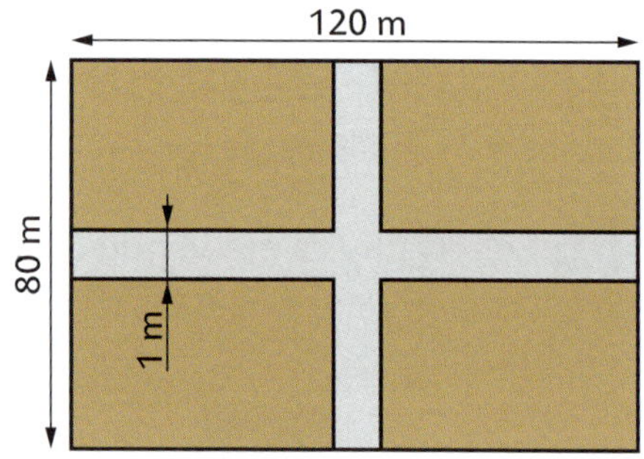

1120 Le croquis ci-dessous représente deux terrains A et B. Calcule l'aire du terrain A, puis l'aire du terrain B. Le propriétaire du terrain A vend une parcelle (hachurée) à son voisin (propriétaire B). Calcule les aires des nouvelles parcelles. Le propriétaire B a payé 7 875 € pour l'acquisition de la parcelle hachurée. Quel était le prix de vente d'un mètre carré ?

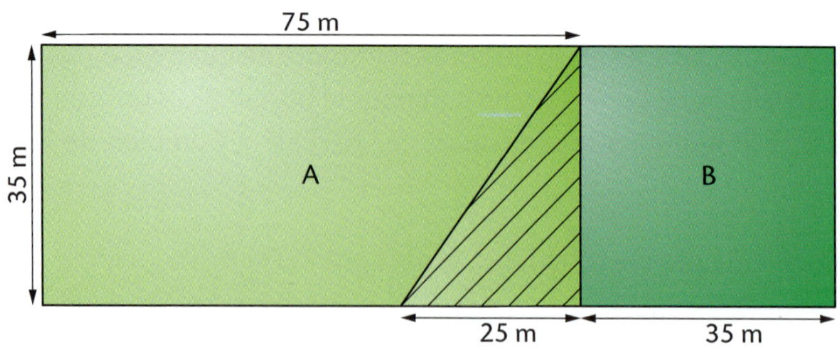

1121 Saloua et ses deux frères vont au cinéma. Arrivées à la caisse, les cinq personnes qui sont devant eux paient 42,50 €. Combien Saloua et ses frères devraient-ils payer ? L'un d'entre eux possède une carte qui lui donne droit à 20 % de réduction. Quel va être alors le montant de leur dépense ?

1122 Calcule la longueur de la clôture et l'aire de la pelouse.

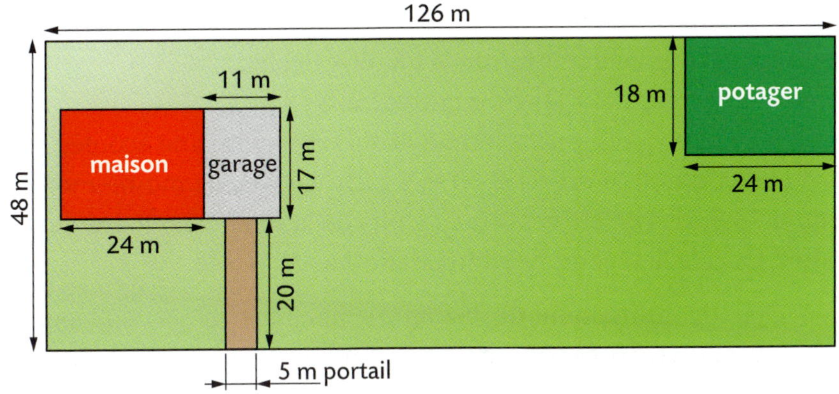

1123 Un vigneron a stocké* sa production de vin dans une cuve d'une capacité de 64 000 L. La cuve n'est pleine qu'à 60 %. Calcule, en litres, le volume de sa production.
Il soutire ensuite son vin pour le mettre en bouteilles de 75 cL. Combien de bouteilles pleines obtiendra-t-il ?
Il vend les $\frac{2}{5}$ de celles-ci au prix unitaire de 1,35 €. Combien cette vente lui rapportera-t-elle ?

1124 Une commune envoie les 24 enfants de CM1, leur institutrice et deux animateurs en classe de mer pour une durée de 10 jours. Le prix du séjour est de 36 € par personne et par jour. Calcule le prix de revient du séjour.
Chaque famille paiera 40 % du prix du séjour de son enfant. Quelle sera la somme à verser par famille pour un enfant ? À combien s'élèvera la participation de la commune par enfant ?

1125 On met en vente les appartements d'une nouvelle résidence :
– 15 appartements sont vendus au prix unitaire* de 129 900 € ;
– la vente des 25 autres appartements, tous au même prix, rapporte 3 625 000 €.
Quel est le prix de vente de l'un des 25 appartements ?
Pour vendre le dernier des appartements proposés à 129 900 €, on a dû baisser son prix de 12 %. Combien rapporte la vente de tous les appartements de cette résidence ?

1126 Monsieur et madame Normand et leurs deux enfants partent dans un village de vacances du 20 juillet inclus* au 3 août inclus. Le prix par jour est de 38 € par adulte et 25 € par enfant. Combien de temps restent-ils dans ce village de vacances ? Combien devraient-ils payer ?
L'employeur de monsieur Normand paie 25 % du montant du séjour. Quelle est la somme restant à la charge de la famille Normand ?

1127 Un musée a reçu 337 visiteurs le samedi, soit 225 de plus que le vendredi, mais 149 de moins que le dimanche. Pendant toute la semaine, on a enregistré 1 128 entrées. Le musée étant fermé le mardi, calcule :
– le nombre d'entrées pour les trois autres jours ;
– la moyenne des entrées journalières au cours de la semaine écoulée.
Le prix du billet d'entrée est de 8,60 € à plein tarif et de moitié moins cher à tarif réduit. 75 % des billets vendus au cours de la semaine ont été des billets à tarif réduit. Calcule la recette hebdomadaire* de ce musée.

1128 Un club de protection de la nature bénéficie d'une subvention* de 2 670 € de la part d'une fondation*. Le règlement de cette fondation précise : « La fondation attribue cette subvention dans le but exclusif de voir se réaliser le projet présenté. Les subventions inférieures ou égales à 3 000 € sont versées en deux fois :
– 70 % au lancement du projet ;
– 30 % après la remise d'un compte rendu de réalisation du projet. »
Que peux-tu calculer ? Effectue ces calculs.

1129 Une classe de CM2 décide de faire un voyage en fin d'année. Elle a réalisé les recettes suivantes tout au long de l'année scolaire :
– vente du journal de la classe : 165 € ;
– vente d'objets fabriqués en travail manuel : 190 € ;
– organisation d'une fête dont l'entrée était payante (danse, chants...) : 505 €.
Calcule le montant total des recettes.
15 % de ces recettes sont utilisés pour la bibliothèque de classe. Quelle sera la somme allouée* au voyage ?

1130 240 équipes étaient inscrites à une course d'orientation. 10 % d'entre elles ont abandonné en cours d'épreuve. Combien d'équipes ont été classées ? Seulement un quart des équipes classées ont bien relevé toutes les marques de parcours et n'ont subi aucune pénalité. Un tiers d'entre elles étaient des équipes féminines. Calcule le nombre d'équipes féminines classées sans pénalité.

1131 Sandrine regarde une recette de confiture qui nécessite 1 kg de pêches, 400 g de framboises et 1,5 kg de sucre. Elle ne dispose que de 300 g de framboises. Quelles quantités de pêches et de sucre devra-t-elle utiliser ?
Le mélange perdant 12 % de sa masse à la cuisson, combien de pots de 350 g Sandrine pourra-t-elle remplir ?

1132 Un train de marchandises est composé de 14 wagons pesant chacun 10 t à vide et 60 t à pleine charge. Ces wagons ne sont chargés qu'à 75 % de leur charge maximale. Calcule la masse totale du train si la locomotive pèse 33 t.

1133 Une agence immobilière achète un terrain rectangulaire de 210 m de longueur sur 48,6 m de largeur. Calcule l'aire du terrain.
Sachant que le mètre carré vaut 26 €, quel est le prix du terrain ? Les frais de notaire s'élèvent à 5 % du prix d'achat et il faut compter 38 250 € de frais pour la viabilité*. Quel est le coût total du terrain ?
Le terrain est vendu en lots égaux de 729 m^2. Combien l'agence immobilière devra-t-elle vendre chaque lot si elle veut réaliser un bénéfice total de 150 000 € (à l'euro près par excès) ?

1134 Un viticulteur stocke* sa production dans deux cuves de capacités respectives de 3 000 L et 3 500 L. Cette année, il remplit entièrement la première cuve, alors que la seconde n'est remplie qu'à 75 %. Calcule sa production pour cette année.
Il expédie en cubitainers* le tiers de sa récolte pour un prix de 5 250 € et conditionne* le reste en bouteilles de 75 cL. Ces bouteilles, emballées par cartons de 12, sont vendues 43,20 € le carton. (Un carton incomplet ne sera pas vendu.) Combien lui rapportera la vente de sa production annuelle ? Quelle est la différence de prix entre une bouteille de vin de 75 cL et la même quantité vendue en cubitainer ?

1135 Un champ rectangulaire mesure 76 m de long sur 54 m de large. Calcule sa superficie.
Il est vendu à raison de 19 € le mètre carré et l'acheteur doit en plus payer 12 % de frais. Quel sera, pour l'acheteur, le prix de revient du champ.

1136 Vincent achète un terrain carré de 36 m de côté au prix de 27 € le mètre carré. Il en paie les $\frac{2}{5}$ au comptant* et versera le reste dans six mois, augmenté d'un intérêt* de 10 %. Combien Vincent aura-t-il payé son terrain ?
Sur celui-ci, il construit des garages de 17 m^2 chacun, représentant une superficie totale de 408 m^2. Combien de garages a-t-il construits ?
Les garages sont loués mensuellement* au prix de 127 € l'un. Quelle somme Vincent percevra-t-il chaque mois ? Au bout de combien de mois aura-t-il fait un bénéfice sur l'achat du terrain ?

1137 Le croquis ci-contre représente un terrain engazonné sur lequel est bâtie une maison (en rouge) avec une terrasse (en gris). Calcule :
– toutes les dimensions réelles ;
– l'aire du terrain ;
– l'aire de la maison (avec sa terrasse) ;
– l'aire de la surface engazonnée ;
– l'aire de la surface habitable de la maison.

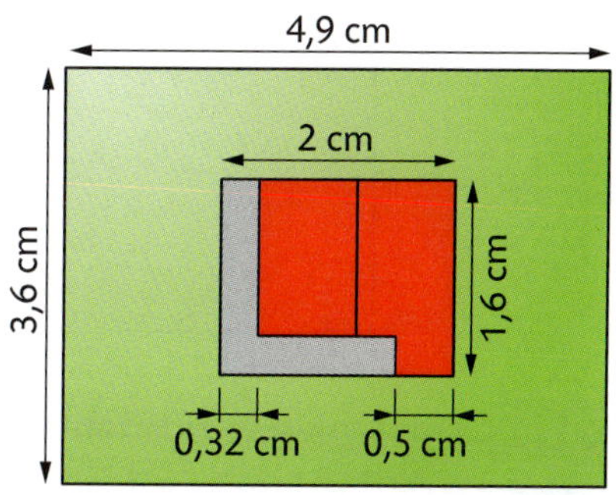

échelle : 1/500

1138 Sur un plan à l'échelle 1/2 500, un parc est représenté par un rectangle mesurant 12 cm de longueur et 6,8 cm de largeur. Calcule sa surface en mètres carrés, puis en hectares.
Les allées représentent une superficie de 3 300 m^2, le reste étant engazonné et planté. Calcule l'aire engazonnée et plantée, en hectares.

1139 Sur une carte au 1/1 000 000, la distance à vol d'oiseau* de Bastia à Ajaccio représente 10,4 cm. Par la route, la distance réelle est de 153 km. De combien de kilomètres cette distance est-elle plus longue que la distance à vol d'oiseau ?

1140 Sur cet extrait de carte de la Normandie au 1/1 000 000, calcule la distance à vol d'oiseau* de Coutances à Cherbourg. De combien de kilomètres cette distance est-elle plus courte que la plus courte distance par la route ?

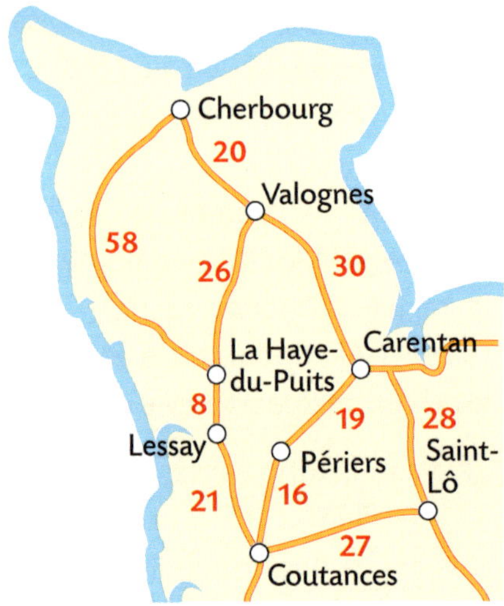

Un livreur parcourt l'itinéraire ci-dessous. Reproduis et complète cet itinéraire. Calcule la distance totale qu'il a parcourue.

Saint-Lô → (28 km) → ...... → (50 km) → Cherbourg → (58 km) → ...... → (29 km) → ...... → (......) → Saint-Lô

1141 Un terrain rectangulaire est divisé en trois parcelles : l'une carrée et les deux autres rectangulaires.
Le plan ci-dessous étant à l'échelle 1/5 000, calcule l'aire de chacune des parcelles.
Vérifie ton travail en comparant leur somme à l'aire du grand terrain.

1142 Combien de temps faut-il à un avion pour parcourir 1 500 km à la vitesse moyenne de 750 km/h ? Quelle distance parcourra-t-il en 5 heures ? en 1 h 30 min ?

1143 Un représentant de commerce a parcouru 180 km en 2 h 30 min. Il lui reste 126 km à faire. Combien de temps devra-t-il encore rouler, s'il continue à la même vitesse ?

1144 **Observe cet extrait de catalogue.**

BÂCHES PVC RÉVERSIBLES

Souples, légères, solides et imperméables. Dotées d'œillets et de coins renforcés.

Réf. 4230	3 × 2 m	2,40 €
Réf. 4229	5 × 4 m	8 €
Réf. 4228	8 × 5 m	16 €
Réf. 4304	10 × 6 m	24 €
Réf. 4309	14 × 8 m	44,80 €
Réf. 4298	15 × 10 m	67,50 €

BÂCHES LOURDES PROFESSIONNELLES

Bâches en polyéthylène tissé armé.

2 FOIS PLUS ÉPAISSES QU'UNE BÂCHE NORMALE

Réf. 4036	3 × 2 m env.	4,20 €
Réf. 4037	5 × 4 m env.	15 €
Réf. 4018	8 × 5 m env.	32,80 €
Réf. 4019	10 × 6 m env.	54 €
Réf. 4080	12 × 8 m env.	91,20 €

Monsieur Willis fait la remarque suivante :
« Dans les bâches* PVC, quelle que soit la superficie de la bâche, le prix du mètre carré est toujours le même ! » A-t-il raison ? Justifie ta réponse.
Calcule ensuite, pour chaque référence de bâches lourdes professionnelles, le prix au mètre carré. Quelle remarque peux-tu faire ?

1145 Madame Mathieu souhaite s'inscrire à ce voyage. Elle remplit le bulletin d'inscription en précisant qu'elle prend l'assurance annulation et le supplément chambre individuelle. Combien lui coûtera son voyage ? Quelle somme doit-elle envoyer avec son inscription ? Quelle somme lui restera-t-il encore à payer ?

1 semaine en ANDALOUSIE au prix exceptionnel de **490 €**

COMPRENANT :
- Voyage aller-retour et excursions en autocar de grand confort.
- 5 nuits dans un hôtel « 3 étoiles » en chambre double avec salle de bains et WC.
- La pension complète, boisson à table incluse (vin et eau) du dîner du 1er jour au petit-déjeuner du 6e jour.
- L'assistance de notre correspondant local.

NE COMPRENANT PAS :
- L'assurance annulation/rapatriement : 25 €.
- Le supplément chambre individuelle : 80 €.

PAIEMENT :
- 20 % à la réservation.
- Le solde 8 jours avant le départ.

1146 Reproduis et complète le bon de commande ci-dessous.

BOUTIQUE *La Bonne Affaire*		PRIX UNITAIRE	QUANTITÉ	PRIX TOTAL
Tee-shirt tailles :	• S (34-36)	7,30 €	7	...
	• M (38-40)	7,30 €	4	...
	• L (42-44)	7,30 €	5	...
	• XL (46-48)	7,30 €	2	...
Parapluies		5,90 €	18	...
Autocollants (lot de 10)		... €	8	35,20 €
Veuillez trouver ci-joint le règlement de ma commande pour un montant total de : .... €				

Pour les champions

1147 Cette publicité a été distribuée dans les boîtes aux lettres, en période de fêtes de Noël.

a) Calcule le prix au kilogramme pour chaque variété de saumon présentée.

b) Madame Vincent désire acheter du saumon, pour le soir de Noël, entre 25 et 30 € le kg. Quelle(s) marque(s) peut-elle prendre ?

c) Monsieur Lambert veut acheter 600 g de saumon norvégien ou écossais. Que peut-il acheter (propose deux solutions) ? Combien paiera-t-il dans chaque cas ?

1148 Un disquaire a noté ses ventes des six derniers mois. Observe le tableau ci-dessous, puis réponds aux questions.

	janvier	février	mars	avril	mai	juin
Classique	50	62	57	43	71	56
Musique du monde	169	135	142	121	153	147
Variétés françaises	136	114	121	82	136	132
Variétés internationales	147	120	134	112	95	99
Divers	65	51	57	74	76	63

a) Quel type de disques assure chaque mois le plus grand nombre de ventes à ce disquaire ?

b) Quel mois a-t-il réalisé, toutes catégories d'albums confondues, ses meilleures ventes ? Quel mois, au contraire, a-t-il réalisé ses moins bonnes ventes ?

c) Calcule le nombre total de disques vendus dans ce magasin, en six mois, pour chaque catégorie.

d) Calcule le nombre total de disques vendus par ce disquaire au cours de ces six mois (calcule ce résultat en utilisant les réponses à la question **c)**, puis vérifie-le en utilisant ton travail sur la question **b)**.

e) Le dessin ci-contre représente les ventes du mois d'avril. Certaines informations ont été effacées. À toi de les retrouver.

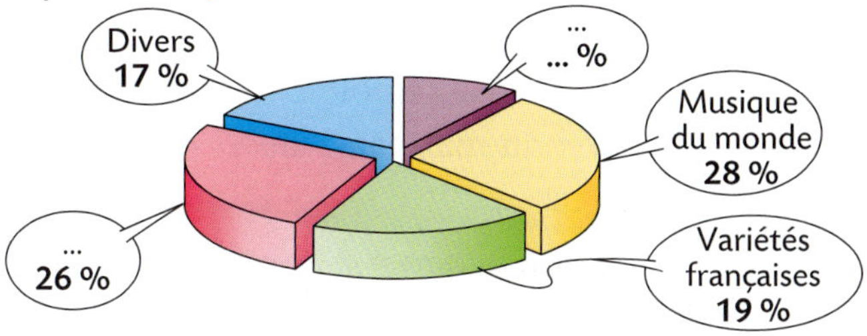

1149 **Observe le graphique ci-dessous.**

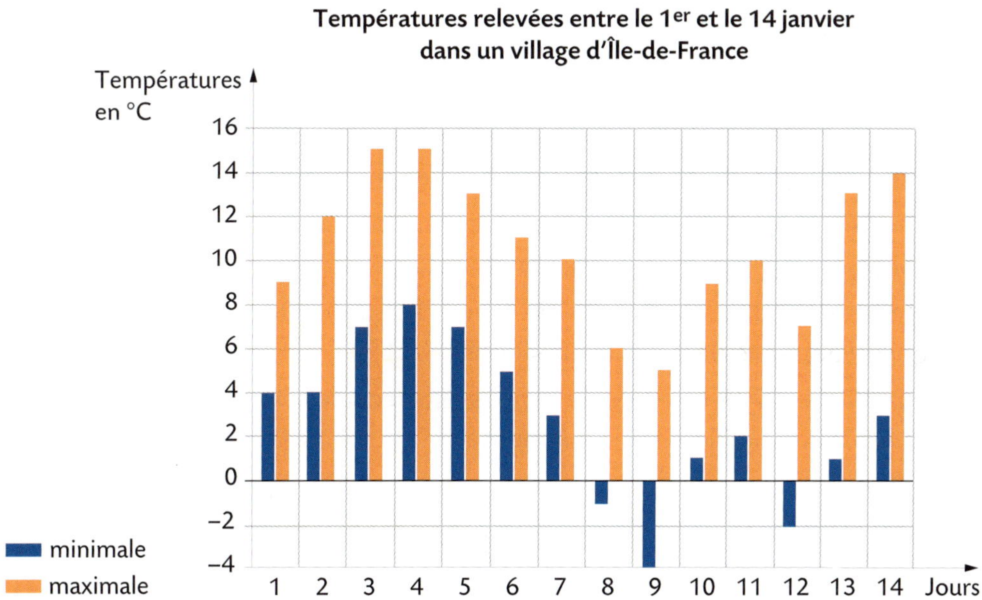

a) Quelle a été la température la plus basse ?

b) Quelle a été la température la plus haute ?

c) Quel est l'écart, en degrés, entre ces deux températures ?

d) Complète ce tableau.

Dates	1/1	4/1	8/1	12/1	13/1
Température minimale					
Température maximale					
Amplitude thermique (1)					

e) Calcule la moyenne des températures maximales pour les deux premières semaines de janvier.

(1) L'amplitude thermique est l'écart entre la température minimale et la température maximale.

1150 Une bouteille est remplie aux trois cinquièmes ; pour qu'elle soit pleine, il faudrait ajouter 0,6 L de liquide. Quelle est la contenance de cette bouteille ?

1151 Observe bien ces lots d'outils et leur prix.

a) Combien coûteraient un marteau, un tournevis et une clé ensemble ?

b) Quel est le prix du marteau ? du tournevis ? de la clé ?

1152 **Observe le tableau ci-dessous.**

Évolution de la population mondiale								
44 avant J.-C.	1492	1830	1930	1960	1975	1986	1995	2000
250 millions	550 millions	1 milliard	2 milliards	3 milliards	4 milliards	5 milliards	5,75 milliards	6 milliards

a) Entre 1830 et 1930, par combien la population mondiale a-t-elle été multipliée ?

b) Entre 44 avant J.-C. et 2000, par combien la population mondiale a-t-elle été multipliée ? (1 milliard = 1 000 millions)

c) Entre 44 avant J.-C. et 1492, il s'est écoulé 1 536 ans. De combien d'habitants la population mondiale a-t-elle augmenté ?

d) Entre 1986 et 1995, combien de temps s'est-il écoulé ? De combien d'habitants la population mondiale a-t-elle augmenté ?

e) En 1930, la population mondiale comptait deux milliards d'habitants. Combien d'années a-t-il fallu pour qu'elle double ? Pour qu'elle triple ?

f) Au rythme de progression actuel, nous serons 14 milliards d'habitants en 2050. De combien d'habitants la population aura-t-elle augmenté entre 1995 et 2050 ?

g) Sur une grande feuille de papier millimétré, représente l'évolution de la population mondiale entre 1492 et 2050.
Pour simplifier ton travail, remplace l'année 1492 par l'année 1500 et 550 millions d'habitants par 500 millions.

Axe horizontal : année (1 cm = 20 ans).
Axe vertical : population (2 cm = 1 milliard d'habitants).

Je travaille seul(e) – Corrigés

148 c) 2 568, 3 + 3 269, 25 = 5 837,55

149

	Prix unitaire	Quantité	Prix total
Géranium lierre rouge	1,40 €	5	**7 €**
Géranium zonal blanc	2,60 €	3	**7,80 €**
Bégonia rouge	0,85 €	8	**6,80 €**
Œillet d'Inde	0,75 €	12	**9 €**
		Frais de port	6 €
		TOTAL	**36,60 €**

168 quatre cent trente-six mille cent-vingt-cinq
trois cent deux mille neuf cent quatre-vingt-dix-neuf
vingt-cinq mille
seize mille dix
huit mille neuf cent quatre-vingt-quatorze

169 477 000 – 470 700 – 407 700 – 400 077 – 47 070 – 47 000 – 40 777

170 a) 90 500 b) 9 550
c) 90 000 d) 909 050 e) 99 055
f) 900 500 g) 999 050 h) 900 005

171

Nombre précédent	Nombre donné	Nombre suivant
32 999	33 000	**33 001**
23 998	23 999	**24 000**
9 998	9 999	**10 000**
405 999	406 000	**406 001**
409 099	409 100	**409 101**

189 3 409 000 **>** 3 390 999
15 100 000 **>** 15 090 099
7 115 010 **<** 70 001 510
28 010 000 **<** 28 009 900
130 016 999 **<** 130 106 099
450 101 600 **<** 451 011 600

190 douze millions vingt-cinq mille
cinq millions huit cent mille
neuf cent deux millions sept cent
huit millions deux mille cinq
quatre-vingt-seize millions quarante-cinq mille cinquante-deux

191 4 740 750 – 4 750 845 – 40 820 000 – 44 810 650 – 400 333 407 – 454 212 640

192 a) 252 000 b) 3 000 000
c) 5 872 000 d) 9 900 000
e) 41 014 005 f) 71 503 132

193 a) 20 050 000 b) 200 005 000
c) 2 500 000 d) 20 500 050
e) 202 055 500

202 45 612 830 – 454 218 030 – 456 128 300 – 456 218 300 – 4 562 183 000
9 125 003 978 – 91 250 036 978 – 91 254 036 978 – 91 520 360 879 – 901 125 003 698

203 165 218 780 **<** 165 812 780
4 051 223 600 **>** 405 122 360
18 609 366 041 **>** 16 650 663 041
213 699 877 007 **>** 213 699 870 007
751 223 093 700 **<** 751 322 093 700
667 766 600 066 **<** 767 766 699 066

204 a) 355 412 000 000 – 365 412 000 000 – 375 412 000 000 – 385 412 000 000 – 395 412 000 000 – 405 412 000 000 – 415 412 000 000 – 425 412 000 000
b) 671 238 000 000 – 681 238 000 000 – 691 238 000 000 – 701 238 000 000 – 711 238 000 000 – 721 238 000 000 – 731 238 000 000 – 741 238 000 000

205 302 987 764 000 – 298 764 000 900 – 182 763 000 900 – 89 000 630 000 – 87 036 000 056 – 8 736 000 000

206

Chiffre d'affaires en 2007	
Vente	six milliards trente millions d'euros
Publicité	quatre milliards huit cent trente millions d'euros

Tirage de la presse en 2007	
Tirage total annuel	huit milliards trois cent dix millions d'exemplaires

223 Prix de revient de la révision du véhicule (en €) : 18 + 138 + 41 + 16 = **213**

224 Superficie de la région Basse-Normandie (en km^2) :
5 536 + 5 947 + 6 100 = **17 583**
Population de cette région :
671 351 + 492 563 + 292 879 = **1 456 793**

241 **Il en aura suffisamment**, car 195 + 100 = 295
Il lui restera **5 mètres** (295 – 290).

242 Prix de la housse de couette (en €) : 49 – (11 + 7 + 8) = **23**

266 Nombre de vêtements invendus en octobre : (250 + 150) – (92 + 285) = **77**

267

Nombre de livres dans le bibliobus au départ de la tournée			1 150
Écoles	**Livres rendus par l'école**	**Livres prêtés à l'école**	**Reste**
École Pasteur	209	214	**1 145**
École Duguesclin	196	188	**1 153**
École Giono	189	187	**1 155**
École Surcouf	284	268	**1 171**

268

17	33	**26**	12
25	**11**	**16**	36
11	25	36	**16**
35	**19**	10	24

285 Prix de vente de l'ensemble de cette expédition (en €) :
(7 × 400) + (9 × 960)
= 2 800 + 8 640 = **11 440**

286 **On peut calculer la distance qu'il parcourt en une année pour son travail.**
Nombre de jours travaillés : 20 × 11 = 220
Distance parcourue (en km) :
160 × 220 = **35 200**

313 Nombre de personnes de 65 kg qui peuvent monter dans cette ascenseur :
1 300 : 65 = **20**

314 Densité de population de la Corse-du-Sud (en habitants/km^2) :
138 500 divisé par 4 014 = **34,5**
(au dizième près par défaut)
Densité de population de la Haute-Corse (en habitants/km^2) :
163 000 divisé par 4 666 = **34,9**
(au dizième près par défaut)
C'est donc **la Haute-Corse** qui a la plus forte densité de population.

331 **On peut calculer le prix des 12 serviettes de table, puis le prix d'une serviette de table.**
Prix des serviettes (en €) : 98 – 38 = **60**
Prix d'une serviette (en €) : 60 : 12 = **5**

332 Dépense totale pour la semaine de vacances (en €) :
399 + (28 × 7) + (16 × 7) + 126
= 399 + 196 + 112 + 126 = **833**
Prix de revient d'une journée de vacances (en €) : 833 : 7 = **119**

401

27 unités et 40 centièmes	**27,40**
8 unités et 26 millièmes ou **8 unités 2 centièmes et 6 millièmes**	8,026
9 unités, 7 centièmes et 2 millièmes	**9,072**
48 unités et 6 centièmes	48,06
5 unités et 7 dixièmes	**5,7**

402 $6{,}6 > 6{,}58$ $32{,}30 = 32{,}3$
$9{,}4 < 11$ $3{,}65 < 4{,}01$
$87{,}4 > 87{,}024$ $16{,}040 < 16{,}4$
$73{,}5 > 7{,}350$ $4{,}5 > 4{,}06$

403 $7{,}88 < 73{,}89 < 78{,}0190 < 78{,}029 < 78{,}14 < 78{,}2 < 79{,}001 < 780{,}06$

427 Participation de Louis (en €) :
$69 : 3 = \mathbf{23}$ ou $69 \times \frac{1}{3} = \mathbf{23}$
Participation de sa mère (en €) :
$69 - 23 = \mathbf{46}$ ou $69 \times \frac{2}{3} = \mathbf{46}$

428 Somme versée à la commande (en €) : $3\,620 \times \frac{1}{8} = \mathbf{452{,}50}$
Somme versée à la livraison (en €) :
$3\,620 \times \frac{3}{8} = \mathbf{1\,357{,}\ 50}$ ou $452{,}50 \times 3$
Montant de chaque mensualité (en €) :
$3\,620 - (452{,}50 + 1\,357{,}50) = 1\,810$
$1\,810 : 5 = \mathbf{362}$

444 Quantité totale de produit soutirée (en L) : $1{,}75 + 4 + 2{,}5 = \mathbf{8{,}25}$

445 Montant total des exportations (en €) : $59{,}5 + 35{,}9 + 34{,}2 + 32 + 31{,}2 + 23{,}9 + 17{,}1 + 12{,}1 + 9 + 7 = \mathbf{261{,}9}$

461 Masse de confiture obtenue (en kg) : $(2{,}475 + 1{,}650) - 0{,}700 = \mathbf{3{,}425}$

462 Prix d'un kilogramme de pêches (en €) : $12{,}95 - 9{,}55 = \mathbf{3{,}40}$
Prix d'un kilogramme de poires (en €) :
$9{,}55 - (3{,}40 + 3{,}40) = \mathbf{2{,}75}$ ou
$12{,}95 - (3{,}4 + 3{,}4 + 3{,}4) = \mathbf{2{,}75}$

479 Longueur restant à creuser (en m) :
$273{,}50 - (57 + 78{,}50) = \mathbf{138}$

480 $3{,}11 + 1{,}91 + 5{,}79 + 6{,}45 + 7 + 29 = 53{,}26$
Prix de la lampe dynamo 3 leds (en €) :
$58{,}16 - 53{,}26 = \mathbf{4{,}90}$

500 Somme dépensée pour l'achat du journal (en €) : $0{,}90 \times 24 = \mathbf{21{,}60}$

501 Montant de son assurance annuelle (en €) : $(113{,}25 \times 9) + 63{,}87$
$= 1\,019{,}25 + 63{,}87 = \mathbf{1\,083{,}12}$

509 Dépense de madame Blanc (en €) :
$12{,}90 \times 3{,}65 = 47{,}085$ soit 47,08 €
Dépense de madame Le Roux (en €) :
$12{,}90 \times 2{,}18 = 28{,}122$ soit 28,12 €
dépense de monsieur Brun (en €) :
$12{,}90 \times 4{,}076 = 52{,}5804$ soit 52,58 €

510 $0{,}5 + 0{,}5 = 1$
Nombre de pots de 0,5 L à acheter : **5**
Prix de la peinture (en €) :
$9{,}90 \times 5 = \mathbf{49{,}50}$
Différence par rapport au pot de 2,5 L (en €) : $49{,}50 - 34{,}90 = \mathbf{14{,}60}$

526 Dépense journalière pour la famille (en €) : $975{,}30 : 6 = \mathbf{162{,}55}$
Dépense moyenne par personne et par jour (en €) : $162{,}55 : 5 = \mathbf{32{,}51}$ ou
$975{,}30 : (6 \times 5) = \mathbf{32{,}51}$

527 Prix d'un menu (en €) :
$80{,}45 - (13 + 3{,}75 + 4{,}50)$
$= 80{,}45 - 21{,}25 = 59{,}20$
$59{,}20 : 4 = \mathbf{14{,}80}$

546 Prix d'achat d'une montre (en €) :
$572{,}40 : 72 = \mathbf{7{,}95}$
Valeur totale des assortiments de chocolats (en €) : $4{,}09 \times 128 = \mathbf{523{,}52}$
Valeur totale des lots (en €) :
$572{,}40 + 523{,}52 = \mathbf{1\,095{,}92}$

547 Prix de vente total des poires (en €) : $(2{,}35 \times 41) + (1{,}20 \times 9)$
$= 96{,}35 + 10{,}80 = \mathbf{107{,}15}$
Bénéfice réalisé (en €) : $1{,}18 \times 50 = 59$
$107{,}15 - 59 = \mathbf{48{,}15}$

613 Temps passé devant la console (en min) : $30 \times 30 = 900$
$900 : 60 = 15$
Mathieu a passé **15 h** en moyenne devant sa console au mois d'avril.

614 Durée en jours et heures :
2 896 divisé par 24 = 120 reste 16
Les cosmonautes ont passé **120 jours et 16 heures** dans la station spatiale.
Durée en semaines, jours et heures :
120 divisé par 7 = 17 reste 1
Les cosmonautes ont passé **17 semaines, 1 jour et 16 heures** dans la station spatiale.

632 Temps entre Gérard Lecouteur et sa fille Pauline :
57 min 03 s – 55 min 19 s
= 56 min 63 s – 55 min 19 s = **1 min 44 s**
Temps entre Gérard Lecouteur et sa femme Julie :
1 h 01 min 28 s – 57 min 03 s
= 61 min 28 s – 57 min 03 s = **4 min 25 s**

633 Du 3 mars 17 h 30 au 5 mars 17 h 30 = 48 h
De 17 h 30 à 19 h 45 = 2 h 15 min
Durée de voyage :
48 h + 2 h 15 min = **50 h 15 min**

647 Longueur de baguette utilisée (en cm) : $85 + (70 \times 2) = 85 + 140 =$ **225**
Longueur de baguette restante (en cm) :
3 m = 300 cm. $300 - 225 =$ **75**

648 Quantité de fil barbelé nécessaire (en m) : $(410 - 4) \times 3 = 406 \times 3 =$ **1 218**
Nombre de rouleaux de 100 m :
1 218 : 100 = 12,18 soit **13 rouleaux**

671 Masse des caisses (en kg) :
$58 \times 39{,}5 = 2\,291$
2 291 kg = 2,291 t
Masse totale du camion chargé (en t) :
$3{,}4 + 2{,}291 =$ **5,691**

672 Masse des cagettes vides (en g) :
$450 \times 12 = 5\,400$
5 400 g = 5,400 kg
Masse totale des avocats (en kg) :
$63 - 5{,}400 =$ **57,600**
Nombre total d'avocats : $15 \times 12 = 180$
Masse moyenne d'un avocat en (g) :
57,600 kg = 57 600 g
57 600 : 180 = **320**

691 a) Contenance de cinq bouteilles de 1,5 L (en L) : $1{,}5 \times 5 = 7{,}5$
7,5 L = 750 cL
Nombre de verres de 12 cL remplis :
750 : 12 = 62,5 donc **62 verres remplis**
b) Contenance de trois bouteilles d'1L (en L) : $3 \times 1 = 3$
3 L = 300 cL
Nombre de chopes de 30 cL remplies :
300 : 30 = **10**

692 Nombre de bains de bouche :
$6 \times 8 = 48$
Quantité de produit nécessaire (en cL) :
$48 \times 1{,}5 = 72$
Nombre de flacons :
0,2 L = 20 cL
72 : 20 = 3,6 soit **4 flacons**

697 Volume d'un sucre (en cm^3) :
$2 \times 1{,}75 \times 1 = 3{,}5$
Volume d'une boîte (en cm^3) :
$17{,}5 \times 11 \times 5 = 962{,}5$
Nombre de morceaux de sucre :
962,5 : 3,5 = **275**

698 Volume d'une brique de jus d'orange (en cm^3) :
$6{,}25 \times 4 \times 8 = 200$
Volume de six briques (en cm^3) :
$200 \times 6 = 1\,200$
Quantité dans un lot de six briques (en L) :
1 200 : 1 000 = **1,2**

711 0,4 ha = 4 000 m^2
Prix d'un mètre carré (en €) :
30 000 : 4 000 = **7,5**

712 1,80 ha = 18 000 m^2
Nombre de parcelles :
18 000 : 200 = **90**
Montant total de la location des parcelles (en €) : $1\,219 \times 90 =$ **109 710**

732 Longueur de baguette nécessaire (en m) : 75 cm = 0,75 m
$(1{,}40 + 0{,}75) \times 2 = 2{,}15 \times 2 =$ **4,30**

733 Demi-périmètre (en cm) : 42 : 2 = 21
Largeur du rectangle (en cm) : 21 : 3 = **7**
Longueur du rectangle (en cm) : 7 × 2 = **14**

745 Aire du terrain (en m^2) :
46,5 × 28 = 1 302
Prix d'achat de ce terrain (en €) :
1 302 × 32 = **41 664**

746 Superficie de moquette achetée (en m^2) : 234 : 18 = **13**
Largeur de la chambre (en m) :
13 : 4 = **3,25**

761 Périmètre du jardin (en m) :
28 × 4 = **112**
Longueur de clôture (en m) :
112 – 2 = 110
Prix de la clôture (en €) :
110 × 19 = **2 090**

762 Périmètre d'un cadre (en cm) :
30 × 4 = 120
120 cm = 1,20 m
Coût pour les trois cadres (en €) :
1,20 × 3 = 3,60
9,50 × 3,60 = 34,20
Coût pour les quatre autres cadres (en €) :
1,20 × 4 = 4,80
14 × 4,80 = 67,20
Coût total (en €) : 34,20 + 67,20 = **101,40**

779 Aire du jardin (en m^2) :
25 × 25 = 625
Aire de la piscine (en m^2) :
4,25 × 4,25 = **18,0625** soit 18,06
Surface engazonnée (en m^2) :
625 – 18,0625 = **606,9375** soit 606,93

780 Aire totale du lotissement (en m^2) :
(17,50 × 17,50) × 11 = 3 368,75
(13,60 × 13,60) × 7 = 1 294,72
3 368,75 + 1 294,72 = **4 663,47**
Prix de vente de l'ensemble des parcelles (en €) : 118 × 4 663,47 = **550 289,46**

791 Aire de ce massif (en m^2) :
(6 × 4) : 2 = **12**

792 Aire de la table (en m^2) :
(0,6 × 0,6) : 2 = 0,18
Prix de la plaque de verre (en €) :
22 × 0,18 = **3,96**

811 Périmètre du cercle (en m) :
6,25 × 3,14 = 19,625
Longueur de la haie (en m) :
19,625 : 2 = **9,8125**

812 Périmètre de la roue (en m) :
65 cm = 0,65 m
0,65 × 3,14 = 2,041
1 km = 1 000 m
Nombre de tours effectués pour 1 km :
1000 : 2,041 = 489,9559 soit **490**

880 Laura va payer (en €) :
(3,90 : 3) × 5 = 1,30 × 5 = **6,50**

881 Quantité de blé nécessaire pour une ville de 18 000 habitants (en kg) :
(6 000 : 120) × 18 000 = 50 × 18 000
= 900 000, soit **900 tonnes**

903 **On peut calculer ce que le couple paie à chaque échéance.**
Signature du contrat (en €) :
(205 900 × 5) : 100 = **10 295**
Délivrance du permis de construire (en €) : (205 900 × 13) : 100 = **26 767**
Fondations terminées (en €) :
(205 900 × 4) : 100 = **8 236**
Premier plancher en cours (en €) :
(205 900 × 20) : 100 = **41 180**
Couverture (en €) :
(205 900 × 15) : 100 = **30 885**
Plâtres, comme premier plancher en cours (en €) : **41 180**
Sols (en €) :
(205 900 × 10) : 100 = **20 590**
Menuiseries (en €) :
(205 900 × 7) : 100 = **14 413**
Remises des clés (en €) :
(205 900 × 6) : 100 = **12 354**

904 **On peut calculer le coût de la commande (remises comprises).**
Coût des livres d'histoire (en €) :
(14 × 13,40) = 187,60
Remise consentie (en €) :
(187,6 × 5) : 100 = 9,38
Coût des livres de géographie et de mathématiques (en €) :
(25 × 14) + (11 × 9,10) = 450,10
Remise consentie (en €) :
(450,10 × 3) : 100 = 13,503 soit 13,50
Coût de la commande (en €) :
(187,60 – 9,38) + (450,10 – 13,50)
= **614, 82**

922 Distance réelle entre ces deux villes (en cm) :
7,5 × 125 000 = 937 500 soit **9,375 km**

923 Distance de Paris à Bellegarde en TGV (en cm) :
81 × 500 000 = 40 500 000 soit **405 km**

937 Durée de son voyage (en heures) :
1 050 : 70 = **15**

938 Distance parcourue (en km) :
9 h 45 – 8 h 15 = 1 h 30 min **soit 1,5 h**
800 × 1,5 = **1 200**

992 a) Il faut **1 h 40** (6 h – 4 h 20) pour aller de la Caverne Dufour à Cilaos.
Il faut **2 h 20** pour revenir de La Nouvelle à Marla.
b) **Non**, on ne peut pas trouver de gîte de montagne à Cilaos.
Non, on ne peut pas trouver du ravitaillement à Bélouve.
Oui, on peut trouver un restaurant à Grand-Îlet.
Oui, on peut trouver un point d'eau à La Nouvelle.
Oui, on peut trouver un car à Cilaos.

993 1. a) **vrai** b) **faux** c) **vrai** d) **vrai** e) **vrai**
2. a) Production de coco frais en 2006 et 2007 (en quintaux) :
14 060 + 9 840 = 23 900
soit **2 390 tonnes**
b) Production de cultures fruitières semi-permanentes et permanentes en 2007 (en quintaux) :
1 450 350 + 40 834 = 1 491 184
soit **149 118,4 tonnes**
Baisse de production d'avocats (en quintaux) :
4 620 – 3 360 = 1 260 soit **126 tonnes**

Lexique

Acquisition : action d'obtenir un bien ; ce que l'on a acquis.

Agglomération : dans ce cas, désigne une grande ville et les communes voisines.

Allouer : attribuer une somme d'argent.

Antiquaire : commerçant en objets anciens de qualité.

Aorte : artère principale du cœur.

Approximativement : à peu près.

Arrhes : somme d'argent versée afin de s'assurer de la réalisation d'une affaire.

Attelage : ce qui sert à atteler (crochets d'attelage) une remorque ou une caravane, par exemple.

Avoir : somme due à une personne, qui est déduite du montant d'un prochain achat.

À vol d'oiseau : en ligne droite.

Bâche : forte toile destinée à protéger des voitures, des chargements, des récoltes, etc.

Bêcher : retourner la terre avec une bêche.

Bénéfice : différence entre le prix de vente et le prix de revient.

Bibliobus : bibliothèque installée dans un véhicule automobile.

Bimensuel : qui se produit ou qui paraît deux fois par mois.

Botte : un paquet, un ensemble (ex. : de lames de bois vendues ensemble, de poireaux ou de carottes...).

Brocanteur : personne qui achète et revend des objets (meubles, bibelots) d'occasion.

Budget : état de prévision des recettes et des dépenses.

Bulbe : bourgeon souterrain d'une plante.

Cadastre : registre qui contient les plans des propriétés d'une commune.

Cadre : personne, dans une entreprise, qui a des fonctions de responsabilités.

Cagette : petite caisse.

Charnière : pièce métallique servant à articuler deux éléments.

Châssis : dans ce cas, abri vitré de petites dimensions permettant de protéger les jeunes plants.

Chiffre d'affaires : somme gagnée par la vente de produits.

Comptant : payer tout de suite.

Conditionner : emballer pour présenter et vendre des marchandises.

Consentir : accorder.

Coopérative : groupement de personnes achetant ou vendant en commun ; dans le domaine scolaire, argent géré collectivement au sein d'une école.

Copropriétaire : personne qui possède avec d'autres une même maison, une même terre.

Cosmétologique : qui concerne les soins de beauté.

Cosmos : espace qui se trouve au-delà de l'atmosphère terrestre.

Coupon : petite pièce de tissu.

Crédit : délai pour le paiement ; somme qui reste sur un compte en banque.

Croisière : voyage touristique sur la mer.

Cubitainer : cube de plastique servant au transport de liquides (vin).

Cyclotouriste : personne pratiquant le tourisme à bicyclette.

Débiter : fournir une quantité de liquide dans un temps donné ; découper en morceaux.

Densité : nombre d'habitants par rapport à l'unité d'aire.

Desservir : assurer une communication.

Devis : descriptif détaillé des travaux à effectuer accompagné de leur prix.

DROM : départements et régions d'outre-mer (les DROM-COM sont les nouveaux noms des DOM-TOM).

Effectif : nombre de personnes.

Emboutir : marteler, comprimer, presser.

Enseigne : marque distinctive placée sur la façade d'un magasin.

Épidémie : maladie atteignant un grand nombre d'individus.

Équitablement : de manière juste, qui respecte les droits de chacun.

Escale : arrêt d'un bateau dans un port pour embarquer ou débarquer des passagers, se ravitailler.

Essence : composé liquide et odorant extrait d'une plante ; désigne également une variété d'arbre.

Ethnie : groupement humain caractérisé par une même culture, une même langue.

Exportations : désigne ce qu'un pays produit et vend à des pays étrangers.

Ferroviaire : qui concerne le transport par chemin de fer.

Fondation : base d'un édifice, d'une construction ; groupement de personnes recueillant et distribuant de l'argent pour des œuvres d'intérêt général.

Forain : personne qui travaille sur les marchés, les foires.

Fournisseur : personne ou entreprise qui procure habituellement une marchandise.

Frais de notaire : ensemble de différents frais à payer lors de l'achat d'une maison, d'un terrain.

Frais de port : frais de transport.

Francophone : de langue française.

Go : giga octet, unité de mesure de la capacité d'un disque dur d'ordinateur.

Grume : tronc d'arbre coupé.

Hebdomadaire : qui se produit ou qui paraît toutes les semaines.

Hors taxe : avant le calcul de la TVA.

Inclus : compris.

Initial : au commencement, qui marque le début de quelque chose.

Instantanément : tout de suite, immédiatement.

Intempéries : mauvais temps.

Intérêts : revenu, somme d'argent que rapporte un capital.

Jogging : course à pied pratiquée individuellement ; survêtement.

Joystick : manette de jeu sur un socle.

Kiosque : petite boutique sur la voie publique pour la vente de journaux et de magazines.

Lambris : revêtement en lames de bois ou de plastique sur les murs d'une pièce.

Logiciel : ensemble de programmes informatiques.

Lotissement : terrain partagé en lots.

Main-d'œuvre : travail de l'ouvrier.

Maraîcher : personne qui cultive des légumes.

Médiathèque : lieu où l'on va trouver des collections de vidéos, films, disques, journaux...

Meeting : réunion où l'on délibère (parle) sur un sujet ; réunion sportive.

Mensualité : somme versée chaque mois.

Mensuellement : par mois.

Métropole : la France par rapport à ses territoires d'outre-mer.

Miellat : excréments sucrés du puceron.

Muté : envoyé dans un autre poste, dans un autre endroit.

Néon : gaz rare et système d'éclairage fonctionnant avec ce gaz.

Nuitée : l'espace d'une nuit.

Pack : emballage qui réunit des bouteilles, des pots, etc.

Parcelle : pièce, morceau de terrain.

Pastel : bâton utilisé pour le dessin et fabriqué à partir de colorants en poudre.

Patchwork : pièce de tissu composée de morceaux de tissus de couleurs différentes.

Philatéliste : collectionneur de timbres-poste.

Plinthe : planche appliquée en bas des murs.

Publicitaire : qui sert à faire connaître un produit.

Quotidien (ou quotidiennement) : qui se produit ou qui paraît chaque jour.

Recette : ce qui est reçu (en argent).

Rectificatif : texte qui corrige une erreur.

Réduction : diminution de prix.

Remise : rabais consenti sur le prix de certaines marchandises.

Rendement : production évaluée par rapport à une norme.

Rénover : remettre à neuf, moderniser.

Résilier : mettre fin à un contrat.

Résultats : bénéfices ou pertes dans l'exploitation d'une entreprise.

Revêtement : partie supérieure d'un ouvrage servant à le protéger, le décorer ou le consolider.

Ristourne : réduction accordée au client.

Semence : graines que l'on sème.

Solde : vente au rabais ; somme d'argent qu'il reste à payer.

Sonde spatiale : engin envoyé dans l'espace pour recueillir des informations scientifiques.

Soutirer : transvaser un liquide d'un récipient dans un autre.

Stocker : constituer un ensemble de marchandises disponibles à tout moment.

Subvention : somme versée (non remboursée) par l'État, une société ou une personne.

Tombola : loterie où chaque gagnant reçoit un lot en nature.

Tournoi des six nations : compétition de rugby européenne.

Toutes charges comprises : en comptant la totalité des frais.

Triathlon : épreuve sportive rassemblant trois disciplines.

Tronçon : morceau coupé ; partie d'un ensemble.

TVA : taxe sur la valeur ajoutée (impôt).

Unitaire : qui a rapport à l'unité (une seule chose).

Urbain : qui concerne la ville

Viabilité : ensemble des travaux d'aménagement (voies d'accès, égouts...) à exécuter avant toute construction sur un terrain.

Viticulteur : personne qui cultive la vigne (pour la production du vin : la viticulture – une activité viticole).

Achevé d'imprimer en Roumanie par CANALE
Dépôt légal : Août 2012 - Collection n° 03 - Édition 05
11/7531/4